全国技工院校计算机类专业教材（中／高级技能层级）

计算机操作指导

主　编　柳　青
副主编　张天贺
主　审　杨磊云

中国劳动社会保障出版社

简介

本书通过丰富且翔实的实例，由浅入深、循序渐进，将 Windows 7 基本操作、上网基本操作、Word 2016 基本操作、Excel 2016 基本操作、PowerPoint 2016 基本操作五个课题分解为完整、具体的操作任务，并根据任务要求详细介绍操作步骤，使读者能够学以致用，提高操作水平，以满足计算机基础课程的教学要求，以及全国计算机一级考试的能力要求。

本书由柳青任主编，张天贺任副主编，赵一篑、司马小芳、吴安佳、尤骏、邓方媛、刘颖、李梅、曹婷婷参与编写，杨磊云任主审。

图书在版编目（CIP）数据

计算机操作指导 / 柳青主编. -- 北京：中国劳动社会保障出版社，2023
全国技工院校计算机类专业教材. 中 / 高级技能层级
ISBN 978-7-5167-6008-6

Ⅰ. ①计… Ⅱ. ①柳… Ⅲ. ①电子计算机 – 中等专业学校 – 教材 Ⅳ. ①TP3

中国国家版本馆 CIP 数据核字（2023）第 189311 号

中国劳动社会保障出版社出版发行

（北京市惠新东街 1 号 邮政编码：100029）

*

北京宏伟双华印刷有限公司印刷装订 新华书店经销

787 毫米 ×1092 毫米 16 开本 16.25 印张 319 千字
2023 年 10 月第 1 版 2023 年 10 月第 1 次印刷

定价：45.00 元

营销中心电话：400-606-6496
出版社网址：http://www.class.com.cn
http://jg.class.com.cn

前　言

为了更好地满足全国技工院校计算机类专业的教学要求，适应计算机行业的发展现状，全面提升教学质量，我们组织全国有关学校的一线教师和行业、企业专家，在充分调研企业用人需求和学校教学情况、吸收借鉴各地技工院校教学改革的成功经验的基础上，根据人力资源社会保障部颁布的《全国技工院校专业目录》及相关教学文件，对全国技工院校计算机类专业教材进行了修订和新编。

本次修订（新编）的教材涉及计算机类专业通用基础模块及办公软件、多媒体应用软件、辅助设计软件、计算机应用维修、网络应用、程序设计、操作指导等多个专业模块。

本次修订（新编）工作的重点主要有以下几个方面。

突出技工教育特色

坚持以能力为本位，突出技工教育特色。根据计算机类专业毕业生就业岗位的实际需要和行业发展趋势，合理确定学生应具备的能力和知识结构，对教材内容及其深度、难度进行了调整。同时，进一步突出实际应用能力的培养，以满足社会对技能型人才的需求。

针对计算机软、硬件更新迅速的特点，在教学内容选取上，既注重体现新软件、新知识，又兼顾技工院校教学实际条件。在教学内容组织上，不仅局限于某一计算机软件版本或硬件产品的具体功能，而是更注重学生应用能力的拓展，使学生能够触类

旁通，提升综合能力，为后续专业课程的学习和未来工作中解决实际问题打下良好的基础。

创新教材内容形式

在编写模式上，根据技工院校学生认知规律，以完成具体工作任务为主线组织教材内容，将理论知识的讲解与工作任务载体有机结合，激发学生的学习兴趣，提高学生的实践能力。

在表现形式上，通过丰富的操作步骤图片和软件截图详尽地指导学生了解软件功能并完成工作任务，使教材内容更加直观、形象。结合计算机类专业教材的特点，多数教材采用四色印刷，图文并茂，增强了教材内容的表现效果，提高了教材的可读性。

本次修订（新编）工作还针对大部分教材创新开发了配套的实训题集，在教材所学内容基础上提供了丰富的实训练习题目和素材，供学生巩固练习使用，既节省了教材篇幅，又能帮助学生进一步提高所学知识与技能的实际应用能力。

提供丰富教学资源

在教学服务方面，为方便教师教学和学生学习，配套提供了制作素材、电子课件、教案示例等教学资源，可通过技工教育网（http://jg.class.com.cn）下载使用。除此之外，在部分教材中还借助二维码技术，针对教材中的重点、难点内容，开发制作了操作演示微视频，可使用移动设备扫描书中二维码在线观看。

致谢

本次教材修订（新编）工作得到了河北、山西、黑龙江、江苏、山东、河南、湖北、湖南、广东、重庆等省（直辖市）人力资源社会保障厅（局）及有关学校的大力支持，在此我们表示诚挚的谢意。

编者

2023 年 4 月

目　录

CONTENTS

课题一
Windows 7 基本操作

一、基本操作 1

考生文件夹如图 1-1-1 所示。

图 1-1-1　考生文件夹

1. 将考生文件夹下 FENG\WANG 文件夹中的文件 BOOK.PRG 移动到考生文件夹下 CHANG 文件夹中，并将该文件夹重命名为“TEXT.PRG”。

2. 将考生文件夹下 CHU 文件夹中的文件 JIANG.TMP 删除。

3. 将考生文件夹下 REI 文件夹中的文件 SONG.FOR 复制到考生文件夹下 CHENG 文件夹中。

4. 在考生文件夹下 MAO 文件夹中新建一个文件夹 YANG。

5. 将考生文件夹下 ZHOU\DENG 文件夹中的文件 OWER.DBF 属性设置为隐藏属性。

操作准备

做题前可进行以下操作：

1. 双击“计算机”图标，选择“组织 | 文件夹和搜索选项”命令（见图 1-1-2），弹出“文件夹选项”对话框。

2. 在“查看”选项卡下“高级设置”中选中“显示隐藏的文件、文件夹和驱动器”单选框，取消勾选“隐藏已知文件类型的扩展名”复选框（见图 1-1-3），然后单击“确定”按钮。

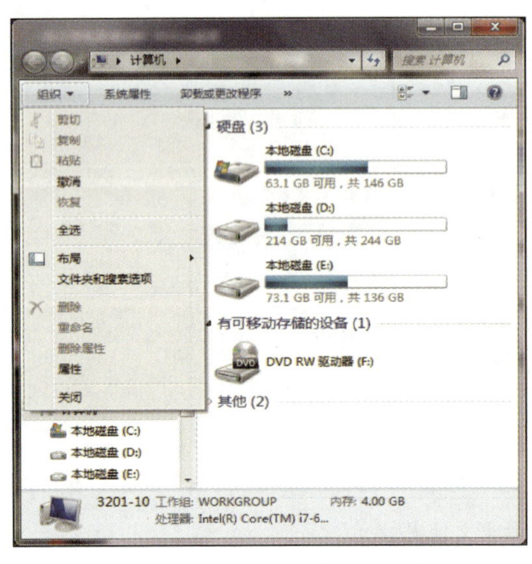

图 1-1-2 选择“组织 | 文件夹和搜索选项”命令

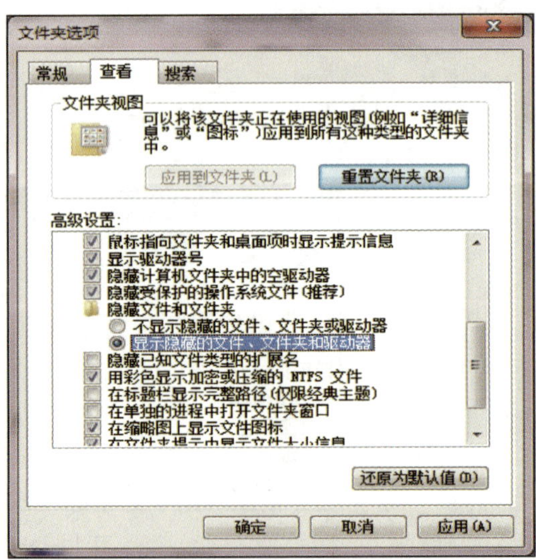

图 1-1-3 “文件夹选项”对话框

解题步骤

第 1 小题：

步骤 1：打开考生文件夹下 FENG\WANG 文件夹，选中 BOOK.PRG 文件。

步骤 2：选择“组织 | 剪切”命令（见图 1-1-4），或按 Ctrl+X 快捷键。

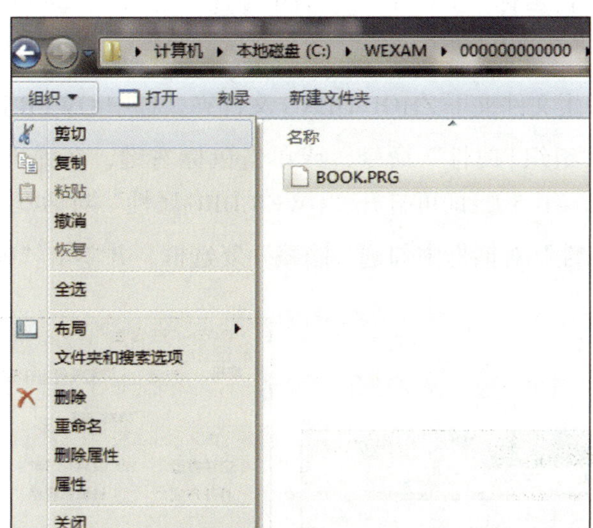

图 1-1-4　选择“组织 | 剪切”命令

步骤 3：打开考生文件夹下 CHANG 文件夹。

步骤 4：选择“组织 | 粘贴”命令，或按 Ctrl+V 快捷键。

步骤 5：选中移动来的文件。

步骤 6：按 F2 键，此时文件的名称处为蓝色可编辑状态，修改其名称为题目指定的名称“TEXT.PRG”，然后单击任意空白区域即可完成编辑。

第 2 小题：

步骤 1：打开考生文件夹下 CHU 文件夹，选中 JIANG.TMP 文件。

步骤 2：按 Delete 键，弹出“删除文件”对话框。

步骤 3：单击“是”按钮，即可将该文件删除。

第 3 小题：

步骤 1：打开考生文件夹下 REI 文件夹，选中 SONG.FOR 文件。

步骤 2：选择“组织 | 复制”命令，或按 Ctrl+C 快捷键。

步骤 3：打开考生文件夹下 CHENG 文件夹。

步骤 4：选择“组织 | 粘贴”命令，或按 Ctrl+V 快捷键。

第 4 小题：

步骤 1：打开考生文件夹下 MAO 文件夹。

步骤 2：选择“新建文件夹”命令，或单击鼠标右键，在弹出的快捷菜单中选择

“新建 | 文件夹”命令，即可生成新的文件夹，此时文件夹的名称处为蓝色可编辑状态，修改名称为题目指定的名称“YANG”，然后单击任意空白区域即可完成编辑。

第 5 小题：

步骤 1：打开考生文件夹下 ZHOU\DENG 文件夹，选中 OWER.DBF 文件。

步骤 2：选择“组织 | 属性”命令，或单击鼠标右键，在弹出的快捷菜单中选择“属性”命令（见图 1-1-5），即可打开“OWER.DBF 属性”对话框（见图 1-1-6）。

步骤 3：在“属性”对话框中勾选“隐藏”复选框，并单击“确定”按钮。

图 1-1-5 选择“组织 | 属性”命令

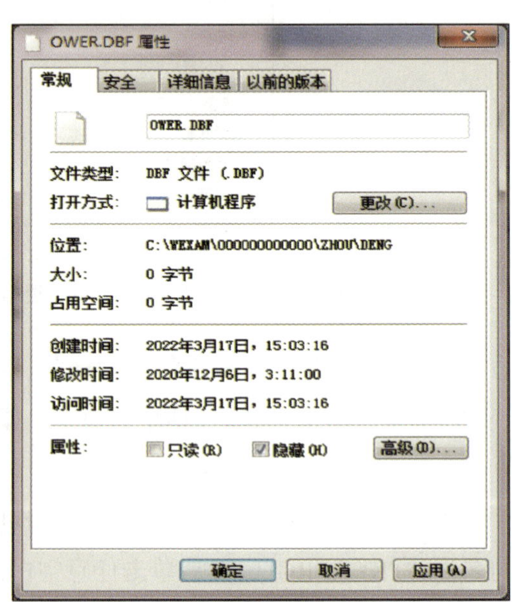

图 1-1-6 “OWER.DBF 属性”对话框

二、基本操作 2

考生文件夹如图 1-2-1 所示。

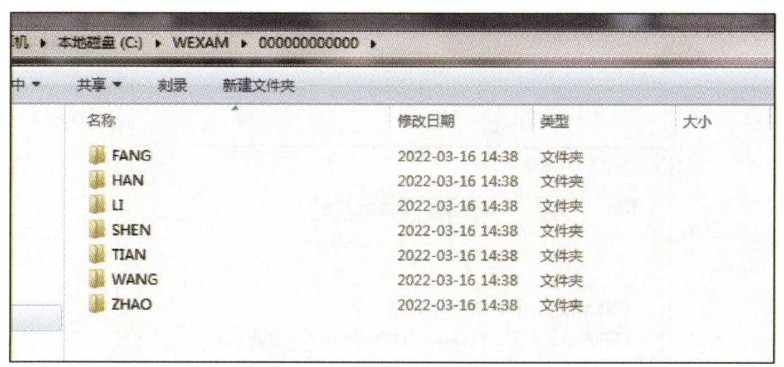

图 1-2-1 考生文件夹

操作要求

1. 将考生文件夹下 LI\QIAN 文件夹中的文件夹 YANG 复制到考生文件夹下 WANG 文件夹中。

2. 将考生文件夹下 TIAN 文件夹中的文件 ARJ.EXP 属性设置为只读属性。

3. 在考生文件夹下 ZHAO 文件夹中新建一个名为“GIRL”的文件夹。

4. 将考生文件夹下 SHEN\KANG 文件夹中的文件 BIAN 移动到考生文件夹下 HAN 文件夹中，并将其重命名为“QULIU”。

5. 将考生文件夹下 FANG 文件夹删除。

解题步骤

第 1 小题：

步骤 1：打开考生文件夹下 LI\QIAN 文件夹，选中 YANG 文件夹。

步骤 2：选择“组织 | 复制”命令，或按 Ctrl+C 快捷键。

步骤 3：打开考生文件夹下 WANG 文件夹。

步骤 4：选择“组织 | 粘贴”命令，或按 Ctrl+V 快捷键。

第 2 小题：

步骤 1：打开考生文件夹下 TIAN 文件夹，选中 ARJ.EXP 文件。

步骤 2：选择“组织 | 属性”命令，或单击鼠标右键，在弹出的快捷菜单中选择“属性”命令，即可打开“ARJ.EXP 属性”对话框（见图 1-2-2）。

步骤 3：在“ARJ.EXP 属性”对话框中勾选“只读”复选框，并单击“确定”按钮。

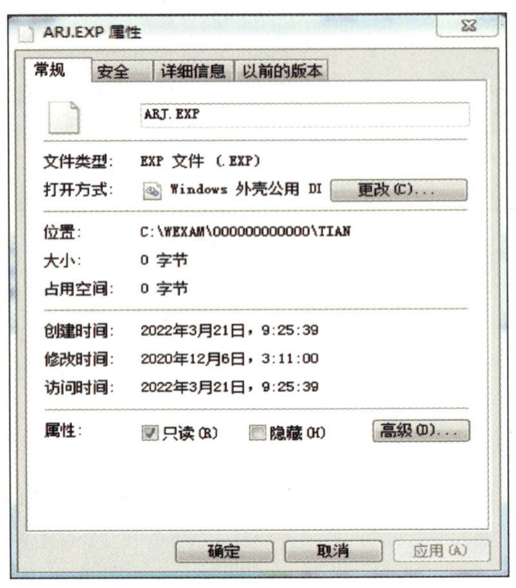

图 1-2-2 “ARJ.EXP 属性”对话框

第 3 小题：

步骤 1：打开考生文件夹下 ZHAO 文件夹。

步骤 2：选择“新建文件夹”命令，或单击鼠标右键，在弹出的快捷菜单中选择“新建 | 文件夹”命令，即可生成新的文件夹，此时文件夹的名称处为蓝色可编辑状态，修改其名称为题目指定的名称“GIRL”，然后单击任意空白区域即可完成编辑。

第 4 小题：

步骤 1：打开考生文件夹下 SHEN\KANG 文件夹，选中 BIAN 文件。

步骤 2：选择“组织 | 剪切”命令，或按 Ctrl+X 快捷键。

步骤 3：打开考生文件夹下 HAN 文件夹。

步骤 4：选择“组织 | 粘贴”命令，或按 Ctrl+V 快捷键。

步骤 5：选中移动来的文件。

步骤 6：按 F2 键，此时文件的名称处为蓝色可编辑状态，修改其名称为题目指定的名称“QULIU”，然后单击任意空白区域即可完成编辑。

第 5 小题：

步骤 1：选中考生文件夹下 FANG 文件夹。

步骤 2：按 Delete 键，弹出“删除文件夹”对话框。

步骤 3：单击“是”按钮，即可将该文件夹删除。

三、基本操作 3

考生文件夹如图 1-3-1 所示。

本地磁盘 (C:) ▸ WEXAM ▸ 000000000000 ▸

共享 ▾　刻录　新建文件夹

名称	修改日期	类型	大小
CREAM	2022-03-16 14:40	文件夹	
CRY	2022-03-16 14:40	文件夹	
DEER	2022-03-16 14:40	文件夹	
KEEN	2022-03-16 14:40	文件夹	
NEAR	2022-03-16 14:40	文件夹	
QEEN	2022-03-16 14:40	文件夹	

图 1-3-1　考生文件夹

1. 将考生文件夹下 KEEN 文件夹属性设置为隐藏属性。

2. 将考生文件夹下 QEEN 文件夹移动到考生文件夹下 NEAR 文件夹中，并将其重命名为“SUNE”。

3. 将考生文件夹下 DEER\DAIR 文件夹中的文件 TOUR.PAS 复制到考生文件夹下 CRY\SUMMER 文件夹中。

4. 将考生文件夹下 CREAM 文件夹中的 SOUP 文件夹删除。

5. 在考生文件夹下新建一个名为“TESE”的文件夹。

第 1 小题：

步骤 1：选中考生文件夹下 KEEN 文件夹。

步骤 2：选择“组织 | 属性”命令，或单击鼠标右键，在弹出的快捷菜单中选择“属性”命令，即可打开“KEEN 属性”对话框（见图 1-3-2）。

步骤 3：在“KEEN 属性”对话框中勾选“隐藏”复选框，并单击“确定”按钮。

图 1-3-2 “KEEN 属性”对话框

第 2 小题：

步骤 1：选中考生文件夹下 QEEN 文件夹。

步骤 2：选择“组织 | 剪切”命令，或按 Ctrl+X 快捷键。

步骤 3：打开考生文件夹下 NEAR 文件夹。

步骤 4：选择“组织 | 粘贴”命令，或按 Ctrl+V 快捷键。

步骤 5：选中移动来的文件夹。

步骤 6：按 F2 键，此时文件夹的名称处为蓝色可编辑状态，修改其名称为题目指定的名称“SUNE”，然后单击任意空白区域即可完成编辑。

第 3 小题：

步骤 1：打开考生文件夹下 DEER\DAIR 文件夹，选中 TOUR.PAS 文件。

步骤 2：选择“组织 | 复制”命令，或按 Ctrl+C 快捷键。

步骤 3：打开考生文件夹下 CRY\SUMMER 文件夹。

步骤 4：选择“组织 | 粘贴”命令，或按 Ctrl+V 快捷键。

第 4 小题：

步骤 1：打开考生文件夹下 CREAM 文件夹，选中 SOUP 文件夹。

步骤 2：按 Delete 键，弹出“删除文件夹”对话框。

步骤 3：单击“确定”按钮，即可将该文件夹删除。

第 5 小题：

步骤 1：打开考生文件夹。

步骤 2：选择“新建文件夹”命令，或单击鼠标右键，在弹出的快捷菜单中选择“新建 | 文件夹”命令，即可生成新的文件夹，此时文件夹的名称处为蓝色可编辑状态，修改其名称为题目指定的名称“TESE”，然后单击任意空白区域即可完成编辑。

四、基本操作 4

考生文件夹如图 1-4-1 所示。

1. 将考生文件夹下 TIUIN 文件夹中的文件 ZHUCE.BAS 删除。

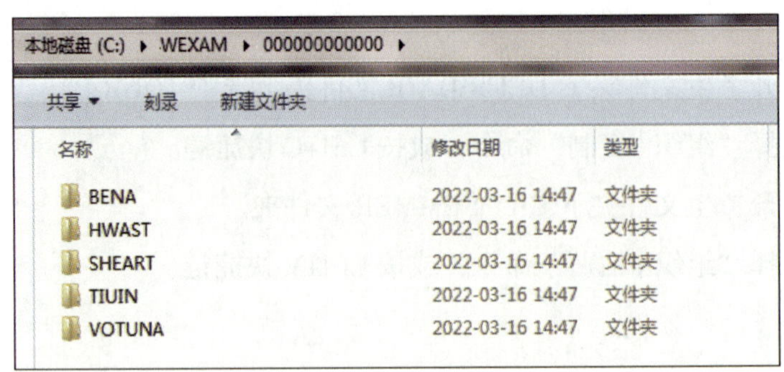

图 1-4-1　考生文件夹

2. 将考生文件夹下 VOTUNA 文件夹中的文件 BOYABLE 复制到同一文件夹下，并将该文件重命名为“SYAD”。

3. 在考生文件夹下 SHEART 文件夹中新建一个文件夹 RESTICK。

4. 将考生文件夹下 BENA 文件夹中的文件 PRODUCT.WRI 属性设置为只读属性，并撤销该文档的存档属性。

5. 将考生文件夹下 HWAST 文件夹中的文件 XIAN.FPT 重命名为“YANG.FPT”。

第 1 小题：

步骤 1：打开考生文件夹下 TIUIN 文件夹，选中 ZHUCE.BAS 文件。

步骤 2：按 Delete 键，弹出“删除文件”对话框。

步骤 3：单击“是”按钮，即可将该文件删除。

第 2 小题：

步骤 1：打开考生文件夹下 VOTUNA 文件夹，选中 BOYABLE 文件。

步骤 2：选择“组织 | 复制”命令，或按 Ctrl+C 快捷键。

步骤 3：选择“组织 | 粘贴”命令，或按 Ctrl+V 快捷键。

步骤 4：选中 BOYABLE- 副本文件。

步骤 5：按 F2 键，此时文件的名称处为蓝色可编辑状态，修改其名称为题目指定的名称“SYAD”，然后单击任意空白区域即可完成编辑。

第 3 小题：

步骤 1：打开考生文件夹下 SHEART 文件夹。

步骤 2：选择“新建文件夹”命令，或单击鼠标右键，在弹出的快捷菜单中选择“新建 | 文件夹”命令，即可生成新的文件夹，此时文件夹的名称处为蓝色可编辑状态，修改其名称为题目指定的名称“RESTICK”，然后单击任意空白区域即可完成编辑。

第 4 小题：

步骤 1：打开考生文件夹下 BENA 文件夹，选中 PRODUCT.WRI 文件。

步骤 2：选择“组织 | 属性”命令，或单击鼠标右键，在弹出的快捷菜单中选择“属性”命令，即可打开“PRODUCT.WRI 属性”对话框。

步骤 3：在“PRODUCT.WRI 属性”对话框中勾选“只读”复选框（见图 1-4-2），然后单击“高级”按钮，在“高级属性”对话框中取消勾选“可以存档文件”复选框（见图 1-4-3），并单击“确定”按钮，再在图 1-4-2 所示对话框中单击“确定”按钮即可完成设置。

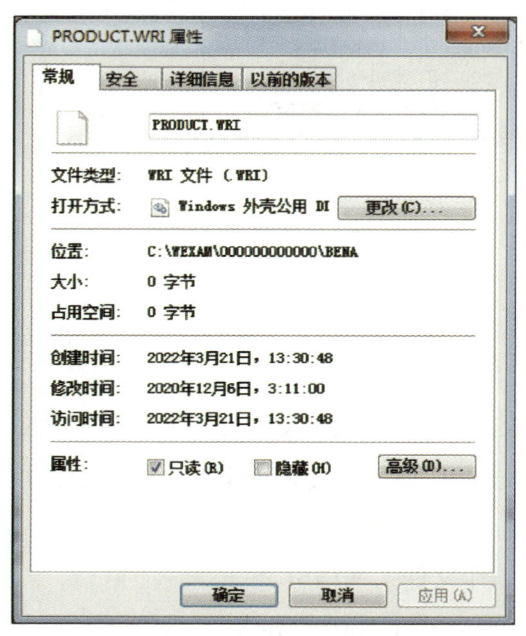

图 1-4-2　勾选“只读”复选框

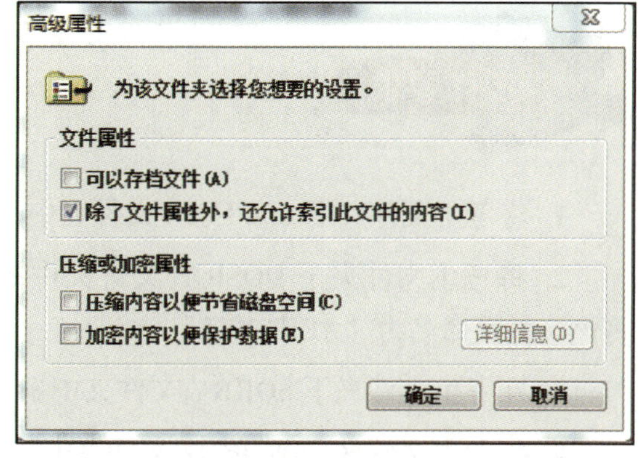

图 1-4-3　取消勾选“可以存档文件”复选框

第 5 小题：

步骤 1：打开考生文件夹下 HWAST 文件夹，选中 XIAN.FPT 文件。

步骤 2：按 F2 键，此时文件的名称处为蓝色可编辑状态，修改其名称为题目指定的名称“YANG.FPT”，然后单击任意空白区域即可完成编辑。

五、基本操作 5

考生文件夹如图 1-5-1 所示。

本地磁盘 (C:) ▸ WEXAM ▸ 000000000000 ▸

共享 ▾ 刻录 新建文件夹

名称	修改日期	类型
COFF	2022-03-16 14:49	文件夹
DOSION	2022-03-16 14:49	文件夹
SORRY	2022-03-16 14:49	文件夹
STORY	2022-03-16 14:49	文件夹
WORD2	2022-03-16 14:49	文件夹

图 1-5-1 考生文件夹

1. 将考生文件夹下 COFF\JIN 文件夹中的文件 MONEY 属性设置为隐藏和只读属性。

2. 将考生文件夹下 DOSION 文件夹中的文件 HDLS.SEL 复制到同一文件夹中，并将该文件重命名为“AEUT.SEL”。

3. 在考生文件夹下 SORRY 文件夹中新建一个文件夹 WINBJ。

4. 将考生文件夹下 WORD2 文件夹中的文件 EXCEL.MAP 删除。

5. 将考生文件夹下 STORY 文件夹中的文件夹 ENGLISH 重命名为“CHUN”。

第 1 小题：

步骤 1：打开考生文件夹下 COFF\JIN 文件夹，选中 MONEY 文件。

步骤 2：选择“组织 | 属性”命令，或单击鼠标右键，在弹出的快捷菜单中选择“属性”命令，即可打开“MONEY 属性”对话框。

步骤 3：在“MONEY 属性”对话框中勾选“只读”复选框和“隐藏”复选框，单击“确定”按钮。

第 2 小题：

步骤 1：打开考生文件夹下 DOSION 文件夹，选中 HDLS.SEL 文件。

步骤 2：选择“组织 | 复制”命令，或按 Ctrl+C 快捷键。

步骤 3：选择“组织 | 粘贴”命令，或按 Ctrl+V 快捷键。

步骤 4：选中 HDLS– 副本 .SEL 文件。

步骤 5：按 F2 键，此时文件的名称处为蓝色可编辑状态，修改其名称为题目指定的名称“AEUT.SEL”，然后单击任意空白区域即可完成编辑。

第 3 小题：

步骤 1：打开考生文件夹下 SORRY 文件夹。

步骤 2：选择“新建文件夹”命令，或单击鼠标右键，在弹出的快捷菜单中选择“新建 | 文件夹”命令，即可生成新的文件夹，此时文件夹的名称处为蓝色可编辑状态，修改其名称为题目指定的名称“WINBJ”，然后单击任意空白区域即可完成编辑。

第 4 小题：

步骤 1：打开考生文件夹下 WORD2 文件夹，选中 EXCEL.MAP 文件。

步骤 2：按 Delete 键，弹出“删除文件”对话框。

步骤 3：单击“是”按钮，即可将该文件删除。

第 5 小题：

步骤 1：打开考生文件夹下 STORY 文件夹，选中 ENGLISH 文件夹。

步骤 2：按 F2 键，此时文件夹的名称处为蓝色可编辑状态，修改其名称为题目指定的名称“CHUN”，然后单击任意空白区域即可完成编辑。

六、基本操作 6

考生文件夹如图 1-6-1 所示。

本地磁盘 (C:) ▸ WEXAM ▸ 000000000000 ▸

共享 ▾　刻录　新建文件夹

名称	修改日期	类型
BROAD	2022-03-16 14:51	文件夹
CALIN	2022-03-16 14:51	文件夹
COMP	2022-03-16 14:51	文件夹
EDIT	2022-03-16 14:51	文件夹
KIDS	2022-03-16 14:51	文件夹
LION	2022-03-16 14:51	文件夹
STUD	2022-03-16 14:51	文件夹

图 1-6-1　考生文件夹

1. 将考生文件夹下 EDIT\POPE 文件夹中的文件 CENT.PAS 属性设置为隐藏属性。

2. 将考生文件夹下 BROAD\BAND 文件夹中的文件 GRASS.FOR 删除。

3. 在考生文件夹下 COMP 文件夹中新建一个文件夹 COAL。

4. 将考生文件夹下 STUD\TEST 文件夹中的文件夹 SAM 复制到考生文件夹下 KIDS\CARD 文件夹中，并将该文件夹重命名为“HALL”。

5. 将考生文件夹下 CALIN\SUN 文件夹中的文件夹 MOON 移动到考生文件夹下 LION 文件夹中。

第 1 小题：

步骤 1：打开考生文件夹下 EDIT\POPE 文件夹，选中 CENT.PAS 文件。

步骤 2：选择“组织 | 属性”命令，或单击鼠标右键，在弹出的快捷菜单中选择“属性”命令，即可打开“CENT.PAS 属性”对话框。

步骤 3：在“CENT.PAS 属性”对话框中勾选“隐藏”复选框，并单击“确定”按钮。

第 2 小题：

步骤 1：打开考生文件夹下 BROAD\BAND 文件夹，选中 GRASS.FOR 文件。

步骤 2：按 Delete 键，弹出“删除文件”对话框。

步骤 3：单击“是”按钮，即可将该文件删除。

第 3 小题：

步骤 1：打开考生文件夹下 COMP 文件夹。

步骤 2：选择“新建文件夹”命令，或单击鼠标右键，在弹出的快捷菜单中选择“新建 | 文件夹”命令，即可生成新的文件夹，此时文件夹的名称处为蓝色可编辑状态，修改其名称为题目指定的名称“COAL”，然后单击任意空白区域即可完成编辑。

第 4 小题：

步骤 1：打开考生文件夹下 STUD\TEST 文件夹，选中 SAM 文件夹。

步骤 2：选择“组织 | 复制”命令，或按 Ctrl+C 快捷键。

步骤 3：打开考生文件夹下 KIDS\CARD 文件夹。

步骤 4：选择“组织 | 粘贴”命令，或按 Ctr1+V 快捷键。

步骤 5：选中复制来的文件夹。

步骤 6：按 F2 键，此时文件夹的名称处为蓝色可编辑状态，修改其名称为题目指定的名称“HALL”，然后单击任意空白区域即可完成编辑。

第 5 小题：

步骤 1：打开考生文件夹下 CALIN\SUN 文件夹，选中 MOON 文件夹。

步骤 2：选择“组织 | 剪切”命令，或按 Ctr1+X 快捷键。

步骤 3：打开考生文件夹下 LION 文件夹。

步骤 4：选择“组织 | 粘贴”命令，或按 Ctrl+V 快捷键。

七、基本操作 7

考生文件夹如图 1-7-1 所示。

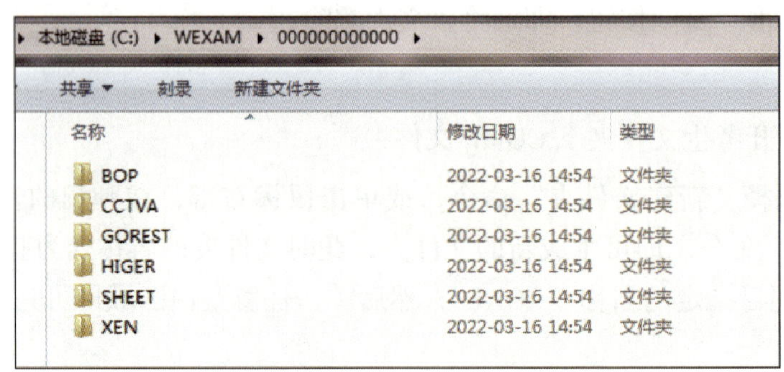

图 1-7-1　考生文件夹

1. 在考生文件夹下 CCTVA 文件夹中新建一个文件夹 LEDER。

2. 将考生文件夹下 HIGER\YION 文件夹中的文件 ARIP 重命名为“FAN”。

3. 将考生文件夹下 GOREST\TREE 文件夹中的文件 LEAF.MAP 属性设置为只读属性。

4. 将考生文件夹下 BOP\YIN 文件夹中的文件 FILE.WRI 复制到考生文件夹下 SHEET 文件夹中。

5. 将考生文件夹下 XEN\FISHER 文件夹中的文件夹 EAT 删除。

第 1 小题：

步骤 1：打开考生文件夹下 CCTVA 文件夹。

步骤 2：选择“新建文件夹”命令，或单击鼠标右键，在弹出的快捷菜单中选择“新建 | 文件夹”命令，即可生成新的文件夹，此时文件夹的名称处为蓝色可编辑状态，修改其名称为题目指定的名称“LEDER”，然后单击任意空白区域即可完成编辑。

第 2 小题：

步骤 1：打开考生文件夹下 HIGER\YION 文件夹，选中 ARIP 文件。

步骤 2：按 F2 键，此时文件的名称处为蓝色可编辑状态，修改其名称为题目指定的名称“FAN”，然后单击任意空白区域即可完成编辑。

第 3 小题：

步骤 1：打开考生文件夹下 GOREST\TREE 文件夹，选中 LEAF.MAP 文件。

步骤 2：选择“组织 | 属性”命令，或单击鼠标右键，在弹出的快捷菜单中选择“属性”命令，即可打开“LEAF.MAP 属性”对话框。

步骤 3：在“LEAF.MAP 属性”对话框中勾选“只读”复选框，并单击“确定”按钮。

第 4 小题：

步骤 1：打开考生文件夹下 BOP\YIN 文件夹，选中 FILE.WRI 文件。

步骤 2：选择“组织 | 复制”命令，或按 Ctrl+C 快捷键。

步骤 3：打开考生文件夹下 SHEET 文件夹。

步骤 4：选择“组织 | 粘贴”命令，或按 Ctrl+V 快捷键。

第 5 小题：

步骤 1：打开考生文件夹下 XEN\FISHER 文件夹，选中 EAT 文件夹。

步骤 2：按 Delete 键，弹出“删除文件夹”对话框。

步骤 3：单击“是”按钮，即可将该文件夹删除。

八、基本操作 8

考生素材

考生文件夹如图 1-8-1 所示。

本地磁盘 (C:) ▸ WEXAM ▸ 000000000000 ▸

共享 ▾　刻录　新建文件夹

名称	修改日期	类型
COON	2022-03-16 14:56	文件夹
MEP	2022-03-16 14:56	文件夹
MICRO	2022-03-16 14:56	文件夹
POP	2022-03-16 14:56	文件夹
QEEN	2022-03-16 14:56	文件夹
UEM	2022-03-16 14:56	文件夹
ZUM	2022-03-16 14:56	文件夹

图 1-8-1　考生文件夹

操作要求

1. 将考生文件夹下 MICRO 文件夹中的文件 SAK.PAS 删除。

2. 在考生文件夹下 POP\PUI 文件夹中新建一个名为“HUM”的文件夹。

3. 将考生文件夹下 COON\FEW 文件夹中的文件 RAD.FOR 复制到考生文件夹下 ZUM 文件夹中。

4. 将考生文件夹下 UEM 文件夹中的文件 MACRO.NEW 属性设置为隐藏和只读属性。

5. 将考生文件夹下 MEP 文件夹中的文件 PGUP.FIP 移动到考生文件夹下 QEEN 文件夹中，并将其重命名为“NEPA.JEP”。

解题步骤

第 1 小题：

步骤 1：打开考生文件夹下 MICRO 文件夹，选中 SAK.PAS 文件。

步骤 2：按 Delete 键，弹出“删除文件”对话框。

步骤 3：单击“是”按钮，即可将该文件删除。

第 2 小题：

步骤 1：打开考生文件夹下的 POP\PUI 文件夹。

步骤 2：选择“新建文件夹”命令，或单击鼠标右键，在弹出的快捷菜单中选择“新建 | 文件夹”命令，即可生成新的文件夹，此时文件夹的名称处为蓝色可编辑状态，修改其名称为题目指定的名称“HUM”，然后单击任意空白区域即可完成编辑。

第 3 小题：

步骤 1：打开考生文件夹下 COON\FEW 文件夹，选中 RAD.FOR 文件。

步骤 2：选择“组织 | 复制”命令，或按 Ctrl+C 快捷键。

步骤 3：打开考生文件夹下 ZUM 文件夹。

步骤 4：选择“组织 | 粘贴”命令，或按 Ctrl+V 快捷键。

第 4 小题：

步骤 1：打开考生文件夹下 UEM 文件夹，选中 MACRO.NEW 文件。

步骤 2：选择“组织 | 属性”命令，或单击鼠标右键，在弹出的快捷菜单中选择“属性”命令，即可打开“MACRO.NEW 属性”对话框。

步骤 3：在“MACRO.NEW 属性”对话框中勾选“只读”复选框和“隐藏”复选框，并单击“确定”按钮。

第 5 小题：

步骤 1：打开考生文件夹下 MEP 文件夹，选中 PGUP.FIP 文件。

步骤 2：选择“组织 | 剪切”命令，或按 Ctrl+X 快捷键。

步骤 3：打开考生文件夹下 QEEN 文件夹。

步骤 4：选择“组织 | 粘贴”命令，或按 Ctrl+V 快捷键。

步骤 5：选中移动来的文件。

步骤 6：按 F2 键，此时文件的名称处为蓝色可编辑状态，修改其名称为题目指定的名称“NEPA.JEP”，然后单击任意空白区域即可完成编辑。

九、基本操作 9

考生文件夹如图 1–9–1 所示。

C:) ▸ WEXAM ▸ 000000000000 ▸ 搜索 00000000...

共享 ▾ 刻录 新建文件夹

名称	修改日期	类型
BEI	2022-03-16 15:00	文件夹
COOK	2022-03-16 15:00	文件夹
GPOP	2022-03-16 15:00	文件夹
MICRO	2022-03-16 15:00	文件夹
ZOOM	2022-03-16 15:00	文件夹
ZUME	2022-03-16 15:00	文件夹

图 1–9–1　考生文件夹

1. 在考生文件夹下 GPOP\PUT 文件夹中新建一个名为“HUX”的文件夹。
2. 将考生文件夹下 MICRO 文件夹中的文件 XSAK.BAS 删除。
3. 将考生文件夹下 COOK\FEW 文件夹中的文件 ARAD.WPS 复制到考生文件夹下 ZUME 文件夹中。
4. 将考生文件夹下 ZOOM 文件夹中的文件 MACRO.OLD 属性设置为隐藏属性。
5. 将考生文件夹下 BEI 文件夹中的文件 SOFT.BAS 重命名为“BUAA.BAS”。

第 1 小题：

步骤 1：打开考生文件夹下 GPOP\PUT 文件夹。

步骤 2：选择“新建文件夹”命令，或单击鼠标右键，在弹出的快捷菜单中选择

“新建|文件夹”命令，即可生成新的文件夹，此时文件夹的名称处为蓝色可编辑状态，修改其名称为题目指定的名称“HUX”，然后单击任意空白区域即可完成编辑。

第 2 小题：

步骤 1：打开考生文件夹下 MICRO 文件夹，选中 XSAK.BAS 文件。

步骤 2：按 Delete 键，弹出“删除文件”对话框。

步骤 3：单击“是”按钮，即可将该文件删除。

第 3 小题：

步骤 1：打开考生文件夹下 COOK\FEW 文件夹，选中 ARAD.WPS 文件。

步骤 2：选择“组织|复制”命令，或按 Ctrl+C 快捷键。

步骤 3：打开考生文件夹下 ZUME 文件夹。

步骤 4：选择“组织|粘贴”命令，或按 Ctrl+V 快捷键。

第 4 小题：

步骤 1：打开考生文件夹下 ZOOM 文件夹，选中 MACRO.OLD 文件。

步骤 2：选择“组织|属性”命令，或单击鼠标右键，在弹出的快捷菜单中选择“属性”命令，即可打开“MACRO.OLD 属性”对话框。

步骤 3：在“MACRO.OLD 属性”对话框中勾选“隐藏”复选框，单击“确定”按钮。

第 5 小题：

步骤 1：打开考生文件夹下 BEI 文件夹，选中 SOFT.BAS 文件。

步骤 2：按 F2 键，此时文件的名称处为蓝色可编辑状态，修改其名称为题目指定的名称“BUAA.BAS”，然后单击任意空白区域即可完成编辑。

十、基本操作 10

考生文件夹如图 1-10-1 所示。

图 1-10-1 考生文件夹

1. 将考生文件夹下 TURO 文件夹中的文件 POWER 删除。

2. 在考生文件夹下 KIU 文件夹中新建一个名为“MING”的文件夹。

3. 将考生文件夹下 INDE 文件夹中的文件 GONG 属性设置为只读和隐藏属性。

4. 将考生文件夹下 SOUP\HYR 文件夹中的文件 ASER.FOR 复制到考生文件夹下 PEAG 文件夹中。

5. 搜索考生文件夹中的文件 READ，为其建立一个名为“READ”的快捷方式，放在考生文件夹下。

第 1 小题：

步骤 1：打开考生文件夹下 TURO 文件夹，选中 POWER 文件。

步骤 2：按 Delete 键，弹出“删除文件”对话框。

步骤 3：单击“是”按钮，即可将该文件删除。

第 2 小题：

步骤 1：打开考生文件夹下 KIU 文件夹。

步骤 2：选择“新建文件夹”命令，或单击鼠标右键，在弹出的快捷菜单中选择“新建 | 文件夹”命令，即可生成新的文件夹，此时文件夹的名称处为蓝色可编辑状态，修改其名称为题目指定的名称“MING”，然后单击任意空白区域即可完成编辑。

第 3 小题：

步骤 1：打开考生文件夹下 INDE 文件夹，选中 GONG 文件。

步骤 2：选择“组织 | 属性”命令，或单击鼠标右键，在弹出的快捷菜单中选择“属性”命令，即可打开“GONG 属性”对话框。

步骤 3：在“GONG 属性”对话框中勾选“只读”复选框和“隐藏”复选框，单击“确定”按钮。

第 4 小题：

步骤 1：打开考生文件夹下 SOUP\HYR 文件夹，选中 ASER.FOR 文件。

步骤 2：选择“组织 | 复制”命令，或按 Ctrl+C 快捷键。

步骤 3：打开考生文件夹下 PEAG 文件夹。

步骤 4：选择“组织 | 粘贴”命令，或按 Ctrl+V 快捷键。

第 5 小题：

步骤 1：打开考生文件夹。

步骤 2：在工具栏右上角的“搜索”框中输入要搜索的文件名“READ”，搜索结果将自动显示在窗口中（见图 1–10–2）。

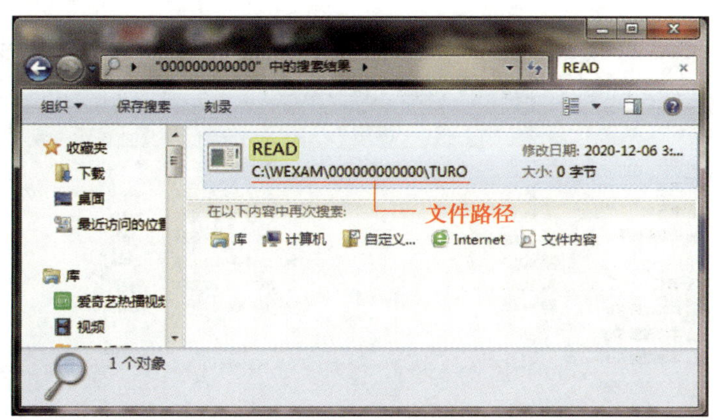

图 1–10–2　搜索文件“READ”

步骤 3：文件名称下方显示其所在文件夹的路径，可按照路径打开相应的文件夹（见图 1–10–3）。

步骤 4：选中搜索出来的文件，单击鼠标右键，在弹出的快捷菜单中选择“创建快捷方式”命令，即可在同一文件夹下生成一个快捷方式文件（见图 1–10–4）。

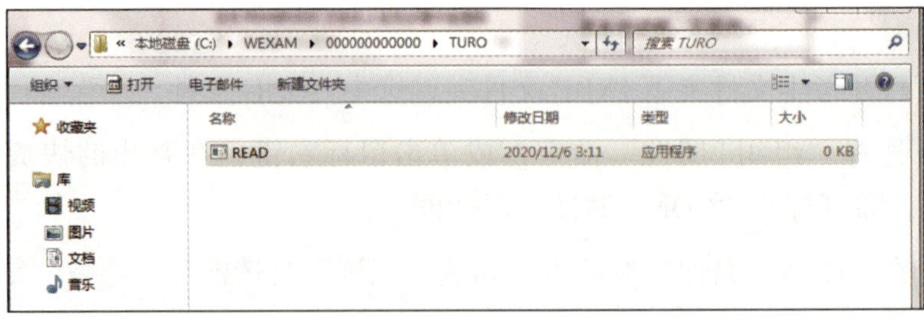

图 1-10-3　按照文件路径打开相应的文件夹

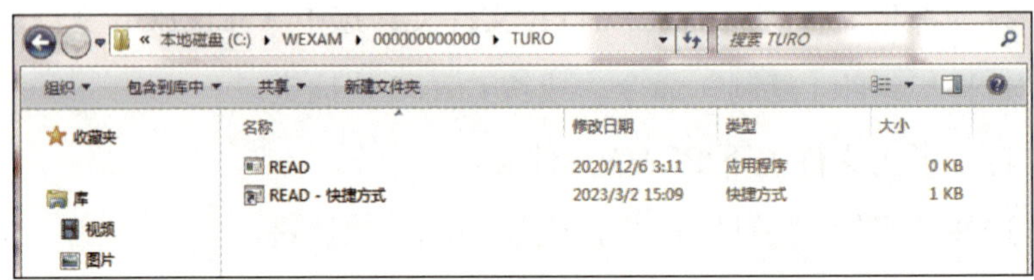

图 1-10-4　生成快捷方式文件

步骤 5：移动此文件到考生文件夹下，并按 F2 键，此时文件的名称处为蓝色可编辑状态，修改其名称为题目指定的名称“READ”，然后单击任意空白区域即可完成编辑（见图 1-10-5）。

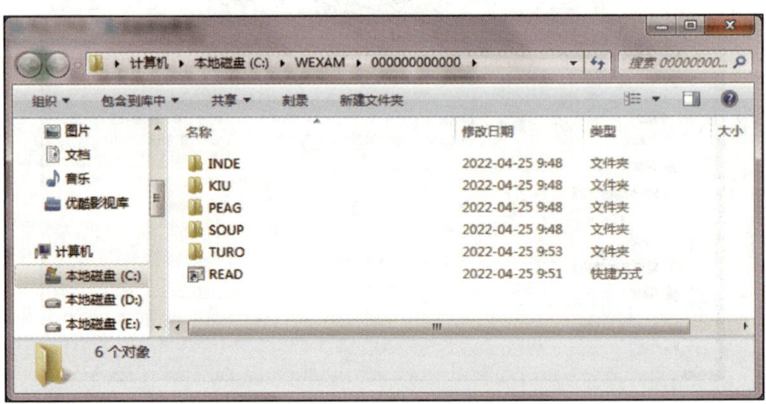

图 1-10-5　修改文件名称

课题二
上网基本操作

一、基本操作 1

1. 某模拟网站的主页地址为“HTTP://LOCALHOST/index.html”，打开此主页，浏览“节目介绍”页面，将页面中的图片保存到考生文件夹下，命名为“JIEMU.jpg”。

2. 接收并阅读由 xuexq@mail.neea.edu.cn 发来的邮件，将随信发来的附件以文件名“shenbao.doc”保存到考生文件夹下，并回复该邮件，主题为“工作答复”，邮件内容为“你好，我们一定会认真审核并推荐，谢谢!”。

第 1 小题:

步骤 1：选择“工具箱”菜单下的“启动 Internet Explorer 仿真”命令（见图 2–1–1），在地址栏中输入“HTTP://LOCALHOST/index.html”（见图 2–1–2），按 Enter 键。

步骤 2：单击“节目介绍”按钮，在跳转后的页面中选中图片后单击鼠标右键，在弹出的快捷菜单中选择“图片另存为”命令，在弹出的“保存图片”对话框中将文件以“JIEMU.jpg”命名并保存到考生文件夹下（见图 2–1–3），然后单击“保存”按钮。

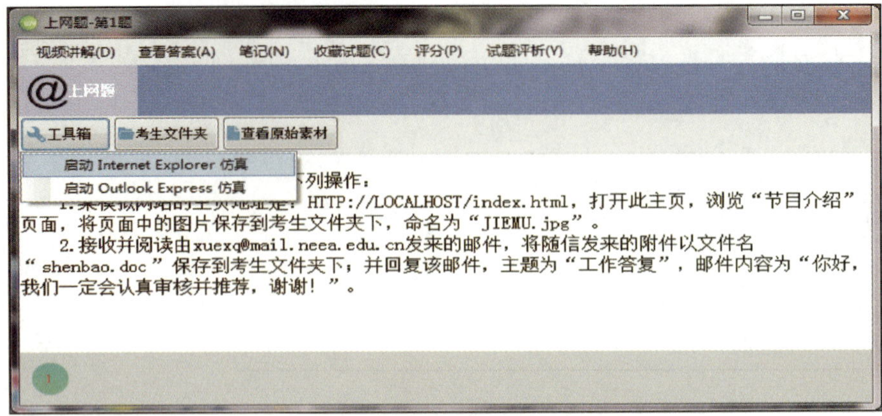

图 2-1-1 启动 Internet Explorer 仿真

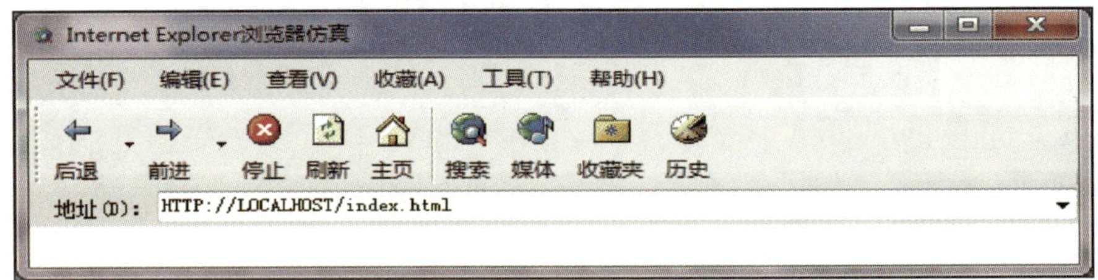

图 2-1-2 输入“HTTP://LOCALHOST/index.html”

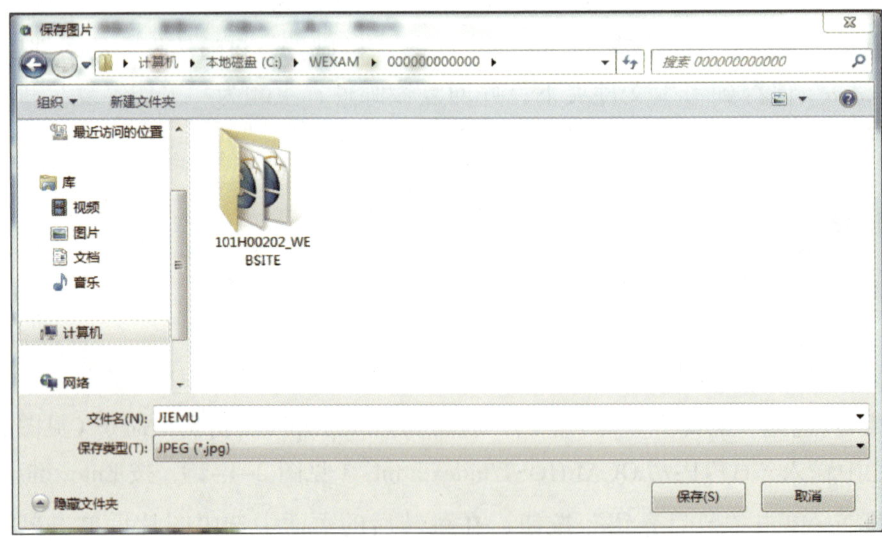

图 2-1-3 保存图片

步骤 3：关闭“Internet Explorer 浏览器仿真”。

第 2 小题：

步骤 1：选择“工具箱”菜单下的“启动 Outlook Express 仿真”命令（见图 2–1–4），然后单击“发送 / 接收”按钮（见图 2–1–5）。

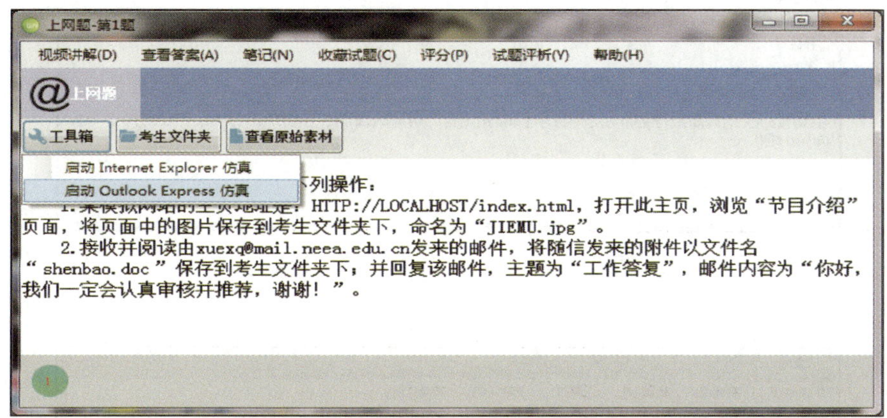

图 2–1–4　启动 Outlook Express 仿真

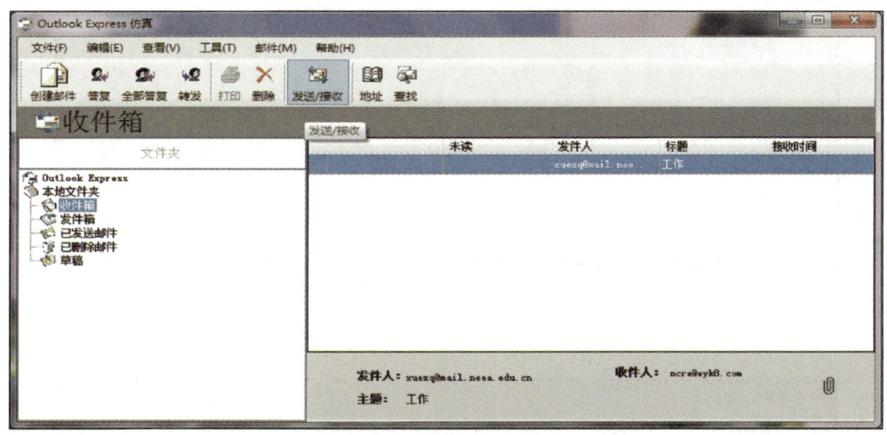

图 2–1–5　单击“发送 / 接收”按钮

步骤 2：双击“收件箱”下的未读邮件，在弹出的“邮件（HTML）”对话框（见图 2–1–6）中选择“文件”菜单下的“保存附件”命令（见图 2–1–7），在“另存为”对话框中以文件名“shenbao.doc”保存到考生文件夹下（见图 2–1–8），然后单击“保存”按钮。

步骤 3：单击“答复”按钮（见图 2–1–9），设置主题为“工作答复”，回复邮件内容为“你好，我们一定会认真审核并推荐，谢谢！”（见图 2–1–10），然后单击“发送”按钮发送邮件。

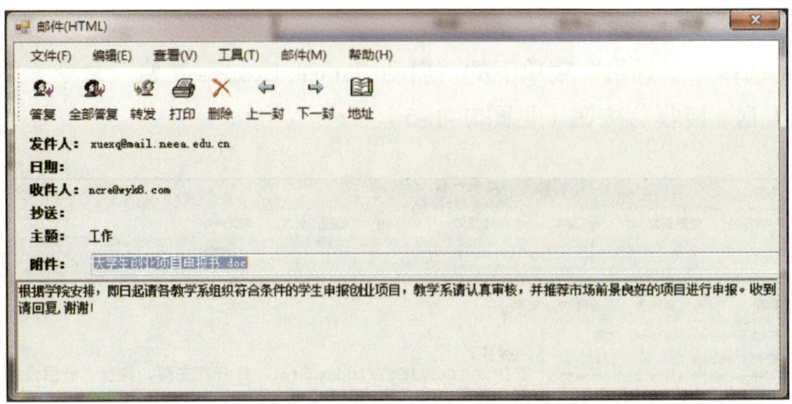

图 2-1-6 “邮件（HTML）”对话框

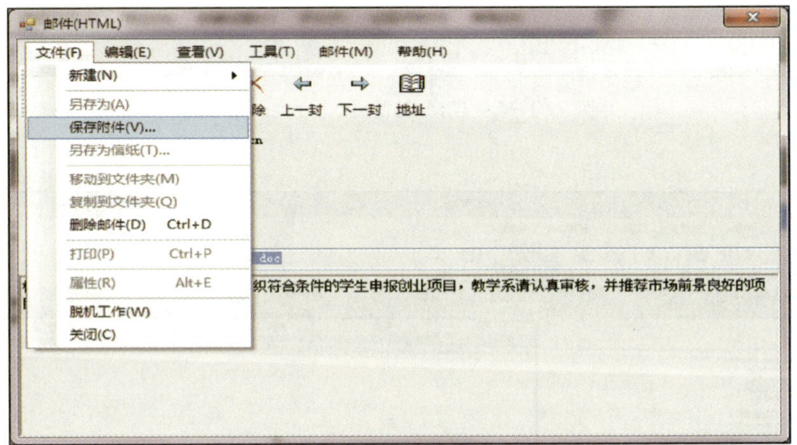

图 2-1-7 选择“保存附件”命令

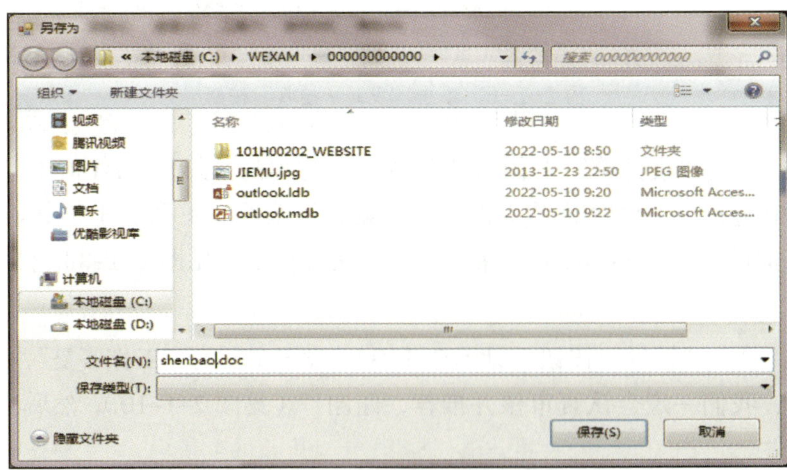

图 2-1-8 以文件名“shenbao.doc”保存

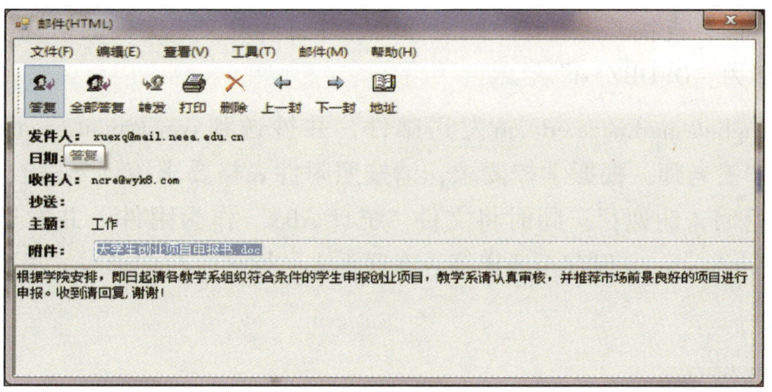

图 2-1-9　单击“答复”按钮

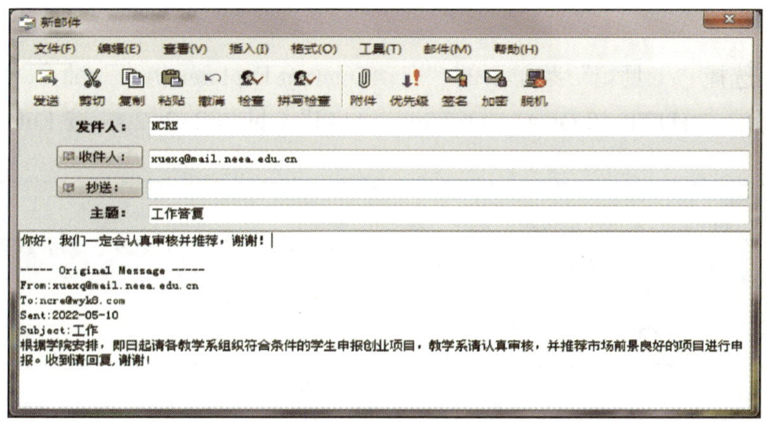

图 2-1-10　回复邮件内容

步骤 4：关闭“Outlook Express 仿真”。

二、基本操作 2

1. 某模拟网站的主页地址为“HTTP://LOCALHOST/index.html”，打开此主页，浏

览“杜甫”页面，查找“代表作”的页面内容并将其以文本文件的格式保存到考生文件夹下，命名为“DFDBZ.txt”。

2. 向 wanglie@mail.neea.edu.cn 发送邮件，并抄送到 jxms@mail.neea.edu.cn，回复邮件内容为“王老师：根据学校要求，请按照附件表格要求统计学院教师任课信息，并于 3 日内返回，谢谢!”，同时将文件“统计 .xlsx”作为附件一并发送。将收件人 wanglie@mail.neea.edu.cn 保存至通讯簿，在联系人“姓名”栏中填写“王列”。

第 1 小题：

步骤 1：选择“工具箱”菜单下的“启动 Internet Explorer 仿真”命令（见图 2-2-1），在地址栏中输入“HTTP://LOCALHOST/index.html”（见图 2-2-2），按 Enter 键。

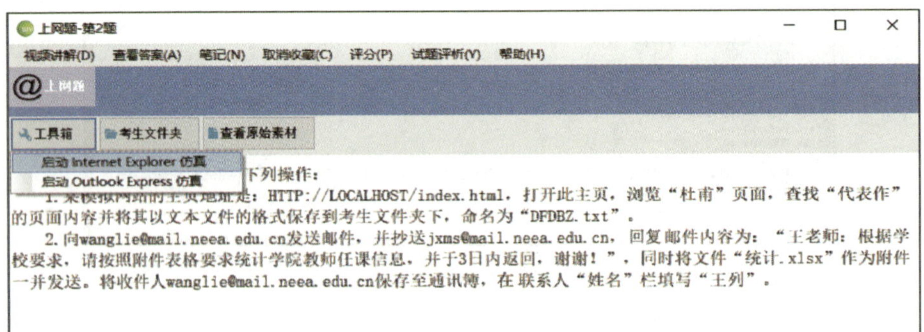

图 2-2-1　启动 Internet Explorer 仿真

图 2-2-2　输入“HTTP://LOCALHOST/index.html”

步骤 2：单击“杜甫”，在跳转后的页面（见图 2-2-3）中单击“代表作”，并选择“文件”菜单下的“另存为”命令（见图 2-2-4），在弹出的“保存网页”对话框中先定位到考生文件夹下，修改保存类型为“文本文件（*.txt）”、文件名为“DFDBZ.txt”，然后单击“保存”按钮（见图 2-2-5）。

图 2-2-3　杜甫介绍页面

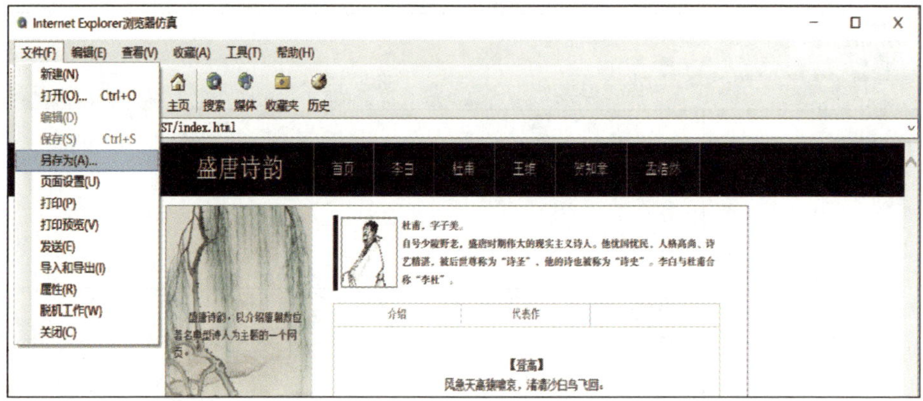

图 2-2-4　保存网页

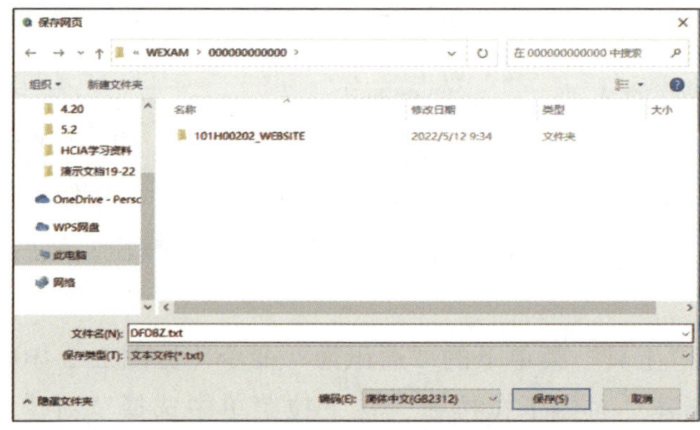

图 2-2-5　“保存网页”对话框

步骤 3：关闭“Internet Explorer 浏览器仿真”。

第 2 小题：

步骤 1：选择“工具箱”菜单下的“启动 Outlook Express 仿真”命令（见图 2-2-6），单击“创建邮件”按钮（见图 2-2-7）。

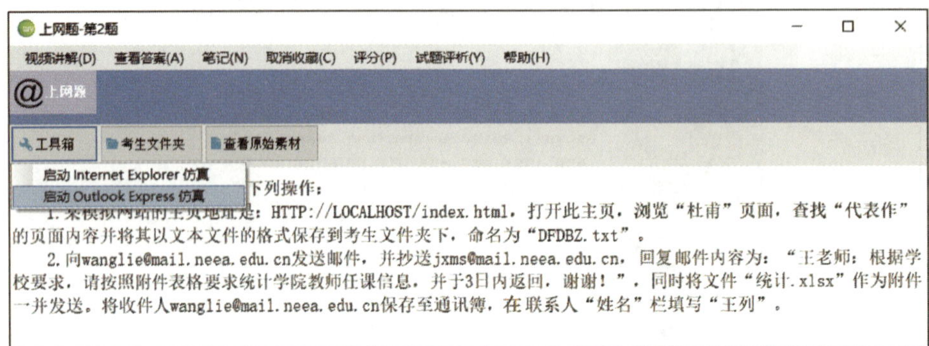

图 2-2-6　启动 Outlook Express 仿真

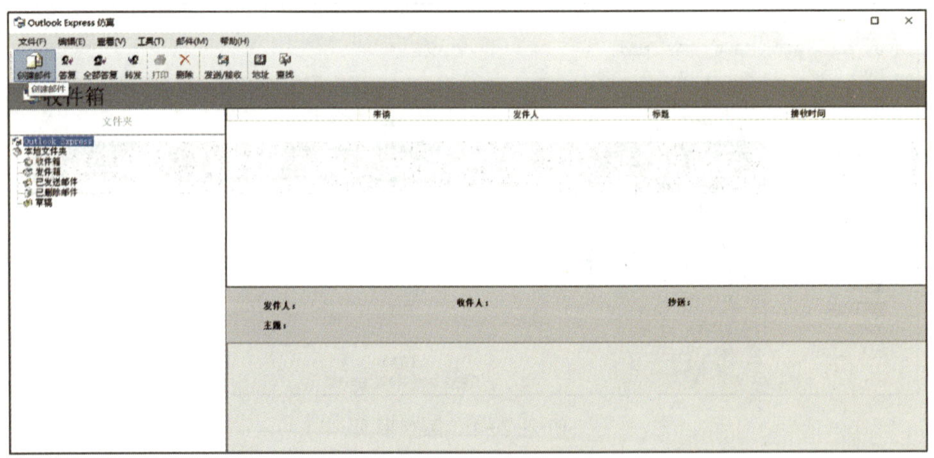

图 2-2-7　创建邮件

步骤 2：设置收件人为“wang1ie@mail.neea.edu.cn”，并设置抄送到“jxms@mail.neea.edu.cn”，回复邮件内容为“王老师：根据学校要求，请按照附件表格要求统计学院教师任课信息，并于 3 日内返回，谢谢!”，单击“附件”按钮（见图 2-2-8），定位到考生文件夹下并选中文件“统计 .xlsx”，单击“打开”按钮，然后单击“发送”按钮（见图 2-2-9）。

步骤 3：选择“工具”菜单下的“通讯簿”命令（见图 2-2-10），弹出“通讯簿”对话框，单击“新建”右侧下拉按钮，在下拉菜单中选择“新建联系人”命令（见图 2-2-11），在弹出的“属性”对话框中，在“姓名”栏中填写“王列”，在“电子邮箱”栏中填写“wanglie@mail.neea.edu.cn”，再单击“确定”按钮（见图 2-2-12）。最后关闭“属性”对话框，再关闭“通讯簿”对话框。

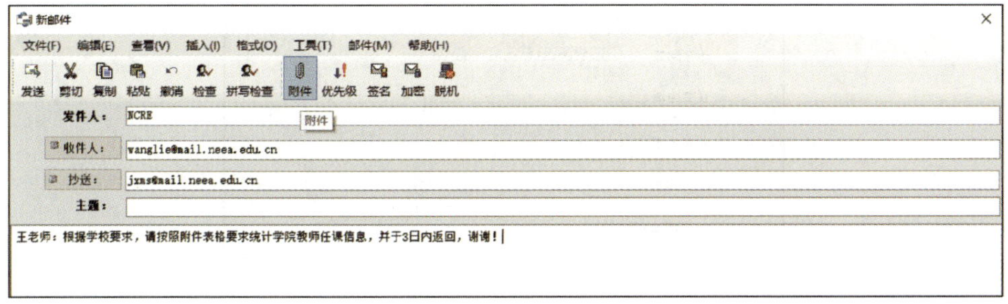

图 2-2-8　添加附件

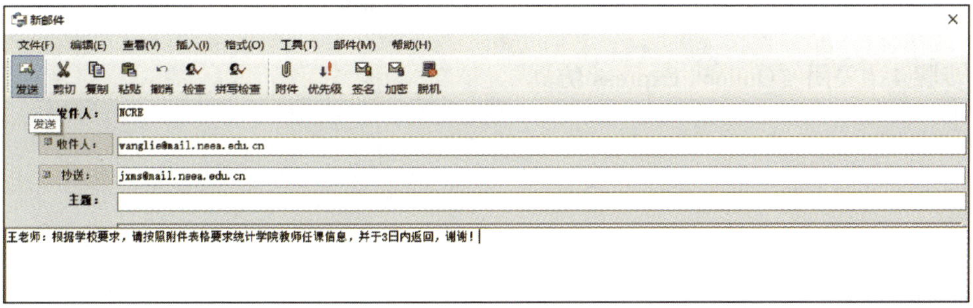

图 2-2-9　发送邮件

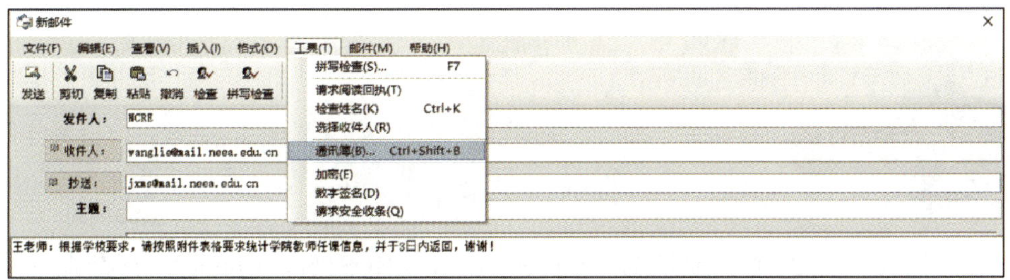

图 2-2-10　选择“工具”菜单下的“通讯簿”命令

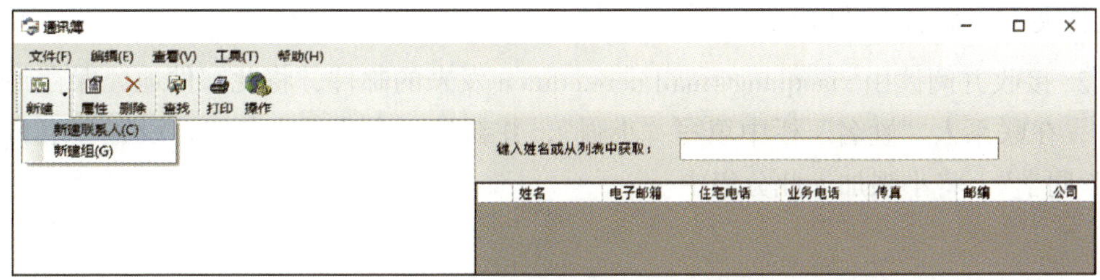

图 2-2-11　“通讯簿”对话框

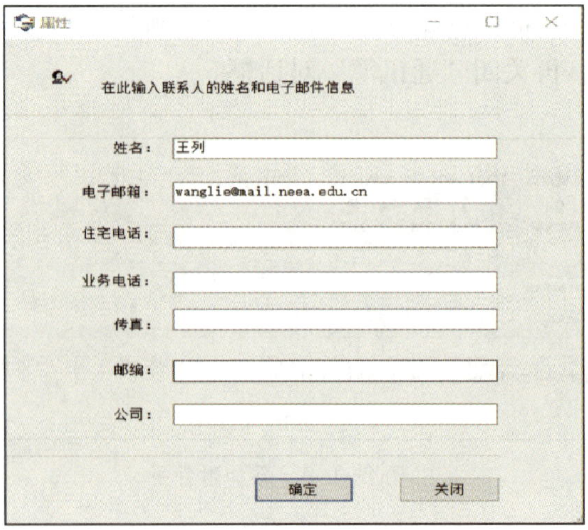

图 2-2-12 “属性”对话框

步骤 4：关闭“Outlook Express 仿真”。

三、基本操作 3

1. 某模拟网站的主页地址为“HTTP://LOCALHOST/index.html”，打开此主页面，浏览“古今诗人”页面，查找介绍“李白”的页面内容，将页面中关于李白的图片保存到考生文件夹下，命名为“LIBAI.jpg”，并将此页面内容以文本文件的格式保存到考生文件夹下，命名为“LIBAI.txt”。

2. 接收并阅读由 xiaoqiang@mail.ncre.edu.cn 发来的邮件，将此邮件地址保存到通讯录中，在联系人“姓名”栏中填写“小强”，并新建一个联系人分组，设置分组名字为“小学同学”，将小强加入此分组中。

第 1 小题：

步骤 1：选择“工具箱”菜单下的“启动 Internet Explorer 仿真”命令，在地址栏中输入“HTTP://LOCALHOST/index.html”，按 Enter 键。

步骤 2：先单击“古今诗人”，再单击“李白”，选中图片后单击鼠标右键，在弹出的快捷菜单中选择“图片另存为”命令，在弹出的“保存图片”对话框中将图片以“LIBAI.jpg”命名并保存到考生文件夹下，然后单击“保存”按钮。

步骤 3：选择“文件”菜单下的“另存为”命令，在弹出的“保存网页”对话框中先定位到考生文件夹下，将保存类型设置为“文本文件（*.txt）”，将文件名设置为“LIBAI.txt”，然后单击“保存”按钮。

步骤 4：关闭“Internet Explorer 浏览器仿真”。

第 2 小题：

步骤 1：选择“工具箱”菜单下的“启动 Outlook Express 仿真”命令，单击“发送 / 接收”按钮（见图 2-3-1）。

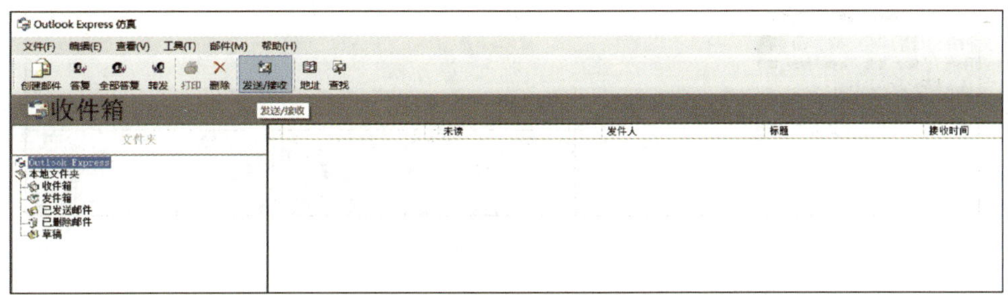

图 2-3-1　单击“发送 / 接收”按钮

步骤 2：双击“收件箱”下的未读邮件（见图 2-3-2），在弹出的“邮件（HTML）”对话框中先选择“工具”菜单下的“通讯簿”命令（见图 2-3-3），再单击“新建”右侧下拉按钮，选择“新建联系人”命令（见图 2-3-4），在弹出的“属性”对话框的“姓名”栏中填写“小强”、“电子邮箱”栏中填写“xiaoqiang@mail.ncre.edu.cn”，然后单击“确定”按钮（见图 2-3-5），再单击“关闭”按钮。

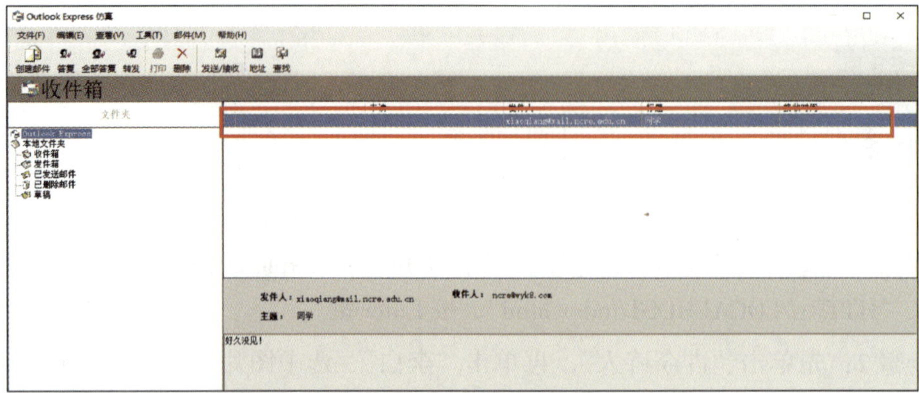

图 2-3-2　选择未读邮件

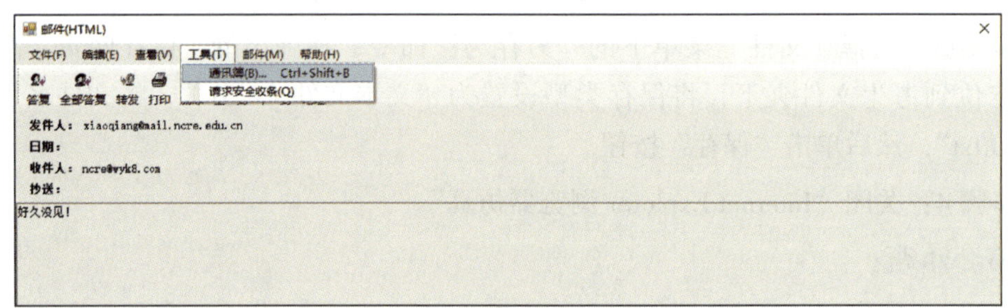

图 2-3-3　选择通讯簿

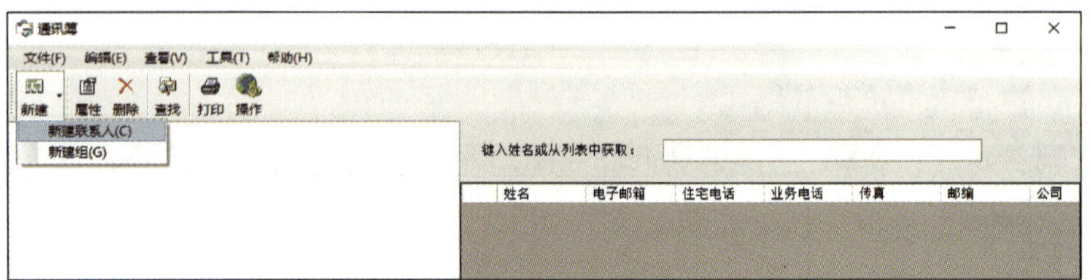

图 2-3-4　选择新建联系人

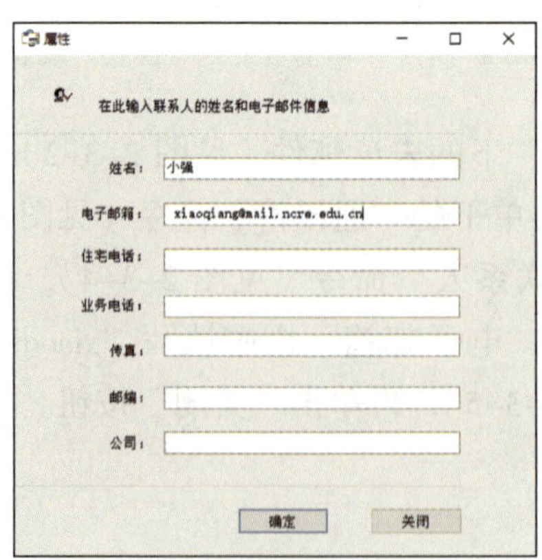

图 2-3-5　填写新建联系人信息

步骤 3：在“通讯簿”对话框中单击“新建”右侧下拉按钮，选择“新建组”命令（见图 2-3-6），在“组名”栏中填写“小学同学”，单击“选择成员”按钮（见图 2-3-7），在弹出的“选择联系人”对话框中选中“小强”，再单击“选择”按钮，然后单击“确定”按钮（见图 2-3-8），小强已经被选中，再次单击“确定”按钮（见图 2-3-9），关闭对话框。

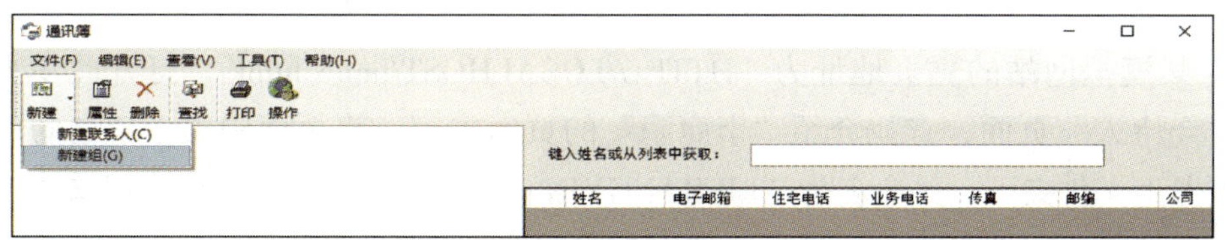

图 2-3-6　新建组

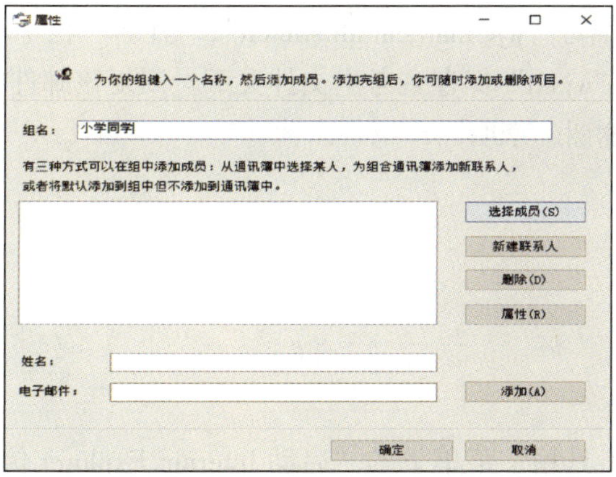

图 2-3-7　为“小学同学”组选择成员

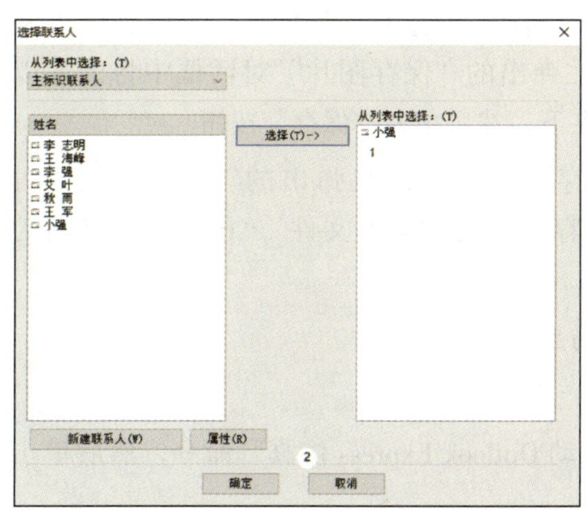

图 2-3-8　选择联系人“小强”

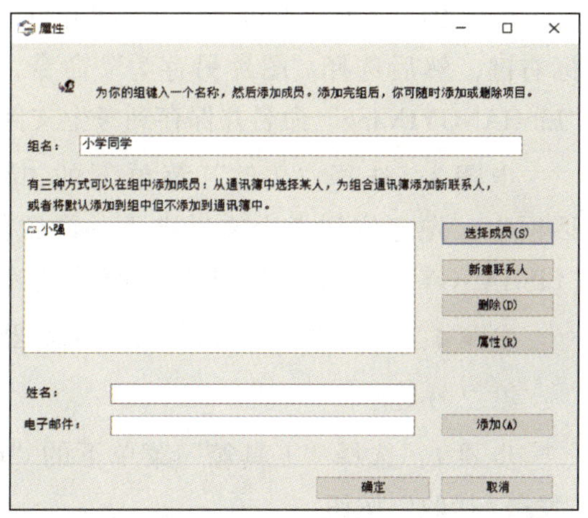

图 2-3-9　将“小强”添加到“小学同学”组中

步骤 4：关闭“Outlook Express 仿真”。

四、基本操作 4

1. 某模拟网站的主页地址为“HTTP://LOCALHOST/index.html”，打开此主页，浏览“古今诗人”页面，查找介绍“李商隐”的页面内容，将页面中关于李商隐的图片保存到考生文件夹下，并命名为“LISHANGYIN.jpg”，然后将此页面内容以文本文件的格式保存到考生文件夹下，命名为“LISHANGYIN.txt”。

2. 接收并阅读由 wj@mail.cumtb.edu.cn 发来的邮件，将发件人添加到通讯簿中，并在“电子邮箱”栏中填写“wj@mail.cumtb.edu.cn”、“姓名”栏中填写“王军”。将随信发来的附件以文件名“wj.txt”保存到考生文件夹下。回复该邮件，回复内容为“王军：您好！资料已收到，谢谢。李明”。

第 1 小题：

步骤 1：单击“工具箱”菜单下的“启动 Internet Explorer 仿真”命令，在地址栏中输入“HTTP://LOCALHOST/index.html”，按 Enter 键。

步骤 2：单击“古今诗人”，再单击“李商隐”，选中“李商隐”图片后单击鼠标右键，然后选择“图片另存为”命令，在弹出的“保存图片”对话框中将图片以“LISHANGYIN.jpg”命名并保存到考生文件夹下，然后单击“保存”按钮。

步骤 3：选择“文件”菜单下的“另存为”命令，在弹出的“保存网页”对话框中，先定位到考生文件夹下，设置保存类型为“文本文件（*.txt）”、文件名为“LISHANGYIN.txt”，然后单击“保存”按钮。

步骤 4：关闭“Internet Explorer 浏览器仿真”。

第 2 小题：

步骤 1：选择“工具箱”菜单下的“启动 Outlook Express 仿真”命令，然后单击“发送 / 接收”按钮。

步骤 2：双击“收件箱”下的未读邮件（见图 2-4-1），在弹出的“邮件（HTML）”对话框中选择“工具”菜单下的“通讯簿”命令（见图 2-4-2），在“通讯簿”对话框中单击“新建”右侧下拉按钮，选择“新建联系人”命令，在弹出的“属性”对话框的“姓名”栏中填写“王军”，在“电子邮箱”栏中填写“wj@mail.cumtb.edu.cn”，然后单击“确定”按钮（见图 2-4-3），单击“关闭”按钮，再次单击“关闭”按钮。

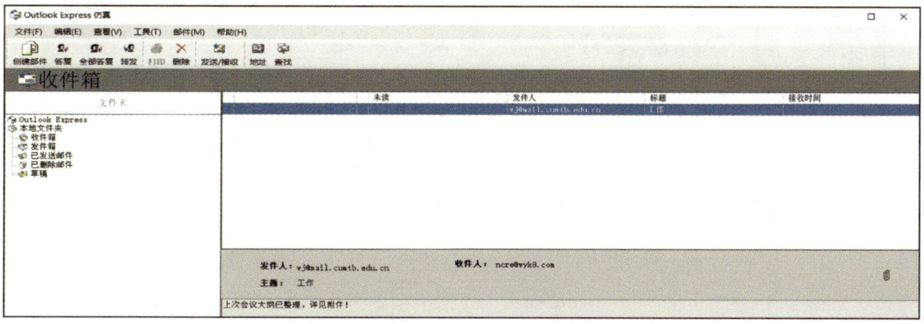

图 2-4-1　选择未读邮件

图 2-4-2　选择通讯簿

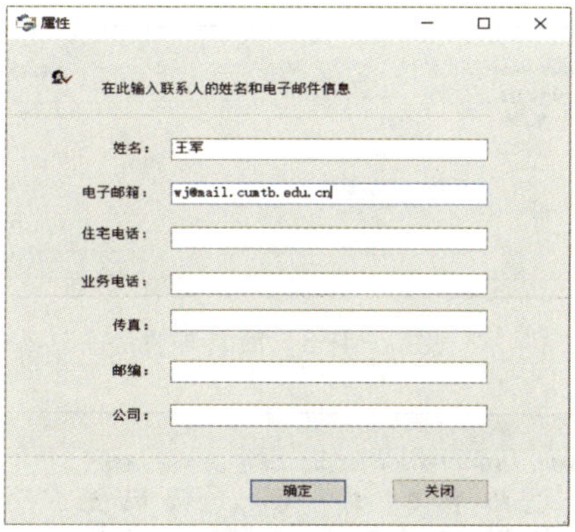

图 2-4-3　填写新建联系人信息

步骤 3：在“邮件（HTML）”对话框中，选中“附件”中的文件后单击鼠标右键，选择“另存为”命令（见图 2-4-4）。在“另存为”对话框中将文件以“wj.txt”命名并保存在考生文件夹下（见图 2-4-5），然后单击“保存”按钮。

图 2-4-4　保存附件

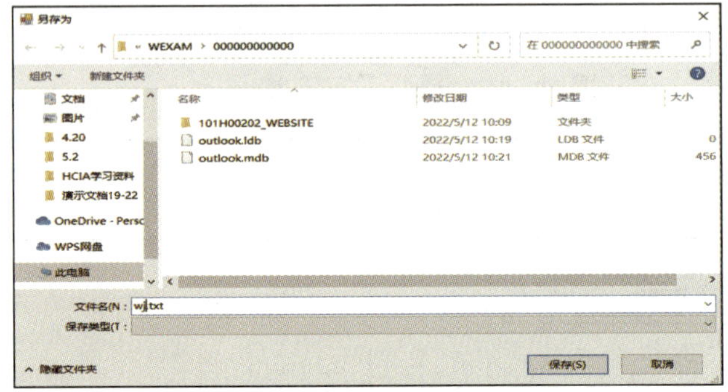

图 2-4-5　设置保存附件的文件名

步骤 4：单击“答复”按钮（见图 2-4-6），回复邮件内容为“王军：您好！资料已收到，谢谢。李明”（见图 2-4-7），单击“发送”按钮，关闭对话框。

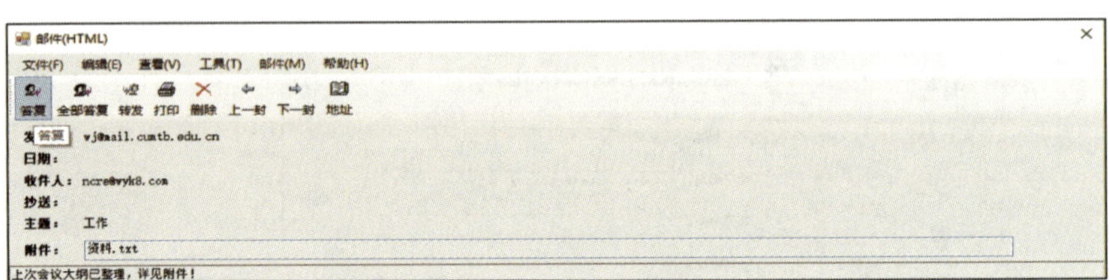

图 2-4-6　回复邮件

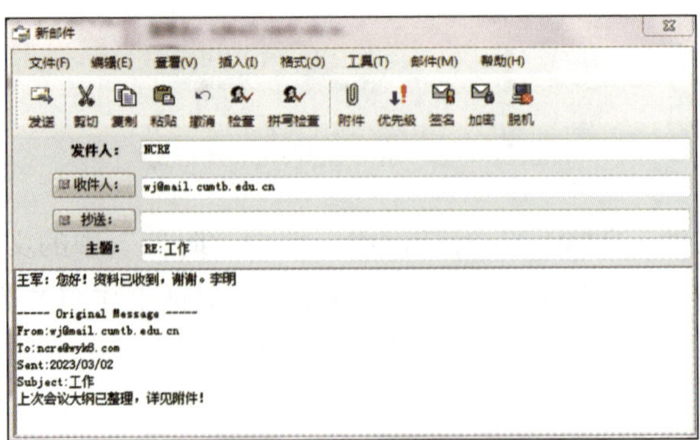

图 2-4-7　发送邮件

步骤 5：关闭“Outlook Express 仿真”。

五、基本操作 5

1. 某模拟网站的主页地址为“HTTP://LOCALHOST/index.html”，打开此主页，浏览“李白”页面，将页面中关于李白的图片保存到考生文件夹下，命名为“LIBAI.jpg”，查找“代表作”的页面内容并将其以文本文件的格式保存到考生文件夹下，命名为“LBDBZ.txt”。

2. 给王军同学（wj@mail.cumtb.edu.cn）发送邮件，同时将该邮件抄送到李明老师（1m@sina.com）。邮件内容为“王军：您好！现将资料发送给您，请查收。赵华”。将考生文件夹下的文件 jsjxkjj.txt 作为附件一同发送。将邮件的“主题”设置为“资料”。

第 1 小题：

步骤 1：选择“工具箱”菜单下的“启动 Internet Explorer 仿真”命令，在地址栏中输入“HTTP://LOCALHOST/index.html”，按 Enter 键。

步骤 2：选择“李白”（见图 2–5–1），在跳转后的页面中选中关于李白的图片后单击鼠标右键，在弹出的快捷菜单中选择“图片另存为”命令（见图 2–5–2），在弹出的“保存图片”对话框中将图片以“LIBAI.jpg”命名并保存到考生文件夹下，单击“保存”按钮（见图 2–5–3）。

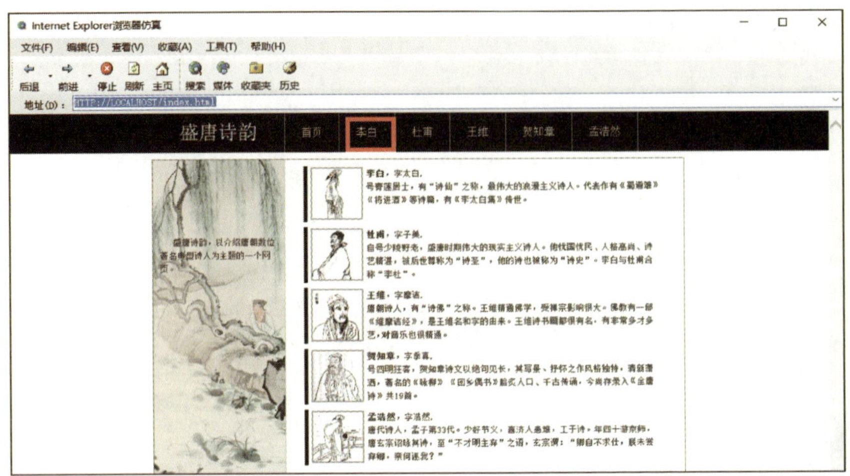

图 2-5-1　选中李白

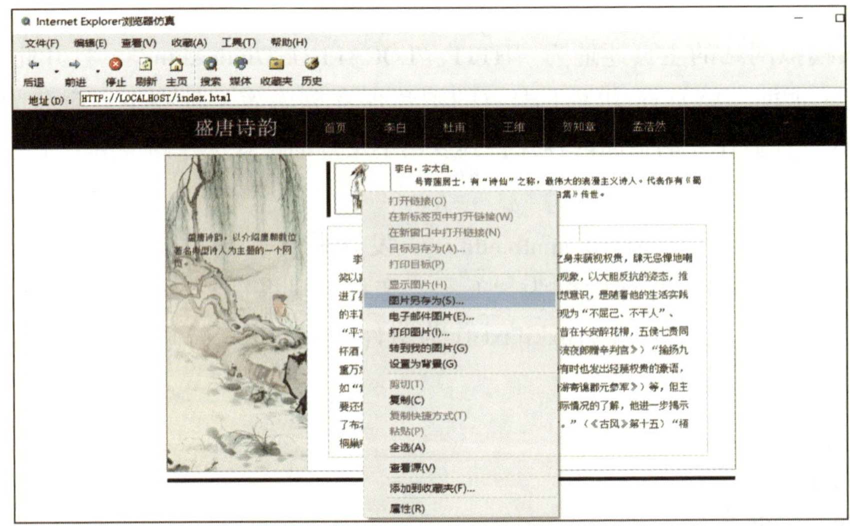

图 2-5-2　保存有关李白的图片

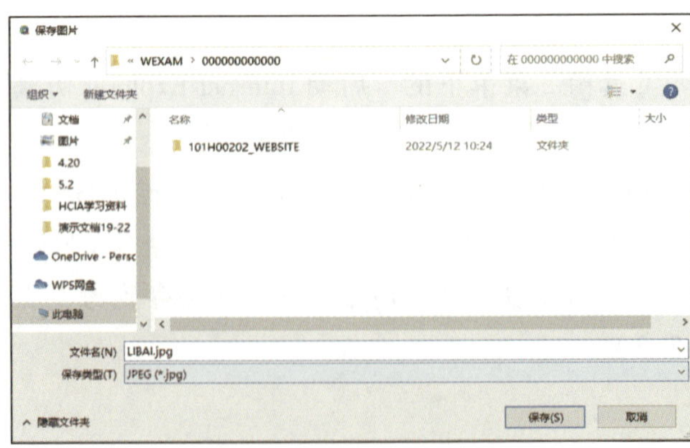

图 2-5-3　设置图片的名称

步骤 3：单击“代表作”（见图 2-5-4），选择“文件”菜单下的“另存为”命令（见图 2-5-5），在弹出的“保存网页”对话框中，先定位到考生文件夹下，设置保存类型为“文本文件（*.txt）”、文件名为“LBDBZ.txt”，然后单击“保存”按钮（见图 2-5-6）。

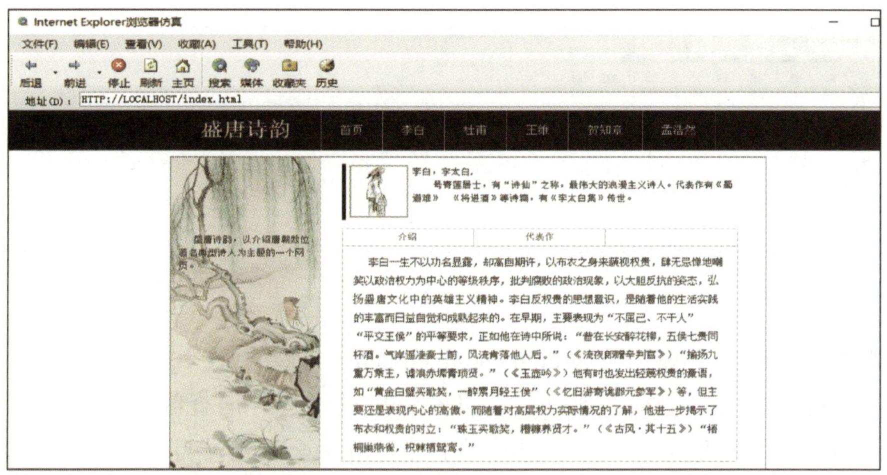

图 2-5-4　选中李白的代表作

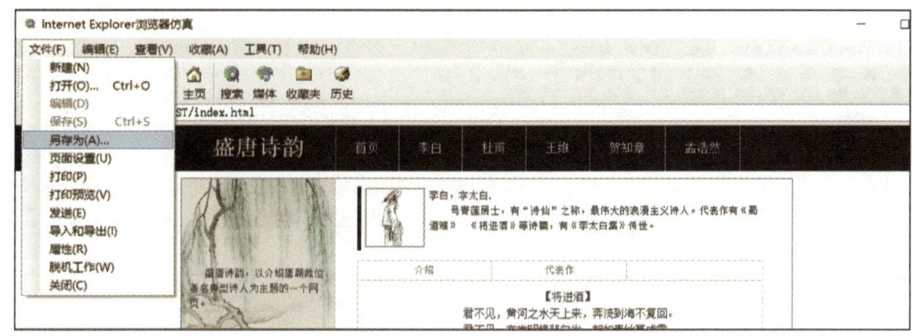

图 2-5-5　保存李白的代表作

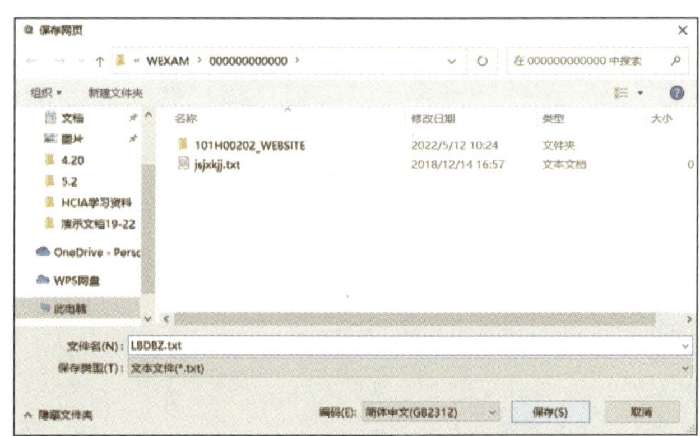

图 2-5-6　设置代表作的文件名

步骤 4：关闭“Internet Explorer 浏览器仿真”。

第 2 小题：

步骤 1：选择“工具箱”菜单下的“启动 Outlook Express 仿真”命令，单击“创建邮件”按钮（见图 2-5-7）。

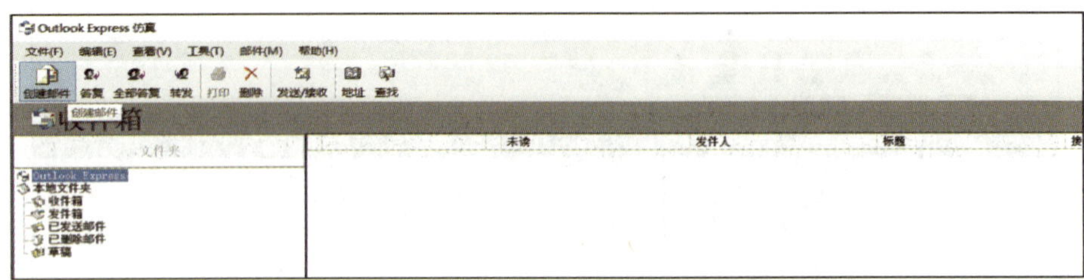

图 2-5-7 创建邮件

步骤 2：设置收件人为“wj@mail.cumtb.edu.cn”、抄送到“1m@sina.com”、主题为“资料”，邮件内容为“王军：您好！现将资料发送给您，请查收。赵华”，单击“附件”按钮并定位到考生文件夹下，选中文件 jsjxkjj.txt，单击“打开”按钮，单击“发送”按钮（见图 2-5-8）。

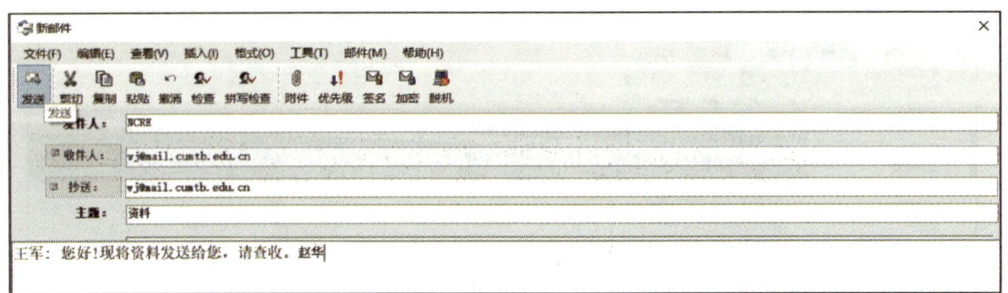

图 2-5-8 发送邮件

步骤 3：关闭“Outlook Express 仿真”。

六、基本操作 6

1. 某模拟网站的地址为“HTTP://LOCALHOST/index.htm”，打开此网站，找到关于农家果蔬“白菜”的页面，将此页面另存到考生文件夹下，设置文件名为“BaiCai”、保存类型为“网页，仅 HTML（*.htm；*.html）”，再将该页面上有白菜的图片保存到考生文件夹下，将文件命名为“Photo.jpg”、保存类型为“JPEG（*.jpg）”。

2. 接收并阅读来自朋友小赵（zhaoyu@ncre.com）的邮件，该邮件主题为“生日快乐”。将该邮件中的附件“生日贺卡 .jpg”保存到考生文件夹下，并回复该邮件，回复内容为“贺卡已收到，谢谢你的祝福，也祝你天天幸福快乐！”。

第 1 小题：

步骤 1：选择“工具箱”菜单下的“启动 Internet Explorer 仿真”命令，在地址栏中输入“HTTP://LOCALHOST/index.htm”，按 Enter 键。

步骤 2：单击“白菜”的简介，在跳转后的页面中选择“文件”菜单下的“另存为”命令，在弹出的“另存为”对话框中定位到考生文件夹下，设置文件名为“BaiCai”、保存类型为“网页，仅 HTML”，然后单击“保存”按钮。选中有白菜的图片后单击鼠标右键，在弹出的快捷菜单中选择“图片另存为”命令，在弹出的“保存图片”对话框中将文件以“Photo.jpg”命名并保存到考生文件夹下，然后单击“保存”按钮（见图 2–6–1）。

步骤 3：关闭“Internet Explorer 浏览器仿真”。

第 2 小题：

步骤 1：选择“工具箱”菜单下的“启动 Outlook Express 仿真”命令，在弹出的对话框中单击“发送 / 接收”按钮（见图 2–6–2）。

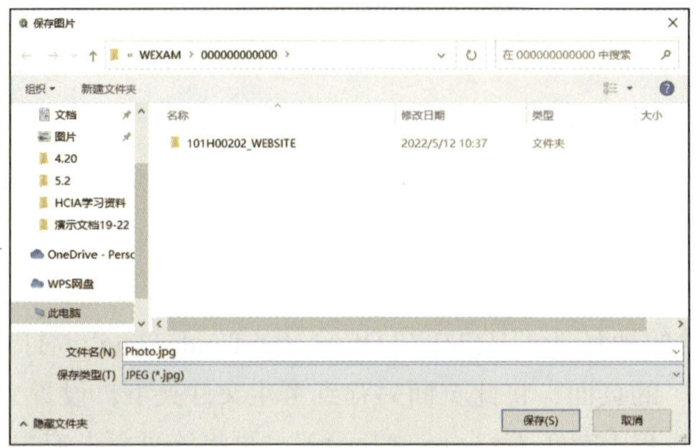

图 2-6-1　保存图片

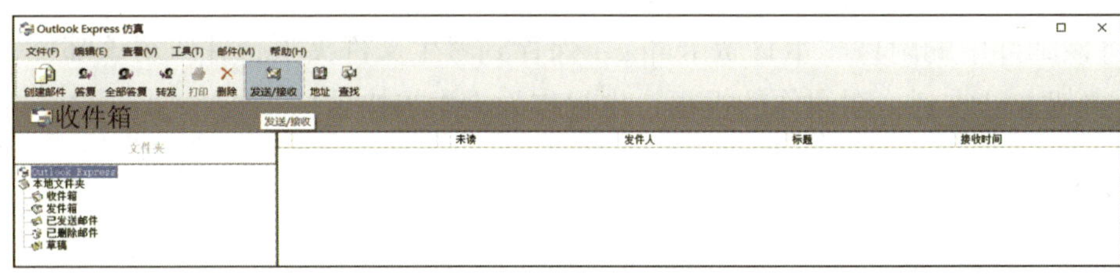

图 2-6-2　发送 / 接收邮件

步骤 2：双击“收件箱”下的未读邮件，在弹出的“邮件（HTML）”对话框中选中“附件”中的文件并单击鼠标右键，在弹出的快捷菜单中选择“另存为”命令（见图 2-6-3），在弹出的“另存为”对话框中定位到考生文件夹下，单击“保存”按钮保存附件。

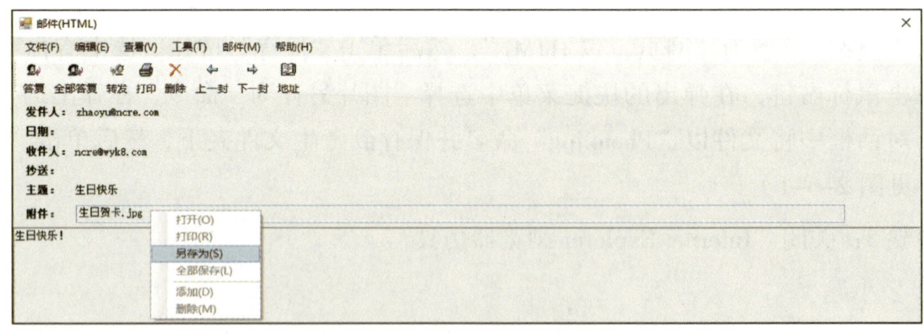

图 2-6-3　保存附件

步骤 3：单击“答复”按钮（见图 2-6-4），输入邮件内容“贺卡已收到，谢谢你的祝福，也祝你天天幸福快乐!”，然后单击“发送”按钮（见图 2-6-5），关闭对话框。

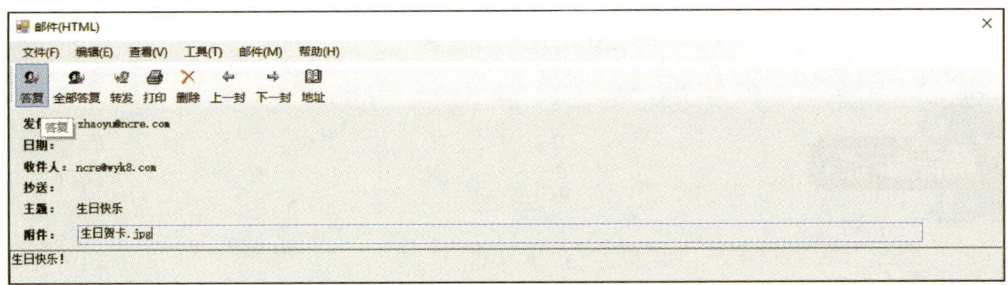

图 2-6-4　回复邮件

新邮件
文件(F) 编辑(E) 查看(V) 插入(I) 格式(O) 工具(T) 邮件(M) 帮助(H)
发送 剪切 复制 粘贴 撤消 检查 拼写检查 附件 优先级 签名 加密 脱机
发件人：NCRE
收件人：zhaoyu@ncre.com
抄送：
主题：RE:生日快乐
贺卡已收到，谢谢你的祝福，也祝你天天幸福快乐！
----- Original Message -----
From:zhaoyu@ncre.com
To:ncre@wyk8.com
Sent:2022/05/12
Subject:生日快乐
生日快乐！

图 2-6-5　发送邮件

步骤 4：关闭“Outlook Express 仿真”。

七、基本操作 7

1. 某模拟网站的地址为“HTTP://LOCALHOST/index.htm”，打开此网站，找到参加“我是小作家”的“报名方式”页面，将报名方式的内容作为 Word 文档的内容，并将此 Word 文档保存到考生文件夹下，命名为“baoming.docx”。

2. 接收并阅读来自同事小张（zhangqiang@ncre.com）的邮件，该邮件主题为“值班表”。将邮件中的附件“值班表 .docx”下载到考生文件夹下，并回复该邮件，回复内容为“值班表已收到，会按时值班，谢谢!”。

第 1 小题：

步骤 1：选择“工具箱”菜单下的“启动 Internet Explorer 仿真”命令，在地址栏中输入“HTTP://LOCALHOST/index.htm”，按 Enter 键。

步骤 2：单击“报名方式”按钮，在跳转后的页面中选中并按 Ctrl+C 快捷键复制报名方式的内容，打开考生文件夹，新建 Word 文档（见图 2-7-1），以“baoming.docx”命名（见图 2-7-2）。打开此 Word 文档，按 Ctrl+V 快捷键粘贴复制的报名方式内容，保存并关闭 Word 文档。

图 2-7-1　新建 Word 文档

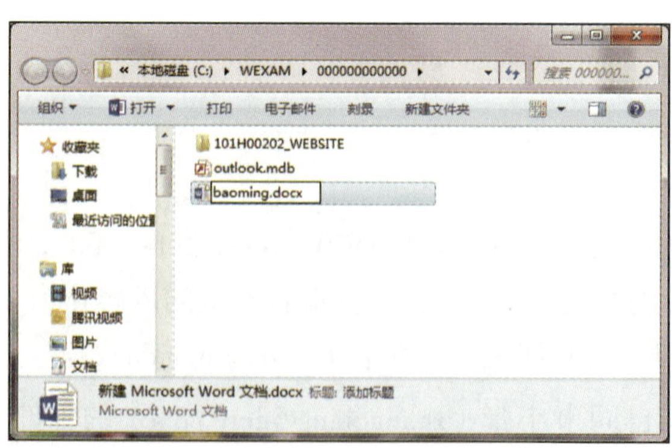

图 2-7-2　保存报名方式内容

步骤 3：关闭“Internet Explorer 浏览器仿真”。

第 2 小题：

步骤 1：选择“工具箱”菜单下的“启动 Outlook Express 仿真”命令，单击“发送 / 接收”按钮（见图 2–7–3）。

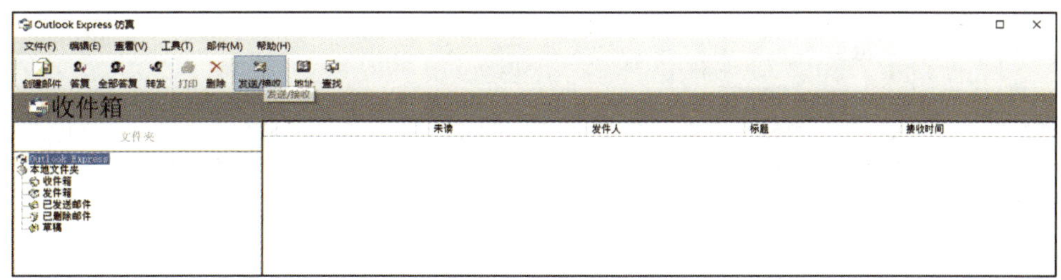

图 2–7–3　发送 / 接收邮件

步骤 2：双击“收件箱”下的未读邮件（见图 2–7–4），在弹出的“邮件（HTML）”对话框中选中“附件”中的文件并单击鼠标右键，在弹出的快捷菜单中选择“另存为”命令（见图 2–7–5），在“另存为”对话框中定位到考生文件夹下，单击“保存”按钮（见图 2–7–6），关闭对话框。

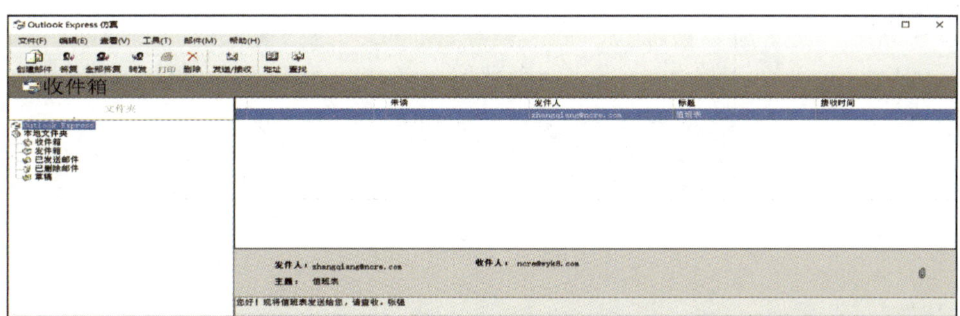

图 2–7–4　查看未读邮件

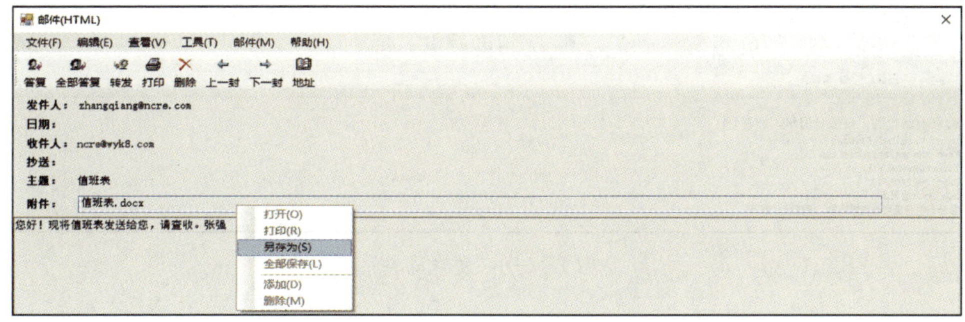

图 2–7–5　保存附件

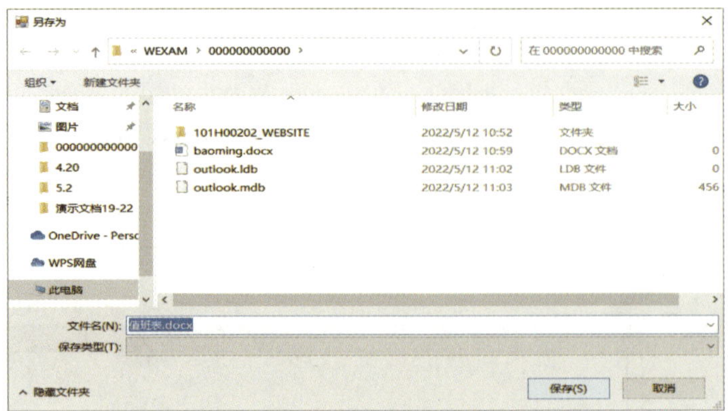

图 2-7-6　把附件保存在考生文件夹下

步骤 3：单击“答复”按钮（见图 2-7-7），输入邮件内容为“值班表已收到，会按时值班，谢谢!”，单击“发送”按钮（见图 2-7-8）。

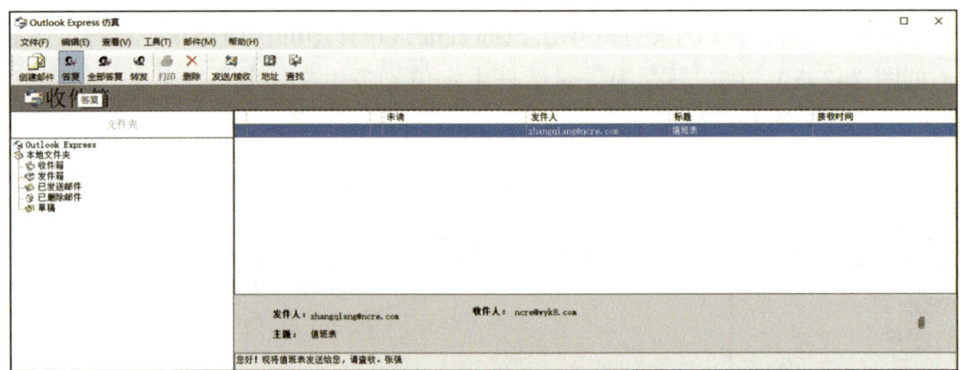

图 2-7-7　回复邮件

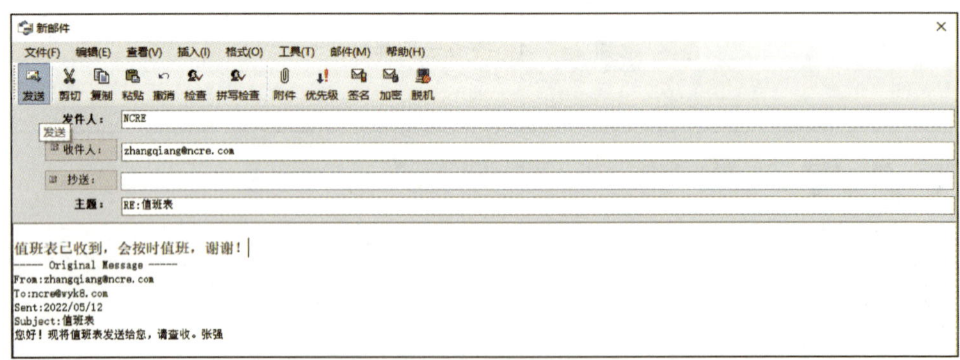

图 2-7-8　发送邮件

步骤 4：关闭“Outlook Express 仿真”。

八、基本操作 8

1. 某模拟网站的地址为“HTTP://LOCALHOST/index.htm”，打开此网站，找到此网站的首页，将首页上所有农家果蔬的水果名作为 Word 文档的内容，每个水果名用逗号隔开，并将此 Word 文档保存到考生文件夹下，命名为“Allnames.docx”。

2. 给科研组成员发一个讨论项目进度的通知的邮件，并抄送给部门经理汪某某。具体如下：

【收件人】panwd@ncre.cn

【抄送】wangjl@ncre.cn

【主题】通知

【邮件内容】各位成员：定于本月 3 日在本公司大楼五层会议室召开 AC-2 项目有关进度的讨论会，请全体出席。

第 1 小题：

步骤 1：选择“工具箱”菜单下的“启动 Internet Explorer 仿真”命令，在地址栏中输入“HTTP://LOCALHOST/index.htm”，按 Enter 键。

步骤 2：打开考生文件夹，新建 Word 文档（见图 2-8-1），以“Allnames.docx”命名。打开此 Word 文档，输入内容“苹果，香蕉，雪梨，橙子，葡萄，西瓜，芒果”，保存并关闭此 Word 文档。

步骤 3：关闭“Internet Explorer 浏览器仿真”。

第 2 小题：

步骤 1：选择“工具箱”菜单下的“启动 Outlook Express 仿真”命令，在弹出的对话框中单击“创建邮件”按钮（见图 2-8-2）。

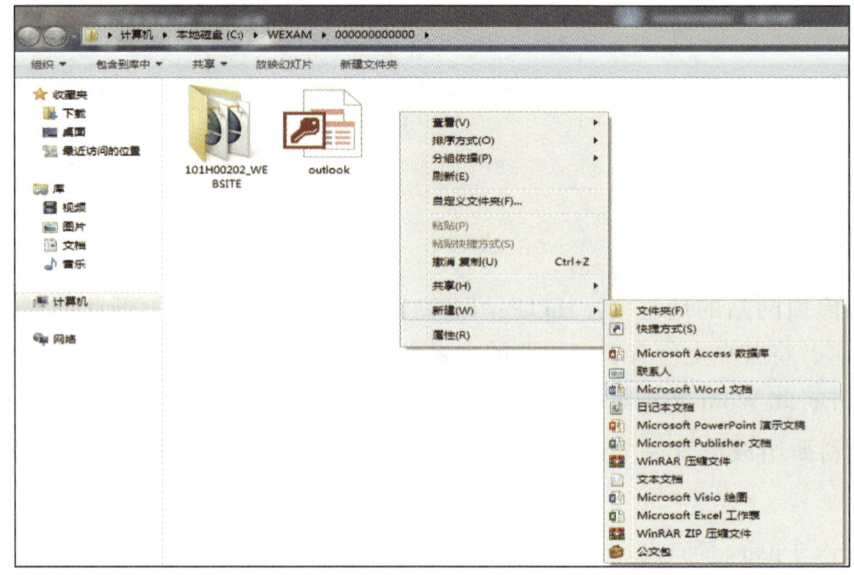

图 2-8-1　新建 Word 文档

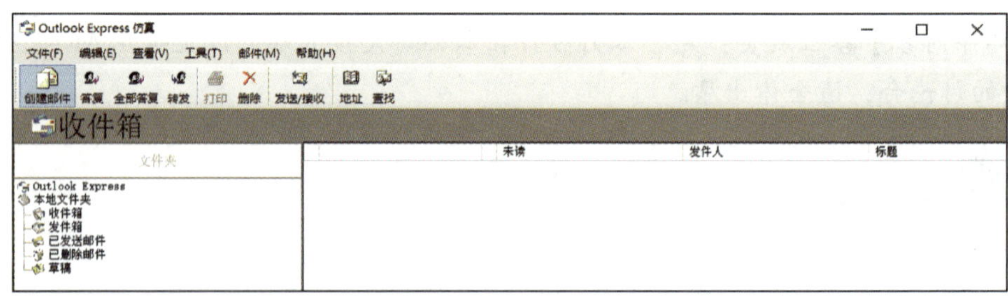

图 2-8-2　创建邮件

步骤 2：设置收件人为“panwd@ncre.cn”、抄送到“wangjl@ncre.cn”、主题为“通知”、邮件内容为“各位成员：定于本月 3 日在本公司大楼五层会议室召开 AC-2 项目有关进度的讨论会，请全体出席。”（见图 2-8-3），单击“发送”按钮发送邮件。

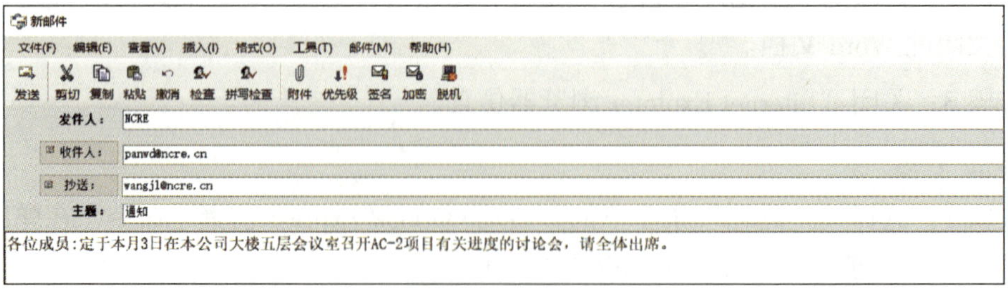

新邮件
文件(F) 编辑(E) 查看(V) 插入(I) 格式(O) 工具(T) 邮件(M) 帮助(H)
发送 剪切 复制 粘贴 撤消 检查 拼写检查 附件 优先级 签名 加密 脱机
发件人：NCRE
收件人：panwd@ncre.cn
抄送：wangjl@ncre.cn
主题：通知
各位成员：定于本月3日在本公司大楼五层会议室召开AC-2项目有关进度的讨论会，请全体出席。

图 2-8-3　发送邮件

步骤 3：关闭“Outlook Express 仿真”。

九、基本操作 9

1. 某模拟网站的地址为“HTTP://LOCALHOST/index.htm”，打开此网站，找到关于自然风光“冰川”的页面，将此页面保存到考生文件夹下，命名为“BingChuan”，设置保存类型为“网页，仅 HTML（*.htm；*.html）”，再将该页面上有冰川的图片保存到考生文件夹下，命名为“Photo.jpg”，设置保存类型为“JPEG（*.jpg）”。

2. 给同事张富仁先生发一个邮件，并将考生文件夹下的图片文件“曲古花海 .jpg”作为附件一起发送。具体如下：

【收件人】Zhangfr@ncre.cn

【主题】风景照片

【邮件内容】张先生：近期去西藏旅游了，现把在西藏旅游时照的一张风景照片寄给你，请欣赏。

第 1 小题：

步骤 1：选择“工具箱”菜单下的“启动 Internet Explorer 仿真”命令，在地址栏中输入“HTTP://LOCALHOST/index.htm”，按 Enter 键。

步骤 2：浏览自然风光“冰川”的页面，选择“文件”菜单下的“另存为”命令，在弹出的“保存网页”对话框中定位到考生文件夹下，将文件命名为“BingChuan”，设置保存类型为“网页，仅 HTML”，单击“保存”按钮。选中冰川的图片后单击鼠标右键，在弹出的快捷菜单中选择“图片另存为”命令，在弹出的“保存图片”对话框中将文件以“Photo.jpg”命名保存到考生文件夹下，单击“保存”按钮保存。

步骤 3：关闭“Internet Explorer 浏览器仿真”。

第 2 小题：

步骤 1：选择“工具箱”菜单下的“启动 Outlook Express 仿真”命令，在弹出的对话框中单击“创建邮件”按钮（见图 2-9-1）。

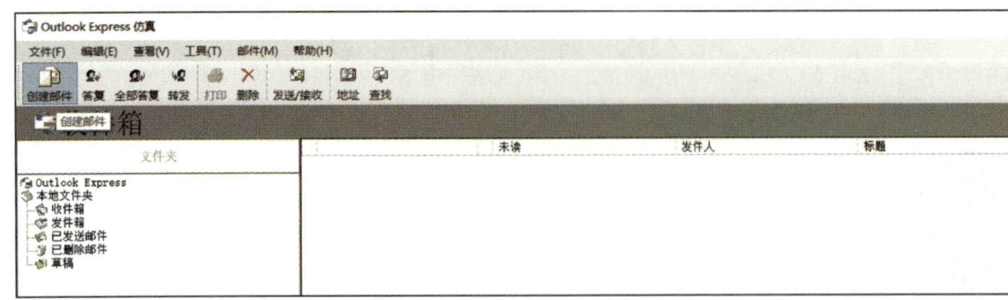

图 2-9-1 创建邮件

步骤 2：设置收件人为“Zhangfr@ncre.cn”、主题为“风景照片”、邮件内容为“张先生：近期去西藏旅游了，现把在西藏旅游时照的一张风景照片寄给你，请欣赏。”，单击“附件”按钮（见图 2-9-2），选中考生文件夹下的文件“曲古花海 .jpg”，并单击“打开”按钮。

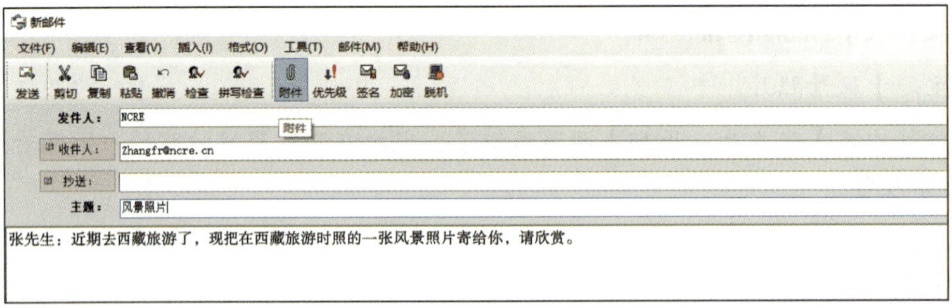

图 2-9-2 添加附件

步骤 3：单击“发送”按钮（见图 2-9-3）。

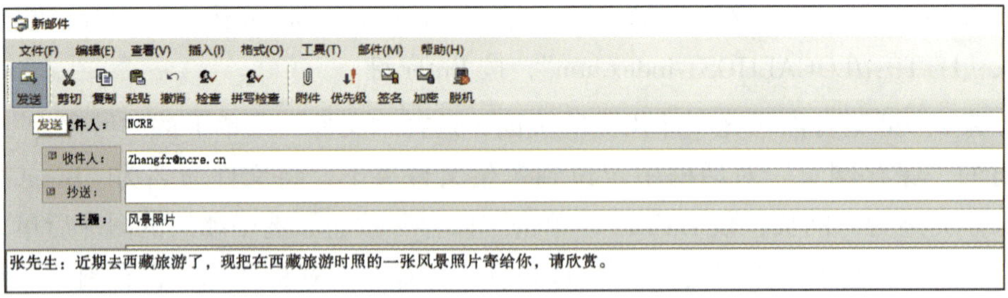

图 2-9-3 发送邮件

步骤 4：关闭“Outlook Express 仿真”。

十、基本操作 10

1. 某模拟网站的地址为“HTTP://LOCALHOST/index.htm”，打开此网站，找到此网站的首页，将首页上所有自然风光的景点作为 Word 文档的内容，每个景点用逗号隔开，并将此 Word 文档保存到考生文件夹下，命名为“Allnames.docx”。

2. 给万峰发一个邮件，并将考生文件夹下的文档 open.docx 作为附件一起发送。具体如下：

【收件人】Wanfeng@ncre.com

【主题】操作规范

【邮件内容】实验室操作规范，具体见附件。

第 1 小题：

步骤 1：选择“工具箱”菜单下的“启动 Internet Explorer 仿真”命令，在地址栏中输入“HTTP://LOCALHOST/index.htm”，按 Enter 键。

步骤 2：打开考生文件夹，新建 Word 文档，以“Allnames.docx”命名（见图 2–10–1）。打开此 Word 文档，输入内容“八一镇，曲古花海，雅尼湿地，雅鲁藏布江，鲁朗林海，卡定沟，邦杰塘草原谷”，保存并关闭 Word 文档。

步骤 3：关闭“Internet Explorer 浏览器仿真”。

第 2 小题：

步骤 1：选择“工具箱”菜单下的“启动 Outlook Express 仿真”命令，单击“创建邮件”按钮（见图 2–10–2）。

步骤 2：设置收件人为“Wanfeng@ncre.com”、主题为“操作规范”、邮件内容为“实验室操作规范，具体见附件。”，单击“附件”按钮（见图 2–10–3），在“打开”对话框中选中考生文件夹下的文件 open.docx，单击“打开”按钮（见图 2–10–4）。

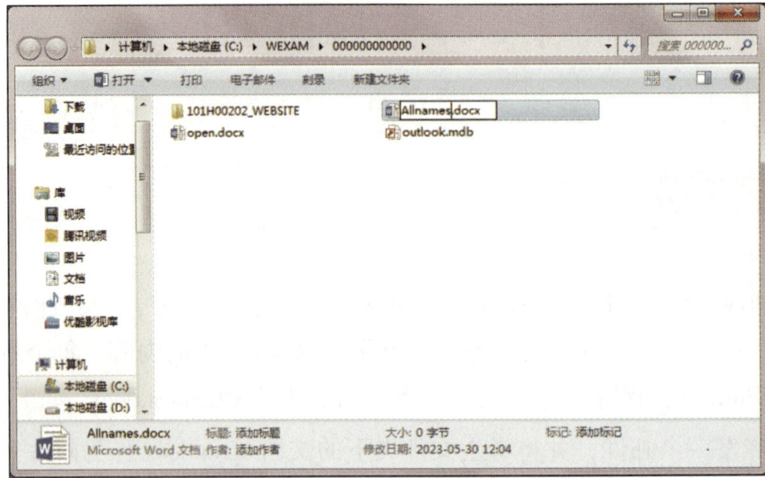

图 2-10-1　新建 Word 文档

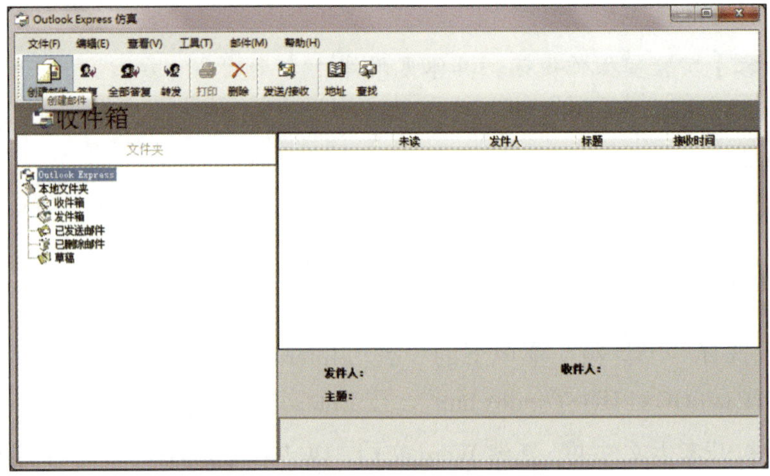

图 2-10-2　创建邮件

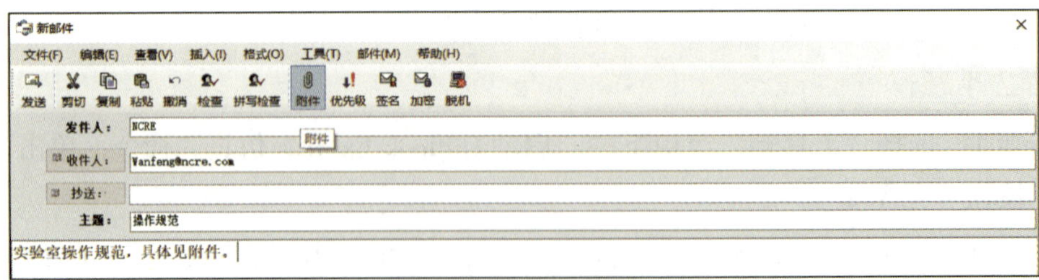

图 2-10-3　添加附件

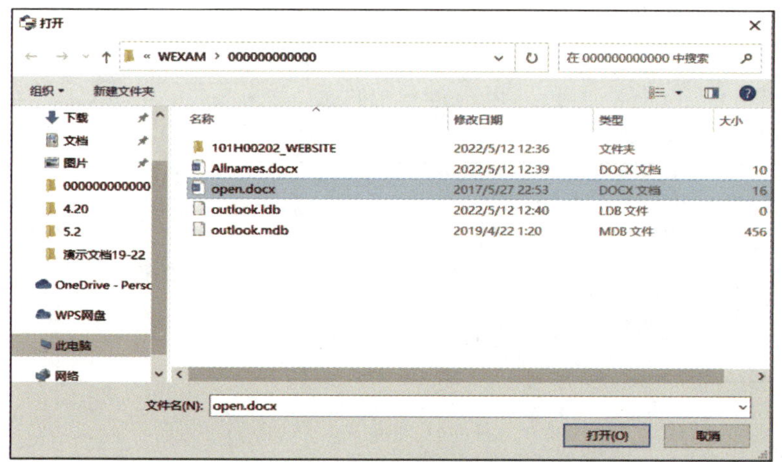

图 2-10-4　添加文件 open.docx 作为附件

步骤 3：单击“发送”按钮发送邮件（见图 2-10-5）。

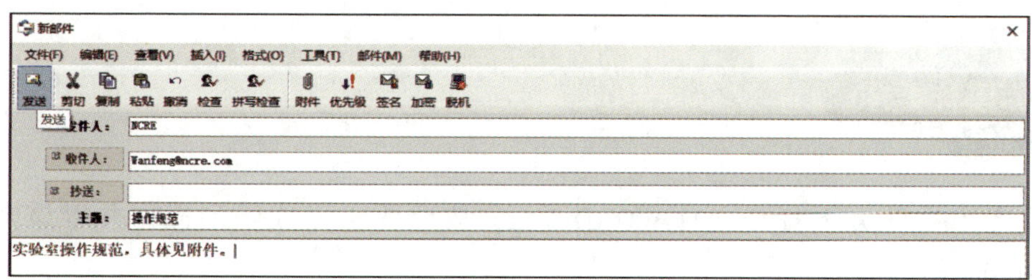

图 2-10-5　发送邮件

步骤 4：关闭“Outlook Express 仿真”。

课题三
Word 2016 基本操作

一、基本操作 1

在考生文件夹下打开文件 WORD.docx，按照要求完成下列操作并以该文件名（WORD.docx）保存文件。

1. 将文档中所有英文“EC”替换为“电子商务”；设置页面纸张大小为 16 开（18.4 厘米 ×26 厘米）；在页面底端插入滚动页码，将起始页码设置为“3”。

2. 设置文档正文各段落文字（1.1 义乌实体市场发展势头趋缓……其功能定位如表 1 所示：）的中文字体为仿宋、英文字体为 Symbol、字号为小四、行距为多倍行距 1.15；将小标题（1.1 义乌实体市场发展势头趋缓、1.2 投资建设义乌跨境电子商务产业园）的编号“1.1”“1.2”分别修改为编号“（1）”和“（2）”。

3. 设置正文各段落［（1）义乌实体市场发展势头趋缓……其功能定位如表 1 所示：］首行缩进 2 字符；为小标题“（1）义乌实体市场发展势头趋缓”加尾注“王祖强等．发展跨境电子商务促进贸易便利化［J］．电子商务，2013（9）.”，尾注编号格式为“①，②，③…”，将该标题下的一段（金融危机以来……而言已经迫在眉睫。）分成栏宽相等的两栏，在栏间添加分隔线；为小标题“（2）投资建设义乌跨境电子商务产业园”加尾注“鄂立彬等．国际贸易新方式：跨境电子商务的最新研究［J］．东北财经大学学报，2014（2）.”，将该标题下的一段（为了让跨境……凸显规模效益的产业园。）设置为首字下沉 2 行、距正文 0.3 厘米。

4. 将文中最后 6 行文字按照制表符转换成一个 3 行 3 列的表格，设置表格居中；将表题段（表 1 义乌跨境电子商务园区功能定位）文字效果设置为“发光：11 磅；红色，主题色 2”、黑体、居中、段后间距 0.4 行。

5. 设置表格第 1 列列宽为 0.8 厘米、第 2 列列宽为 2.4 厘米、第 3 列列宽为 7.5 厘米，单元格对齐方式为水平居中；设置表格底纹为“白色，背景 1，深色 5%”。

图 3-1-1 是按照上述操作要求制作的样文。

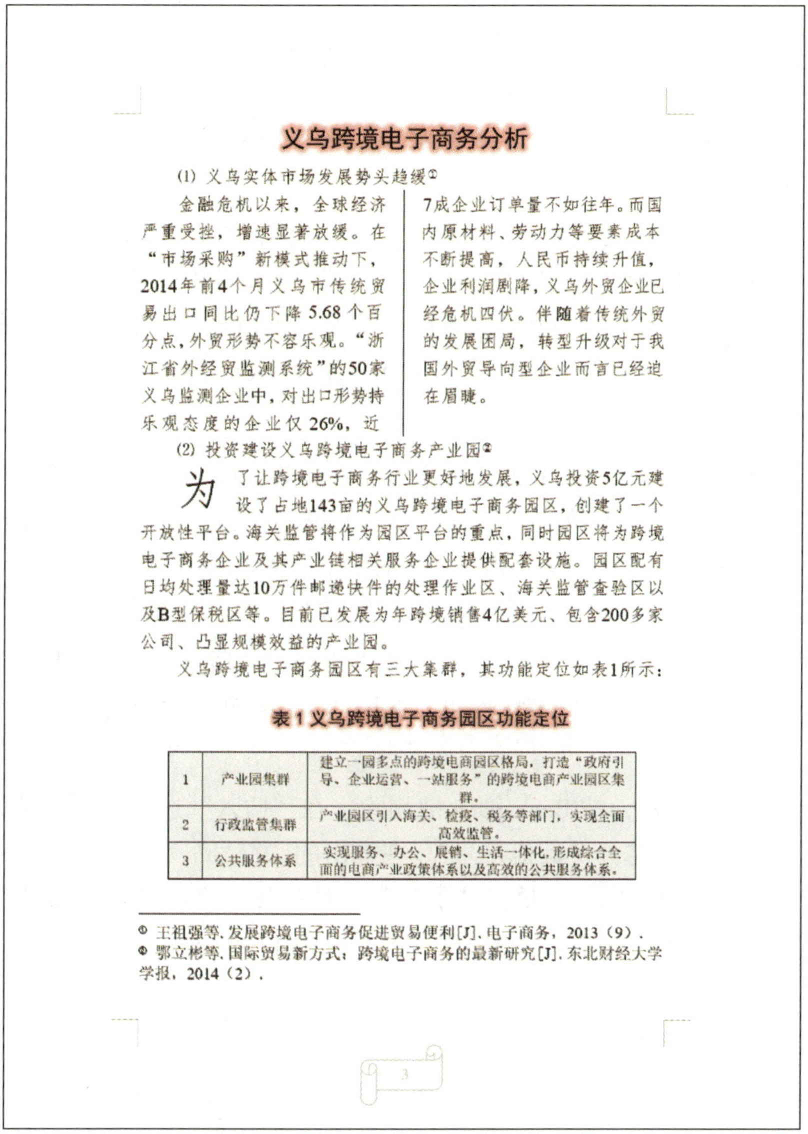

义乌跨境电子商务分析

(1) 义乌实体市场发展势头趋缓①

金融危机以来，全球经济严重受挫，增速显著放缓。在“市场采购”新模式推动下，2014年前4个月义乌市传统贸易出口同比仍下降 5.68 个百分点，外贸形势不容乐观。“浙江省外经贸监测系统”的50家义乌监测企业中，对出口形势持乐观态度的企业仅 26%，近7成企业订单量不如往年。而国内原材料、劳动力等要素成本不断提高，人民币持续升值，企业利润剧降，义乌外贸企业已经危机四伏。伴随着传统外贸的发展困局，转型升级对于我国外贸导向型企业而言已经迫在眉睫。

(2) 投资建设义乌跨境电子商务产业园②

为了让跨境电子商务行业更好地发展，义乌投资5亿元建设了占地143亩的义乌跨境电子商务园区，创建了一个开放性平台。海关监管将作为园区平台的重点，同时园区将为跨境电子商务企业及其产业链相关服务企业提供配套设施。园区配有日均处理量达10万件邮递快件的处理作业区、海关监管查验区以及B型保税区等。目前已发展为年跨境销售4亿美元、包含200多家公司、凸显规模效益的产业园。

义乌跨境电子商务园区有三大集群，其功能定位如表1所示：

表 1 义乌跨境电子商务园区功能定位

1	产业园集群	建立一园多点的跨境电商园区格局，打造“政府引导、企业运营、一站服务”的跨境电商产业园区集群。
2	行政监管集群	产业园区引入海关、检疫、税务等部门，实现全面高效监管。
3	公共服务体系	实现服务、办公、展销、生活一体化，形成综合全面的电商产业政策体系以及高效的公共服务体系。

① 王祖强等. 发展跨境电子商务促进贸易便利[J]. 电子商务，2013（9）.
② 鄂立彬等. 国际贸易新方式：跨境电子商务的最新研究[J]. 东北财经大学学报，2014（2）.

3

图 3-1-1　样文

第 1 小题：

步骤 1：打开考生文件夹下的 WORD.docx 文件，在“开始”选项卡下“编辑”组中单击“替换”按钮，在弹出的“查找和替换”对话框的“替换”选项卡下“查找内容”文本框中输入“EC”，在“替换为”文本框中输入“电子商务”，之后单击“全部替换”按钮，在弹出的对话框中单击“确定”按钮，再单击“关闭”按钮。

步骤 2：在“布局”选项卡下“页面设置”组中单击“纸张大小”下拉按钮，选择“16 开（18.4 厘米 ×26 厘米）”。

步骤 3：在“插入”选项卡下“页眉和页脚”组中单击“页码”下拉按钮，选择“页面底端”中的“滚动”。在“页眉和页脚工具”|“页眉和页脚”选项卡下“页眉和页脚”组中单击“页码”下拉按钮，选择“设置页码格式”。选中“起始页码”单选框，输入“3”，单击“确定”按钮。在“关闭”组中单击“关闭页眉和页脚”按钮。

第 2 小题：

步骤 1：选中正文文字（1.1 义乌实体市场发展势头趋缓……其功能定位如表 1 所示：），在“开始”选项卡下单击“字体”组中的扩展按钮，在弹出的“字体”对话框的“字体”选项卡下单击“中文字体”下拉按钮，选择“仿宋”。单击“西文字体”下拉按钮，选择“Symbol”。在“字号”中选择“小四”。单击“确定”按钮。

步骤 2：选中正文文字，在“开始”选项卡下单击“段落”组中的扩展按钮，弹出“段落”对话框，单击“行距”下拉按钮，选择“多倍行距”、“设置值”为“1.15”，单击“确定”按钮。

步骤 3：选中“1.1”，按 Backspace 键删除。在“插入”选项卡下“符号”组中单击“符号”下拉按钮，选择“其他符号”。在弹出的“符号”对话框中单击“字体”下拉按钮，选择“（普通文本）”。单击“子集”下拉按钮，选择“带括号的字母数字”，选中下方的“（1）”，单击“插入”按钮，单击“关闭”按钮。按照同样的方法插入符号“（2）”。

第 3 小题：

步骤 1：选中正文［（1）义乌实体市场发展势头趋缓……其功能定位如表 1 所示：］，在“开始”选项卡下单击“段落”组中的扩展按钮，在弹出的“段落”对话框中单击“特殊”下拉按钮，选择“首行”、“缩进值”默认为“2 字符”，单击“确定”按钮。

步骤 2：选中小标题“（1）义乌实体市场发展势头趋缓”，在“引用”选项卡下“脚注”组中单击“插入尾注”按钮，输入文字“王祖强等 . 发展跨境电子商务促进贸易便利化［J］. 电子商务，2013（9）.”。单击“脚注”组中的扩展按钮，在弹出的“脚注和尾注”对话框中单击“编号格式”下拉按钮，选择“①，②，③ …”，单击“应用”按钮。

步骤 3：选中文字“金融危机以来，……而言已经迫在眉睫”，在“布局”选项卡下“页面设置”组中单击“栏”下拉按钮，选择“更多栏”。单击“两栏”按钮，勾选“分隔线”和“栏宽相等”复选框，单击“确定”按钮。

步骤 4：按照“步骤 2”同样的方法为第 2 个小标题插入尾注。

步骤 5：选中文字“为了让跨境电子商务行业……凸显规模效益的产业园。”，在“插入”选项卡下“文本”组中单击“首字下沉”下拉按钮，选择“首字下沉选项”。在弹出的“首字下沉”对话框中单击“下沉”，设置“下沉行数”为“2”、“距正文”为“0.3 厘米”，单击“确定”按钮。

第 4 小题：

步骤 1：选中文中最后 6 行文字，在“插入”选项卡下“表格”组中单击“表格”下拉按钮，选择“文本转换成表格”，在弹出的“将文字转换成表格”框中选中“制表符”单选框，单击“确定”按钮。在“开始”选项卡下“段落”组中单击“居中”按钮。

步骤 2：选中表题，在“开始”选项卡下“字体”组中单击“字体”下拉按钮，选择“黑体”，单击“文本效果和版式”下拉按钮，选择“发光”中的“发光：11 磅；红色，主题色 2”。

步骤 3：选中表题，在“开始”选项卡下“段落”组中单击“居中”按钮，单击“段落”组中的扩展按钮，弹出“段落”对话框，设置“段后间距”为“0.4 行”，单击“确定”按钮。

第 5 小题：

步骤 1：选中表格第 1 列，在“表格工具”|“布局”选项卡下“单元格大小”组中设置“宽度”为“0.8 厘米”，单击任意空白区域完成设置。按照同样的方法设置第 2 列和第 3 列的列宽。

步骤 2：选中整个表格，在“表格工具”|“布局”选项卡下“对齐方式”组中单击“水平居中”按钮。

步骤 3：选中整个表格，在“表格工具”|“表设计”选项卡下“表格样式”组中单击“底纹”下拉按钮，选择“白色，背景 1，深色 5%”。

步骤 4：保存并关闭文件。

二、基本操作 2

在考生文件夹下打开文件 WORD.docx，按照要求完成下列操作并以该文件名（WORD.docx）保存文件。

1. 设置标题段文字（第 31 届奥运会在里约闭幕）为二号、微软雅黑、加粗、居中，文本阴影效果为“透视”中的“透视：左上”、阴影颜色为蓝色（标准色），文字间距加宽 2 磅。

2. 设置正文各段文字（本报……奥运会纪录。）为小四、宋体、1.25 倍行距、段前间距 0.5 行；设置正文第 1 段（本报……站东京。）为首字下沉 2 行、距正文 0.2 厘米，正文其余段落（在本届奥运会……奥运会纪录。）为首行缩进 2 字符；将正文第 3 段（“女排精神”……游泳收获 1 金。）分为等宽两栏，在栏间添加分隔线。

3. 自定义纸张大小为 21 厘米 ×29.1 厘米，将其应用于整篇文档；在页面底端插入“普通数字 2”样式页码，设置页码编号格式为“–1–，–2–，–3–，…”，起始页码为“–3–”；在页面顶端插入空白型页眉，页眉内容为文档标题；将页面颜色的填充效果设置为“纹理”中的“羊皮纸”。

4. 将文中最后 6 行文字转换成一个 6 行 5 列的表格；在表格右侧添加 1 列，并在列标题单元格中输入“奖牌”，在该列其余单元格中利用公式分别计算对应的奖牌数量（金牌 + 银牌 + 铜牌）；设置表格居中、表格中所有内容水平居中；设置表格列宽为 2.2 厘米、行高为 0.7 厘米、表格中所有单元格的左右边距均为 0.15 厘米；按“奖牌”列依据“数字”类型降序排列表格内容。

5. 设置表格外侧框线和第 1、2 行间的内部框线为红色（标准色）0.75 磅双窄线、其余内部框线为红色（标准色）0.5 磅单实线；设置表格底纹颜色为主题颜色“茶色，背景 2”。

图 3–2–1 是按照上述操作要求制作的样文。

体育卷

第 31 届奥运会在里约闭幕

本报综合新华社电 圣火缓缓熄灭，奥运精神永驻。精彩与遗憾并存，欢笑与泪水交织。被国际奥委会主席巴赫评价为“非凡”的第 31 届夏季奥林匹克运动会 21 日晚在里约热内卢落下帷幕。奥运会向里约说再见，下一站东京。

在本届奥运会中，中国派出由 711 人组成的境外参赛规模最大的代表团，参加 26 个大项、210 个小项的比赛，获得 26 金 18 银 26 铜，总共 70 枚奖牌，位列金牌榜第三。

“女排精神”又一次得以完美体现，郎平带领中国女排时隔 12 年再夺奥运金牌。中国传统优势项目仍然是中国代表团争金夺牌的主要项目，乒乓球包揽 4 金，跳水拿到 8 枚金牌中的 7 枚。潜优项目不断创造历史，成为一大亮点，在自行车女子团体竞速赛道上，中国队连续打破奥运会纪录和世界纪录并夺冠，实现了我国自行车项目的奥运金牌零突破。在男子跆拳道 58 公斤级比赛中，21 岁的中国选手赵帅在自己的第一届奥运会上勇夺金牌，成为本届中国代表团的最大黑马，也改写了中国男子跆拳道奥运无金的历史。中国代表团在基础大项田径上创造了参加奥运会的最好成绩，包揽了男、女 20 公里竞走金牌，共获得 2 金 2 银 2 铜。游泳收获 1 金。

本届奥运会共打破 22 项世界纪录，中国选手贡献 5 项。中国队还有 9 人 1 队 13 次创 12 项奥运会纪录。

第 31 届夏季奥林匹克运动会奖牌榜

排名	国家/地区	金牌	银牌	铜牌	奖牌
1	美国	46	37	38	121
3	中国	26	18	26	70
2	英国	27	23	17	67
4	俄罗斯	19	18	19	56
5	德国	17	10	15	42

-3-

图 3-2-1　样文

第 1 小题：

步骤 1：打开考生文件夹下的 WORD.docx 文件，选中标题段文字，在“开始”选项卡下“字体”组中单击“字体”下拉按钮，选择“微软雅黑”，单击“字号”下拉按钮，选择“二号”，单击“加粗”按钮对字体加粗。在“段落”组中单击“居中”按钮。

步骤 2：选中标题段文字，在“开始”选项卡下“字体”组中单击“文本效果和版式”下拉按钮，选择“阴影”中的“阴影选项”，在弹出的“设置文本效果格式”任务窗格中单击“预设”下拉按钮，选择“透视”中的“透视：左上”。单击“颜色”下拉按钮，选择“标准色”中的“蓝色”，单击“关闭”按钮。

步骤 3：选中标题段文字，在“开始”选项卡下单击“字体”组中的扩展按钮，在弹出的“字体”对话框中切换到“高级”选项卡下，单击“间距”下拉按钮，选择“加宽”，设置“磅值”为“2 磅”，单击“确定”按钮。

第 2 小题：

步骤 1：选中正文（本报……奥运会纪录。），在“开始”选项卡下“字体”组中单击“字体”下拉按钮，选择“宋体”，单击“字号”下拉按钮，选择“小四”。单击“段落”组中的扩展按钮，在弹出的“段落”对话框中设置“段前间距”为“0.5 行”，单击“行距”下拉按钮，选择“多倍行距”、“设置值”为“1.25”，然后单击“确定”按钮。

步骤 2：选中正文第 1 段，在“插入”选项卡下“文本”组中单击“首字下沉”下拉按钮，选择“首字下沉选项”。在弹出的“首字下沉”对话框中单击“下沉”，设置“下沉行数”为“2”、“距正文”为“0.2 厘米”，单击“确定”按钮。

步骤 3：选中正文其余段落，在“开始”选项卡下单击“段落”组中的扩展按钮，在弹出的“段落”对话框中单击“特殊”下拉按钮，选择“首行”、“缩进值”默认为“2 字符”，单击“确定”按钮。

步骤 4：选中正文第 3 段，在“布局”选项卡下“页面设置”组中单击“栏”下拉按钮，选择“更多栏”。单击“两栏”，勾选“分隔线”和“栏宽相等”复选框，单击“确定”按钮。

第 3 小题：

步骤 1：在“布局”选项卡下单击“页面设置”组中的扩展按钮，在弹出的“页面设置”对话框中切换到“纸张”选项卡下，设置“宽度”为“21 厘米”、“高度”为“29.1 厘米”，单击“应用于”下拉按钮，选择“整篇文档”，单击“确定”按钮。

步骤 2：在“插入”选项卡下“页眉和页脚”组中单击“页码”下拉按钮，选择“页面底端”中的“普通数字 2”。在“页眉和页脚工具”|“页眉和页脚”选项卡下“页眉和页脚”组中单击“页码”下拉按钮，选择“设置页码格式”，单击“编号格式”下拉按钮，选择“–1–，–2–，–3–，…”，选中“起始页码”单选框，设置“起始页码”为“–3–”，单击“确定”按钮。

步骤 3：在“页眉和页脚工具”|“页眉和页脚”选项卡下“页眉和页脚”组中单击“页眉”下拉按钮，选择“空白”。在“插入”组中单击“文档部件”下拉按钮，选

择“文档属性”中的“标题”，在“页眉和页脚工具”|“页眉和页脚”选项卡下单击“关闭页眉和页脚”按钮。

步骤4：在“设计”选项卡下“页面背景”组中单击“页面颜色”下拉按钮，选择“填充效果”。在弹出的“填充效果”对话框中切换到“纹理”选项卡下，选择“羊皮纸”，单击“确定”按钮。

第4小题：

步骤1：选中文中最后6行文字，在“插入”选项卡下“表格”组中单击“表格”下拉按钮，选择“文本转换成表格”，单击“确定”按钮。将光标定位在最后一列，在“表格工具”|“布局”选项卡下“行和列”组中单击“在右侧插入”按钮，在新列标题单元格中输入“奖牌”。

步骤2：将光标定位在表格第2行第6列，在“表格工具”|“布局”选项卡下“数据”组中单击“公式”按钮，在弹出的“公式”对话框中输入公式“=SUM(LEFT)”，单击“确定”按钮。以同样的公式计算其余奖牌数。

步骤3：选中整个表格，在“开始”选项卡下“段落”组中单击“居中”按钮。在“表格工具”|“布局”选项卡下“对齐方式”组中单击“水平居中”按钮。在“单元格大小”组中设置“高度”为“0.7厘米”、“宽度”为“2.2厘米”，单击任意空白处完成输入。在“表格工具”|“布局”选项卡下单击“单元格大小”组中的扩展按钮，在弹出的“表格属性”对话框的“表格”选项卡下单击“选项”按钮，在弹出的“表格选项”对话框中设置单元格的“左、右边距”均为“0.15厘米”，单击两次“确定”按钮。

步骤4：将光标定位在表格中，在“表格工具”|“布局”选项卡下“数据”组中单击“排序”按钮。在弹出的“排序”对话框中选中“有标题行”单选框，单击“主要关键字”下拉按钮，选择“奖牌”，在“类型”中选择“数字”，选中“降序”单选框，单击“确定”按钮。

第5小题：

步骤1：将光标定位在表格中，在“表格工具”|“表设计”选项卡下“边框”组中单击“边框”下拉按钮，选择“边框和底纹”。在弹出的“边框和底纹”对话框的“边框”选项卡下单击“方框”按钮，选择“样式”为“双窄线”、“颜色”为“标准色”中的“红色”、“宽度”为“0.75磅”。再单击“自定义”按钮，选择“样式”为“单实线”、“颜色”为“标准色”中的“红色”、“宽度”为“0.5磅”，在右侧“预览”区域单击两个“内部框线”按钮，单击“确定”按钮。选中表格第1行，单击“边框”下拉按钮，选择“边框和底纹”，在“边框”选项卡下单击“自定义”按钮，选择“样式”为“双窄线”、“颜色”为“标准色”中的“红色”、“宽度”为“0.75磅”，在右侧

“预览”区域单击两次“下框线”按钮，单击“确定”按钮。

步骤 2：选中整个表格，在“表格工具”|“表设计”选项卡下“表格样式”组中单击“底纹”下拉按钮，选择“茶色，背景 2”。

步骤 3：保存并关闭文件。

三、基本操作 3

在考生文件夹下打开文件 WORD.docx，按照要求完成下列操作并以该文件名（WORD.docx）保存文件。

1. 将文中所有错词“鹰洋”替换为“营养”；设置标题段文字（果品中的营养成分）为二号、红色（标准色）、黑体、居中，文字间距加宽 5 磅；为标题段文字添加蓝色（标准色）双波浪下画线，并设置文字阴影效果为“外部”中的“偏移：左”，段后间距为 1 行。

2. 设置正文各段落（果品有鲜果……身体健康。）首行缩进 2 字符、1.25 倍行距；为正文第 3 段至第 6 段（糖类：……含磷较多。）添加“ ”样式的编号；为正文第 8 段至第 11 段（糖尿病患者：……较多的水果。）添加“◆”项目符号；为表题（部分水果每 100 克食品中可食部分营养成分含量一览表）添加超链接“http://www.baidu.com.cn”。

3. 设置页面上、下、左、右页边距均为 3.5 厘米，装订线位于靠左 1 厘米处；在页面底端插入“普通数字 3”样式页码，并设置页码编号格式为“i，ii，iii，…”、起始页码为“iii”；为文档添加文字水印，水印内容为“水果与健康”，水印颜色为红色（标准色）。

4. 将文中最后 12 行文字转换为一个 12 行 6 列的表格；设置表格居中，表格中第 1 行和第 1 列的内容水平居中、其余内容中部右对齐；设置表格列宽为 2 厘米、行高为 0.6 厘米；设置表格单元格的左边距为 0.1 厘米、右边距为 0.4 厘米。

5. 利用表格第 1 行设置表格“重复标题行”；按主要关键字“糖类（克）”列依据“数字”类型升序、次要关键字“VC（毫克）”列依据“数字”类型降序排列表格内容；设置表格外侧框线和第 1、2 行间的内部框线为红色（标准色）1.5 磅单实线、其余内部框线为红色（标准色）0.5 磅单实线。

图 3–3–1 是按照上述操作要求制作的样文。

果品中的营养成分

果品有鲜果和干果之分。鲜果即水果，它们有着鲜艳的色泽、浓郁的果香、甜美的味道。干果即常说的硬果、坚果类。

水果的营养成分和营养价值与蔬菜相似，是人体维生素和无机盐的重要来源之一。水果普遍含有较多的糖类和维生素，而且还含有多种具有生物活性的特殊物质，因而具有较高的营养价值和保健功能，其所含成分主要有：

1) 糖类：水果中普遍含有葡萄糖、蔗糖、果糖，如苹果、梨等含果糖较多；柑橘、桃、李、杏等含蔗糖较多；葡萄含葡萄糖较多。各种水果的含糖量在 10%至 20%之间，超过 20%含糖量的有枣、椰子、香蕉、大山楂等鲜果，含糖量低的有草莓、柠檬、杨梅、桃等。
2) 维生素：水果中的维生素含量约为 0.5%至 2%，若过多，则肉质粗糙，皮厚多筋，食用质量低。
3) 色素：水果的色泽是随着生长条件的改变或成熟度的变化而变化的。一般来说，深黄色的水果含胡萝卜素较多。水果的芳香能刺激食欲，有助于人体对其他食物的吸收，芳香油还有杀菌的作用。
4) 无机盐：水果中含无机盐较为丰富，橄榄、山楂、柑橘中含钙较多，葡萄、杏、草莓等含铁较多，香蕉含磷较多。

吃水果虽然有益于健康，但也必须科学食用，食用不当也会影响人体健康。比如：

- 糖尿病患者：适宜吃菠萝、杨梅、樱桃等水果，它们能改善胰岛素的分泌，有降糖的作用。
- 冠心病患者：应多吃桃、李、杏、草莓和鲜枣等，这些水果含丰富的尼克酸和 VC（维生素 C），有降血脂和降胆固醇的作用。
- 心肌梗塞患者：应多吃香蕉、桔子。
- 心力衰竭或水肿患者：不能食用含水量较多的水果。

水果可以为人体提供丰富的营养物质，《黄帝内经》中就有“五谷为养，五果为助，五畜为益，五菜为充”的记载，所以，要尽可能地吃一些水果，这样才能有利于身体健康。

部分水果每 100 克食品中可食部分营养成分含量一览表

名称	糖类(克)	VC(毫克)	钙(毫克)	铁(毫克)	磷(毫克)
西瓜	5.5	3	6	0.2	10
草莓	5.7	47	18	1.8	27

iii

a）

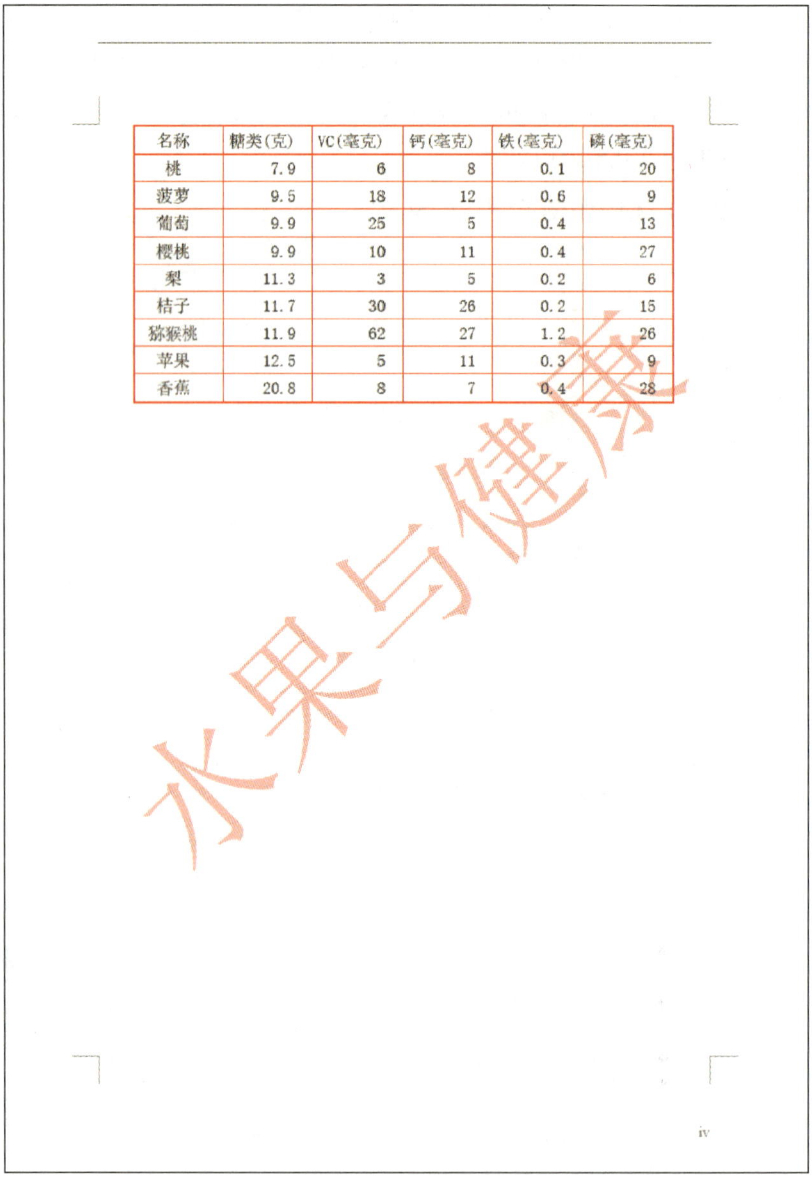

名称	糖类(克)	VC(毫克)	钙(毫克)	铁(毫克)	磷(毫克)
桃	7.9	6	8	0.1	20
菠萝	9.5	18	12	0.6	9
葡萄	9.9	25	5	0.4	13
樱桃	9.9	10	11	0.4	27
梨	11.3	3	5	0.2	6
桔子	11.7	30	26	0.2	15
猕猴桃	11.9	62	27	1.2	26
苹果	12.5	5	11	0.3	9
香蕉	20.8	8	7	0.4	28

水果与健康

iv

b）

图 3-3-1　样文

第 1 小题：

步骤 1：打开考生文件夹下的 WORD.docx 文件，在“开始”选项卡下“编辑”组中单击“替换”按钮。在弹出的“查找和替换”对话框的“替换”选项卡下“查找内容”文本框中输入“鹰洋”，在“替换为”文本框中输入“营养”，单击“全部替换”按钮，在弹出的对话框中单击“确定”按钮，再单击“关闭”按钮。

步骤 2：选中标题段文字，在“开始”选项卡下单击“字体”组中的扩展按钮，在弹出的“字体”对话框中单击“中文字体”下拉按钮，选择“黑体”；在“字号”中选择“二号”；单击“字体颜色”下拉按钮，选择“标准色”中的“红色”。单击“下画线线型”下拉按钮，选择“双波浪线”。单击“下画线颜色”下拉按钮，选择“标准色”中的“蓝色”。切换到“高级”选项卡下，单击“间距”下拉按钮，选择“加宽”，将“磅值”设置为“5 磅”。单击“文字效果”按钮，在弹出的“设置文本效果格式”对话框中切换到“文字效果”选项卡下，单击展开“阴影”选项，单击“预设”下拉按钮，选择“外部”中的“偏移：左”，单击“确定”按钮，再单击“确定”按钮。

步骤 3：选中标题段文字，单击“段落”组中的扩展按钮，在弹出的“段落”对话框的“缩进和间距”选项卡中单击“对齐方式”下拉按钮，选择“居中”，设置“段后间距”为“1 行”，单击“确定”按钮。

第 2 小题：

步骤 1：选中正文各段落（果品有鲜果……身体健康。），在“开始”选项卡下单击“段落”组中的扩展按钮，在弹出的“段落”对话框的“段落和间距”选项卡中单击“特殊”下拉按钮，选择“首行”、“缩进值”默认为“2 字符”。单击“行距”下拉按钮，选择“多倍行距”、“设置值”为“1.25”，单击“确定”按钮。

步骤 2：选中正文第 3 段至第 6 段，在“开始”选项卡下“段落”组中单击“编号”下拉按钮，选择“☰”样式的编号。

步骤 3：选中正文第 8 段至第 11 段，在“开始”选项卡下“段落”组中单击“项目符号”下拉按钮，选择“◆”。

步骤 4：选中表题，在“插入”选项卡下“链接”组中单击“链接”按钮，在弹出的“插入超链接”对话框中输入“地址”为“http://www.baidu.com.cn”，单击“确定”按钮。

第 3 小题：

步骤 1：在“布局”选项卡下单击“页面设置”组中的扩展按钮，在“页面设置”对话框的“页边距”选项卡下设置“上、下、左、右页边距”均为“3.5 厘米”、“装订线”为“1 厘米”、“装订线位置”为“靠左”，单击“确定”按钮。

步骤 2：在“插入”选项卡下“页眉和页脚”组中单击“页码”下拉按钮，选择“页面底端”中的“普通数字 3”。在“页眉和页脚工具”|“表设计”选项卡下单击“页

眉和页脚”组中的“页码”下拉按钮，选择“设置页码格式”，在弹出的“页码格式”对话框中单击“编号格式”下拉按钮，选择“i，ii，iii，…”，选中“起始页码”单选框，设置“起始页码”为“iii”，单击“确定”按钮，单击“关闭页眉和页脚”按钮。

步骤 3：在“设计”选项卡下“页面背景”组中单击“水印”下拉按钮，选择“自定义水印”。在弹出的“水印”对话框中，选中“文字水印”单选框，输入“文字”为“水果与健康”，单击“颜色”下拉按钮，选择“标准色”中的“红色”，单击“确定”按钮。

第 4 小题：

步骤 1：选中文中最后 12 行文字，在“插入”选项卡下“表格”组中单击“表格”下拉按钮，选择“文本转换成表格”，单击“确定”按钮。在“开始”选项卡下“段落”组中单击“居中”按钮。

步骤 2：选中表格第 1 行，在“表格工具”|“布局”选项卡下“对齐方式”组中单击“水平居中”按钮。选中表格第 1 列，单击“水平居中”按钮。选中其余单元格，单击“中部右对齐”按钮。

步骤 3：选中整个表格，在“表格工具”|“布局”选项卡下“单元格大小”组中设置“高度”为“0.6 厘米”、“宽度”为“2 厘米”，单击任意空白处完成输入。单击“单元格大小”组中的扩展按钮，在弹出的“表格属性”对话框的“表格”选项卡下单击“选项”按钮，在弹出的“表格选项”对话框中设置单元格的“左边距”为“0.1 厘米”、“右边距”为“0.4 厘米”，单击“确定”按钮，再次单击“确定”按钮。

第 5 小题：

步骤 1：将光标定位在表格第 1 行，在“表格工具”|“布局”选项卡下“数据”组中单击“重复标题行”按钮。

步骤 2：将光标定位在表格中，在“数据”组中单击“排序”按钮。在弹出的“排序”对话框中单击“主要关键字”下拉按钮，选择“糖类（克）”，选择“类型”为“数字”，选中“升序”单选框。单击“次要关键字”下拉按钮，选择“VC（毫克）”，选择“类型”为“数字”，选中“降序”单选框，单击“确定”按钮。

步骤 3：将光标定位在表格中，在“表格工具”|“表设计”选项卡下“边框”组中单击“边框”下拉按钮，选择“边框和底纹”。在弹出的“边框和底纹”对话框的“边框”选项卡下单击“方框”按钮，选择“样式”为“单实线”、“颜色”为“标准色”中的“红色”、“宽度”为“1.5 磅”。再单击“自定义”按钮，选择“样式”为“单实线”、“颜色”为“标准色”中的“红色”、“宽度”为“0.5 磅”，在右侧“预览”区域单击两个“内部框线”按钮，单击“确定”按钮。

步骤 4：选中表格第 1 行，单击“边框”下拉按钮，选择“边框和底纹”。在“边框和底纹”对话框的“边框”选项卡下单击“自定义”按钮，选择“样式”为“单实线”、“颜色”为“标准色”中的“红色”、“宽度”为“1.5 磅”，在右侧“预览”区域单击两次“下框线”按钮，单击“确定”按钮。

步骤 5：保存并关闭文件。

四、基本操作 4

在考生文件夹下打开文件 WORD.docx，按照要求完成下列操作并以该文件名（WORD.docx）保存文件。

1. 将文中所有错词“猩猩”替换为“行星”；将标题段文字（太阳系）设置为一号、深红色（标准色）、黑体、加粗、居中，将文字间距加宽 10 磅；设置标题段文字阴影效果为“外部”中的“偏移：左上”，设置映像效果为“映像变体”中的“半映像：8 磅 偏移量”。

2. 设置正文各段落（太阳系是以太阳……抛物线形。）的中文字体为微软雅黑、西文字体为 Arial；设置正文各段落首行缩进 2 字符、行距 20 磅；将正文第 1 段（太阳系……星际尘埃。）的缩进格式修改为“无”，并设置该段为首字下沉 2 行、距正文 0.2 厘米；将正文第 2 段（广义……奥尔特云。）分为等宽的两栏，在栏间添加分隔线。

3. 设置页面上、下、左、右页边距分别为 3 厘米、3 厘米、2.2 厘米和 2.3 厘米，设置装订线位于靠左 1 厘米处；为文档添加空白型页眉，并将页眉设置为奇偶页不同、奇数页的页眉内容为当前日期（日期格式为“××××年××月××日”）、偶数页的页眉内容为页码（页码编号格式为“-1-，-2-，-3-，…”、起始页码为“-3-”）；为页面添加方框型页面边框，并设置边框线宽度为 10 磅、艺术型为红色苹果图案；在表题（太阳系八大行星参数表）后插入脚注，脚注内容为“数据来源：百度百科”。

4. 将文档中最后 10 行文字转换为一个 10 行 8 列的表格；将第 1 ~ 2 行的各列单元格分别合并；用“网格表 1 浅色 - 着色 3”样式修饰表格；设置表格居中，设置表格中第 1 行和第 1 列的内容水平居中、其余内容中部右对齐；设置表格单元格的左、右边距均为 0.1 厘米；设置表格行高为 0.7 厘米、第 2 列列宽为 2 厘米、其余列列宽为 1.8 厘米。

5. 为表格添加“橄榄色，个性色 3，淡色 80%”底纹；按“体积”列依据“数字”类型降序排列表格内容。

图 3-4-1 是按照上述操作要求制作的样文。

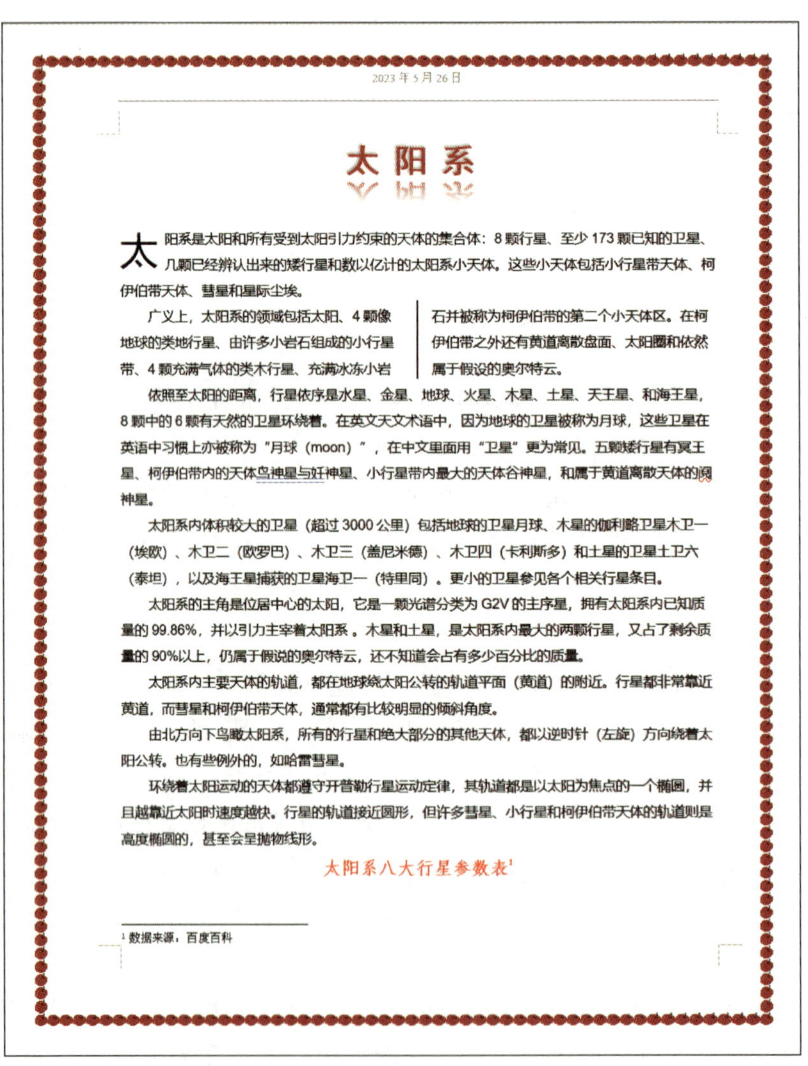

2023 年 5 月 26 日

太 阳 系

太阳系是太阳和所有受到太阳引力约束的天体的集合体：8 颗行星、至少 173 颗已知的卫星、几颗已经辨认出来的矮行星和数以亿计的太阳系小天体。这些小天体包括小行星带天体、柯伊伯带天体、彗星和星际尘埃。

广义上，太阳系的领域包括太阳、4 颗像地球的类地行星、由许多小岩石组成的小行星带、4 颗充满气体的类木行星、充满冰冻小岩石并被称为柯伊伯带的第二个小天体区。在柯伊伯带之外还有黄道离散盘面、太阳圈和依然属于假设的奥尔特云。

依照至太阳的距离，行星依序是水星、金星、地球、火星、木星、土星、天王星、和海王星，8 颗中的 6 颗有天然的卫星环绕着。在英文天文术语中，因为地球的卫星被称为月球，这些卫星在英语中习惯上亦被称为“月球（moon）”，在中文里面用“卫星”更为常见。五颗矮行星有冥王星、柯伊伯带内的天体鸟神星与妊神星、小行星带内最大的天体谷神星，和属于黄道离散天体的阋神星。

太阳系内体积较大的卫星（超过 3000 公里）包括地球的卫星月球、木星的伽利略卫星木卫一（埃欧）、木卫二（欧罗巴）、木卫三（盖尼米德）、木卫四（卡利斯多）和土星的卫星土卫六（泰坦），以及海王星捕获的卫星海卫一（特里同）。更小的卫星参见各个相关行星条目。

太阳系的主角是位居中心的太阳，它是一颗光谱分类为 G2V 的主序星，拥有太阳系内已知质量的 99.86%，并以引力主宰着太阳系。木星和土星，是太阳系内最大的两颗行星，又占了剩余质量的 90%以上，仍属于假说的奥尔特云，还不知道会占有多少百分比的质量。

太阳系内主要天体的轨道，都在地球绕太阳公转的轨道平面（黄道）的附近。行星都非常靠近黄道，而彗星和柯伊伯带天体，通常都有比较明显的倾斜角度。

由北方向下鸟瞰太阳系，所有的行星和绝大部分的其他天体，都以逆时针（左旋）方向绕着太阳公转。也有些例外的，如哈雷彗星。

环绕着太阳运动的天体都遵守开普勒行星运动定律，其轨道都是以太阳为焦点的一个椭圆，并且越靠近太阳时速度越快。行星的轨道接近圆形，但许多彗星、小行星和柯伊伯带天体的轨道则是高度椭圆的，甚至会呈抛物线形。

太阳系八大行星参数表[1]

[1] 数据来源：百度百科

a）

- 4 -

行星名称	距离太阳（百万公里）	赤道半径（公里）	体积（地球=1）	重量（地球=1）	密度（g/cm^3）	赤道重力加速度（m/s^2）	自转周期（日）
木星	778.4120	71492	1316.000	317.820	1.33	20.87	0.413
土星	1426.7254	60268	763.6000	95.160	0.70	10.40	0.444
天王星	2870.9722	25559	63.100	14.371	1.30	8.43	0.718
海王星	4498.2529	24764	57.700	17.147	1.76	10.71	0.671
地球	149.5979	6378	1.000	1.000	5.52	9.77	0.997
金星	108.2089	6051	0.880	0.815	5.24	8.87	243.000
火星	227.9366	3397	0.150	0.107	3.94	3.69	1.026
水星	57.9092	2439	0.054	0.055	5.43	3.70	58.646

b）

图 3-4-1　样文

第 1 小题：

步骤 1：打开考生文件夹下的 WORD.docx 文件，在“开始”选项卡下“编辑”组中单击“替换”按钮，在弹出的“查找和替换”对话框的“替换”选项卡下“查找内容”文本框中输入“猩猩”，在“替换为”文本框中输入“行星”，单击“全部替换”按钮，在弹出的对话框中单击“确定”按钮，再单击“关闭”按钮。

步骤 2：选中标题段文字（太阳系），在“开始”选项卡下单击“字体”组中的扩展按钮，在弹出的“字体”对话框的“字体”选项卡下单击“中文字体”下拉按钮，选择“黑体”；单击“字形”下拉按钮，选择“加粗”；单击“字号”下拉按钮，选择“一号”；单击“字体颜色”下拉按钮，选择“标准色”中的“深红色”。切换到“高级”选项卡下，单击“间距”下拉按钮，选择“加宽”、“磅值”为“10 磅”。单击“文字效果”按钮，在弹出的“设置文本效果格式”对话框中切换到“文字效果”选项卡下，单击展开“阴影”选项，单击“预设”下拉按钮，选择“外部”中的“偏移：左上”。单击展开“映像”选项，单击“预设”下拉按钮，选择“映像变体”中的“半映像：8 磅 偏移量”，单击“确定”按钮，再单击“确定”按钮。

步骤 3：选中标题段文字（太阳系），在“开始”选项卡下“段落”组中单击“居中”按钮。

第 2 小题：

步骤 1：选中正文各段落（太阳系是以太阳……抛物线形。），在“开始”选项卡下单击“字体”组中的扩展按钮，在弹出的“字体”对话框的“字体”选项卡下单击“中文字体”下拉按钮，选择“微软雅黑”；单击“西文字体”下拉按钮，选择“Arial”，单击“确定”按钮。

步骤 2：选中正文各段落，在“开始”选项卡下单击“段落”组中的扩展按钮，在弹出的“段落”对话框的“缩进和间距”选项卡下单击“特殊”下拉按钮，选择“首行”、“缩进值”默认为“2 字符”。单击“行距”下拉按钮，选择“固定值”、“设置值”为“20 磅”，单击“确定”按钮。

步骤 3：选中正文第 1 段（太阳系……星际尘埃），单击“开始”选项卡下“段落”组中的扩展按钮，在弹出的“段落”对话框的“缩进和间距”选项卡下单击“特殊”下拉按钮，选择“（无）”，单击“确定”按钮。在“插入”选项卡下“文本”组中单击“首字下沉”下拉按钮，选择“首字下沉选项”。在弹出的“首字下沉”对话框中单击“下沉”，设置“下沉行数”为“2”、“距正文”为“0.2 厘米”，单击“确定”按钮。

步骤 4：选中正文第 2 段（广义……奥尔特云），在“布局”选项卡下“页面设置”组中单击“栏”下拉按钮，选择“更多栏”，在弹出的“栏”对话框中单击“两栏”，勾选“分隔线”和“栏宽相等”复选框，单击“确定”按钮。

第 3 小题：

步骤 1：在“布局”选项卡下单击“页面设置”组中的扩展按钮，在弹出的“页面设置”对话框的“页边距”选项卡下设置“上、下、左、右页边距”分别为“3 厘米、3 厘米、2.2 厘米、2.3 厘米”，设置“装订线”为“1 厘米”、“装订线位置”为“靠左”，单击“应用于”下拉按钮，选择“整篇文档”，单击“确定”按钮。

步骤 2：在“插入”选项卡下“页眉和页脚”组中单击“页眉”下拉按钮，选择

“空白”，在“页眉和页脚工具”|“页眉和页脚”选项卡下“选项”组中勾选“奇偶页不同”复选框。单击“插入”组中的“日期和时间”按钮，在弹出的“日期和时间”对话框中单击右侧的“语言（国家/地区）”下拉按钮，选择“中文（简体，中国大陆）”，在左侧“可用格式”中选择“××××年××月××日”，单击“确定”按钮。

步骤3：将光标定位到下一页的页眉处，单击“页眉和页脚”组中的“页眉”下拉按钮，选择“空白”，选中“[在此处键入]”，单击“页码”下拉按钮，选择“当前位置”中的“普通数字”，再次单击“页码”下拉按钮，选择“设置页码格式”，在弹出的“页码格式”对话框中单击“编号格式”下拉按钮，选择“-1-，-2-，-3-，…”，选中“起始页码”单选框，设置“起始页码”为“-3-”，单击“确定”按钮，单击“关闭”组中的“关闭页眉和页脚”按钮。

步骤4：在“设计”选项卡下“页面背景”组中单击“页面边框”按钮，在弹出的“边框和底纹”对话框中单击“页面边框”选项卡下“方框”按钮，单击“艺术型”下拉按钮，选择“红色苹果”图案，设置“宽度”为“10磅”，单击“确定”按钮。

步骤5：将光标定位在表题（太阳系八大行星参数表）最后，在“引用”选项卡下“脚注”组中单击“插入脚注”按钮，输入文字为“数据来源：百度百科”。

第4小题：

步骤1：选中文档中最后10行文字，在“插入”选项卡下“表格”组中单击“表格”下拉按钮，选择“文本转换成表格”，单击“确定”按钮。

步骤2：选中表格第1列的第1、2行单元格，在“表格工具”|“布局”选项卡下“合并”组中单击“合并单元格”按钮。按照类似的方法，合并其他列的第1～2行单元格。

步骤3：选中整个表格，在“表格工具”|“表设计”选项卡下“表格样式”组中单击“其他”下拉按钮，选择“网格表1浅色-着色3”。在“开始”选项卡下“段落”组中单击“居中”按钮。

步骤4：选中表格第1行，在“表格工具”|“布局”选项卡下“对齐方式”组中单击“水平居中”按钮。选中表格第1列，单击“水平居中”按钮。选中其余单元格，单击“中部右对齐”按钮。

步骤5：选中整个表格，在“表格工具”|“布局”选项卡下单击“单元格大小”组中的扩展按钮，在弹出的“表格属性”对话框的“表格”选项卡下单击“选项”按钮，在弹出的“表格选项”对话框中设置单元格的“左、右边距”均为“0.1厘米”，单击“确定”按钮。切换到“行”选项卡下，勾选“指定高度”复选框，设置为“0.7厘米”。切换到“列”选项卡下，勾选“指定宽度”复选框，设置为“1.8厘米”，单击“确定”按钮。

步骤 6：将光标定位在表格第 2 列，在“表格工具”|“布局”选项卡下“单元格大小”组中设置“宽度”为“2 厘米”，单击任意空白处完成输入。

第 5 小题：

步骤 1：选中整个表格，在“表格工具”|“表设计”选项卡下“表格样式”组中单击“底纹”下拉按钮，选择“橄榄色，个性色 3，淡色 80%”。

步骤 2：在“表格工具”|“布局”选项卡下“数据”组中单击“排序”按钮。在弹出的“排序”对话框中单击“主要关键字”下拉按钮，选择“体积”、在“类型”中选择“数字”，选中“降序”单选框，单击“确定”按钮。

步骤 3：保存并关闭文件。

五、基本操作 5

在考生文件夹下打开文件 WORD.docx，按照要求完成下列操作并以该文件名（WORD.docx）保存文件。

1. 将文中所有错词“偏食”替换为“片式”；设置页面纸张大小为 16 开（18.4 厘米×26 厘米）；在页面底端插入带状物页码，设置起始页码为“3”。

2. 将标题段（中国片式元器件市场发展态势）文字效果设置为“发光：11 磅；红色，主题色 2”，将标题段文字设置为三号、黑体、居中、段后间距 0.8 行。

3. 将正文第 1 段（90 年代中期以来……片式二极管。）移至第 2 段（我国……新的增长点。）之后，设置正文各段落（我国……片式化率达 80%。）右缩进 2 字符；设置正文第 1 段（我国……新的增长点。）首字下沉 2 行、距正文 0.2 厘米；设置正文其余段落（90 年代中期以来……片式化率达 80%。）首行缩进 2 字符。

4. 将文中最后 9 行文字转换成一个 9 行 4 列的表格，设置表格居中，并按“2000 年”列升序排列表格内容。

5. 设置表格第 1 列列宽为 4 厘米、其余列列宽为 1.6 厘米、表格第 1 行行高为 1

厘米、其余行行高为 0.5 厘米；设置表格外侧框线为 3 磅蓝色（标准色）双窄线、内部框线为 1 磅蓝色（标准色）单实线；设置表格底纹为“白色，背景 1，深色 25%”。

图 3-5-1 是按照上述操作要求制作的样文。

中国片式元器件市场发展态势

我国片式元器件产业是在 80 年代彩电国产化的推动下发展起来的。先后从国外引进了 40 多条生产线。目前国内新型电子元器件已形成了一定的产业基础，对大生产技术和工艺逐渐有所掌握，已初步形成了一些新的增长点。

90 年代中期以来，外商投资踊跃，合资企业积极内迁。日本最大的片式元器件厂商村田公司以及松下、京都陶瓷和美国摩托罗拉都已在中国建立合资企业，分别生产片式陶瓷电容器、片式电阻器和片式二极管。

对中国片式元器件生产的乐观估计是，到 2005 年片式元器件产量可达 3500 亿～4000 亿只，年均增长 30%，片式化率达 80%。

近年来中国片式元器件产量一览表（单位：亿只）

产品类型	1998 年	1999 年	2000 年
片式石英晶体器件	0.0	0.01	0.1
片式铝电解电容器	0.1	0.1	0.5
片式有机薄膜电容器	0.2	1.1	1.5
半导体陶瓷电容器	0.3	1.6	2.5
片式电感器、变压器	1.5	2.8	3.6
片式钽电解电容器	5.1	6.5	9.5
片式电阻器	125.2	276.1	500
片式多层陶瓷电容器	125.1	413.3	750

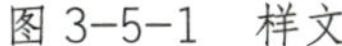

图 3-5-1　样文

第 1 小题：

步骤 1：打开考生文件夹下的 WORD.docx 文件，单击“开始”选项卡下“编辑”

组中的“替换”按钮，在弹出的“查找和替换”对话框的“替换”选项卡下“查找内容”文本框中输入“偏食”，在“替换为”文本框中输入“片式”，单击“全部替换”按钮，在弹出的对话框中单击“确定”按钮，再单击“关闭”按钮。

步骤 2：在“布局”选项卡下“页面设置”组中单击“纸张大小”下拉按钮，选择“16 开（18.4 厘米 ×26 厘米）”。

步骤 3：在“插入”选项卡下“页眉和页脚”组中单击“页码”下拉按钮，选择“页面底端”中的“带状物”。在“页眉和页脚工具”|“页眉和页脚”选项卡下单击“页眉和页脚”组中的“页码”下拉按钮，选择“设置页码格式”。在弹出的“页码格式”对话框中选中“起始页码”单选框，将数字“1”修改为“3”，单击“确定”按钮。单击“关闭”组中的“关闭页眉和页脚”按钮。

第 2 小题：

步骤 1：选中标题段文本（中国片式元器件市场发展态势），在“开始”选项卡下单击“字体”组中的“文本效果和版式”下拉按钮，选择“发光”中的“发光：11 磅；红色，主题色 2”。单击“字体”下拉按钮，选择“黑体”；单击“字号”下拉按钮，选择“三号”。

步骤 2：在“开始”选项卡下“段落”组中单击“居中”按钮。单击“段落”组中的扩展按钮，在弹出的“段落”对话框的“缩进和间距”选项卡中设置“段后间距”为“0.8 行”，单击“确定”按钮。

第 3 小题：

步骤 1：选中正文第 1 段，按 Ctr1+X 快捷键进行剪切，单击第 2 段的段尾位置，按 Enter 键，按 Ctrl+V 快捷键进行粘贴，并删除多余的空行。

步骤 2：选中正文所有文本（我国……片式化率达 80%。），单击“开始”选项卡下“段落”组中的扩展按钮，在弹出的“段落”对话框的“缩进和间距”选项卡下“缩进”组中的“右侧”输入“2 字符”，单击“确定”按钮。

步骤 3：选中正文第 1 段，在“插入”选项卡下“文本”组中单击“首字下沉”下拉按钮，选择“首字下沉选项”。在弹出的“首字下沉”对话框中单击“下沉”按钮，设置“下沉行数”为“2”、“距正文”为“0.2 厘米”，单击“确定”按钮。

步骤 4：选中正文第 2 ~ 3 段，在“开始”选项卡下单击“段落”组中的扩展按钮，在弹出的“段落”对话框的“缩进和间距”选项卡下单击“特殊”下拉按钮，选择“首行”、“缩进值”默认为“2 字符”，单击“确定”按钮。

第 4 小题：

步骤 1：选中最后 9 行文本，在“插入”选项卡下单击“表格”组中的“表格”下拉按钮，选择“文本转换成表格”，在弹出的对话框中单击“确定”按钮。

步骤 2：选中整个表格，在“开始”选项卡下“段落”组中单击“居中”按钮。

步骤 3：选中表格，在“表格工具”|“布局”选项卡下单击“数据”组中的“排序”按钮，弹出“排序”对话框，选中“有标题行”单选框，单击“主要关键字”下拉按钮，选择“2000 年”，选中“升序”单选框，单击“确定”按钮。

第 5 小题：

步骤 1：选中表格第 1 列，在“表格工具”|“布局”选项卡下单击“单元格大小”组中的扩展按钮，在弹出的“表格属性”对话框中切换到“列”选项卡下，勾选“指定宽度”复选框，设置为“4 厘米”；在“行”选项卡下勾选“指定高度”复选框，设置为“0.5 厘米”，在“行高值是”中选择“固定值”，单击“确定”按钮。选中表格第 1 行和其余列，按照类似的操作设置行高和列宽。

步骤 2：选中整个表格，在“开始”选项卡下“段落”组中单击“边框”下拉按钮，选择“边框和底纹”。在弹出的“边框和底纹”对话框的“边框”选项卡下单击“方框”按钮，选择“样式”为“双窄线”、“颜色”为“标准色”中的“蓝色”、“宽度”为“3.0 磅”。再单击“自定义”按钮，选择“样式”为“单实线”、“颜色”为“标准色”中的“蓝色”、“宽度”为“1.0 磅”，在右侧的“预览”区域单击两个“内部框线”按钮。

步骤 3：切换到“底纹”选项卡下，单击“填充”下拉按钮，选择“白色，背景 1，深色 25%”，单击“确定”按钮。

步骤 4：保存并关闭文件。

六、基本操作 6

1. 在考生文件夹下打开文件 WORD1.docx，按照要求完成下列操作并以该文件名（WORD1.docx）保存文件。

（1）设置标题段文字（“星星连珠”会引发灾害吗？）为小三、黑体、加粗、居中，文本阴影效果为“外部”中的“偏移：右下”、阴影颜色为红色（标准色）。

（2）设置正文各段落（“星星连珠”时，……可以忽略不计。）左右各缩进 0.5 字符、段后间距 0.6 行、1.25 倍行距；将正文第 1 段（“星星连珠”时，……特别影响。）分为两栏，设置第 1 栏栏宽为 10 字符、第 2 栏栏宽为 28 字符，在栏间添加分隔线；设置正文第 3 段（科学家根据……忽略不计。）为首字下沉 2 行、距正文 0.2 厘米。

（3）设置页面边框为红色（标准色）1 磅方框；添加“样例”文字水印，设置文字颜色为“橙色，个性色 6，淡色 60%”；设置版式为“水平”。

图 3-6-1 是按照上述操作要求制作的样文。

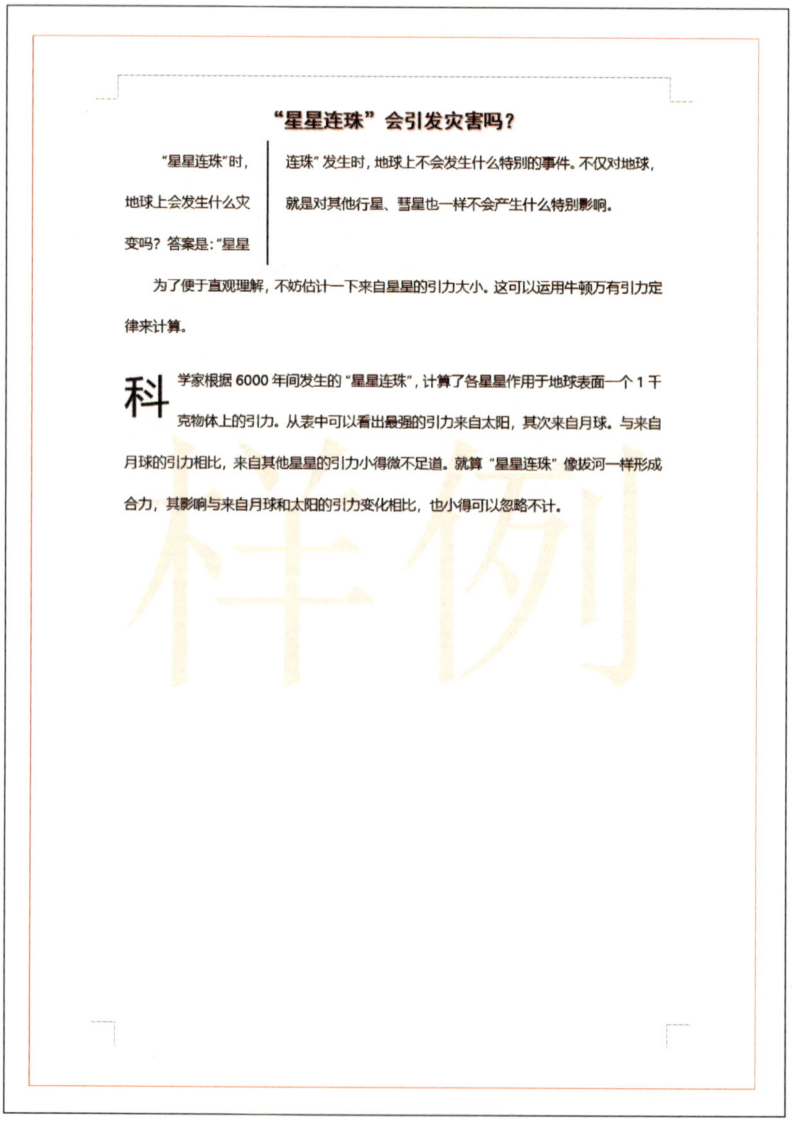

“星星连珠”会引发灾害吗？

“星星连珠”时，地球上会发生什么灾变吗？答案是：“星星连珠”发生时，地球上不会发生什么特别的事件。不仅对地球，就是对其他行星、彗星也一样不会产生什么特别影响。

为了便于直观理解，不妨估计一下来自星星的引力大小。这可以运用牛顿万有引力定律来计算。

科学家根据 6000 年间发生的“星星连珠”，计算了各星星作用于地球表面一个 1 千克物体上的引力。从表中可以看出最强的引力来自太阳，其次来自月球。与来自月球的引力相比，来自其他星星的引力小得微不足道。就算“星星连珠”像拔河一样形成合力，其影响与来自月球和太阳的引力变化相比，也小得可以忽略不计。

样例

图 3-6-1　样文

2. 在考生文件夹下打开文件 WORD2.docx，按照要求完成下列操作并以该文件名（WORD2.docx）保存文件。

（1）为表格插入表标题“工资表”，设置表标题文字为四号、加粗、居中，文字效果格式为渐变线边框，预设渐变为“顶部聚光灯 – 个性色 6”、类型为线性、方向为“线性对角 – 右下到左上”；设置表格样式为“网格表 1 浅色”；在表格最右侧插入一列，输入列标题“实发工资”，并计算出各职工的实发工资，按“实发工资”列升序排列表格内容。

（2）在表格最下方插入一行，用来计算“基本工资”“职务工资”“岗位津贴”“实发工资”各列的平均值，并置于最后一行相对应的第 4 列至第 7 列中，设置表格居中、表格各列列宽为 2 厘米、各行行高为 0.6 厘米、表格所有内容水平居中；设置表格所有框线为 1 磅红色（标准色）单实线；为第 1 行加“深蓝，文字 2，淡色 60%”底纹，且应用于文字。

图 3–6–2 是按照上述操作要求制作的样文。

第 1 小题：

步骤 1：打开考生文件夹下的 WORD1.docx 文件，选中标题段文本（“星星连珠”会引发灾害吗?），在“开始”选项卡下“字体”组中单击“文本效果和版式”下拉按钮，选择“阴影”中的“阴影选项”，在弹出的“设置文本效果格式”任务窗格的“文字效果”选项卡中单击“预设”下拉按钮，选择“外部”中的“偏移：右下”。单击“颜色”下拉按钮，选择“标准色”中的“红色”，单击“关闭”按钮。在“字体”组中单击“字体”下拉按钮，选择“黑体”；单击“字号”下拉按钮，选择“小三”；单击“加粗”按钮。

步骤 2：选中标题段文本，在“开始”选项卡下“段落”组中单击“居中”按钮。

步骤 3：选中正文（“星星连珠”时，……可以忽略不计。），在“开始”选项卡下单击“段落”组中的扩展按钮，在弹出的“段落”对话框的“缩进和间距”选项卡中设置“左侧缩进”为“0.5 字符”、“右侧缩进”为“0.5 字符”，设置“段后间距”为“0.6 行”，单击“行距”下拉按钮，选择“多倍行距”、“设置值”为“1.25”，单击“确定”按钮。

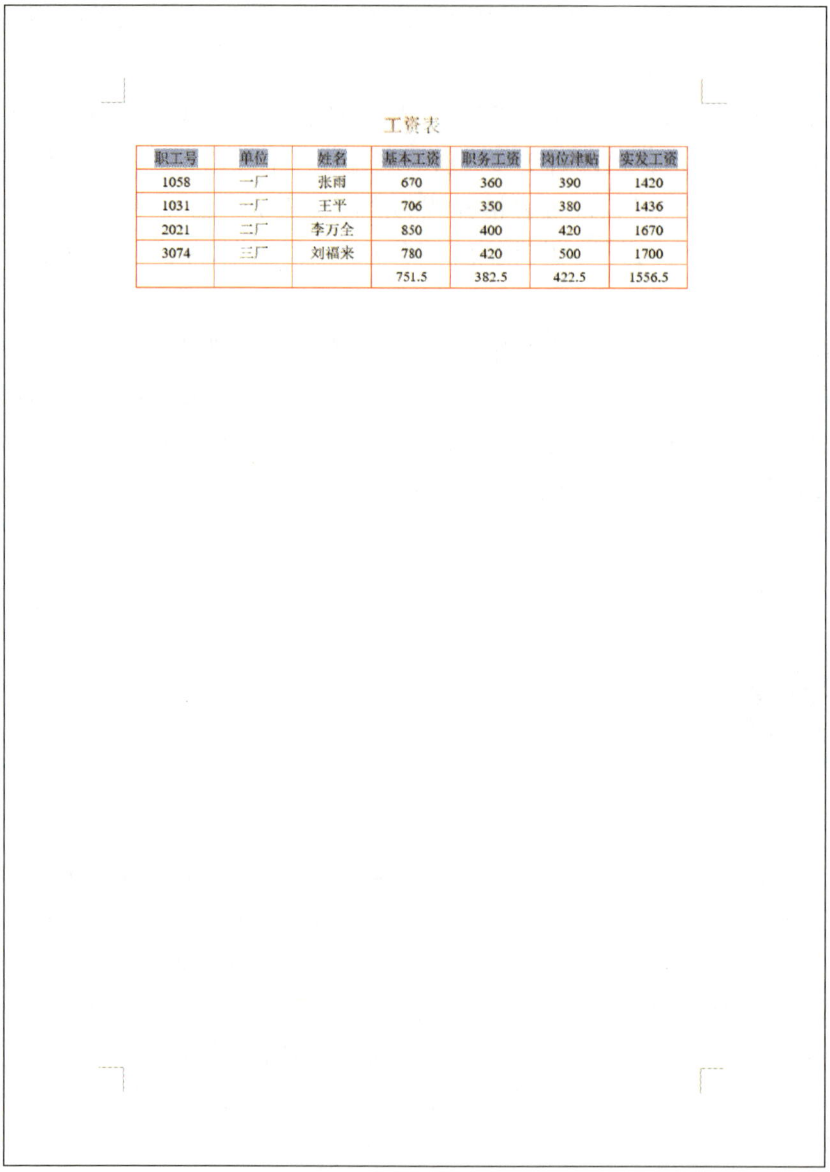

工资表

职工号	单位	姓名	基本工资	职务工资	岗位津贴	实发工资
1058	一厂	张雨	670	360	390	1420
1031	一厂	王平	706	350	380	1436
2021	二厂	李万全	850	400	420	1670
3074	三厂	刘福来	780	420	500	1700
			751.5	382.5	422.5	1556.5

图 3-6-2 样文

步骤 4：选中正文第 1 段文本，在“布局”选项卡下“页面设置”组中单击“栏”下拉按钮，选择“更多栏”，选择“两栏”，勾选“分隔线”复选框，取消勾选“栏宽相等”复选框，设置第 1 栏“宽度”为“10 字符”、第 2 栏“宽度”为“28 字符”，单击“确定”按钮。

步骤 5：选中正文第 3 段（科学家根据……忽略不计。），在“插入”选项卡下“文本”组中单击“首字下沉”下拉按钮，选择“首字下沉选项”，选择“下沉”，设置“下沉行数”为“2”、“距正文”为“0.2 厘米”，单击“确定”按钮。

步骤 6：在“设计”选项卡下单击“页面背景”组中的“页面边框”按钮，在弹出的“边框和底纹”对话框的“页面边框”选项卡下选择“方框”，单击“颜色”下拉按钮，选择“标准色”中的“红色”，单击“宽度”下拉按钮，选择“1.0 磅”，单击“确定”按钮。

步骤 7：单击“页面背景”组中的“水印”下拉按钮，选择“自定义水印”，在弹出的“水印”对话框中选中“文字水印”单选框，输入“文字”为“样例”。单击“颜色”下拉按钮，选择“橙色，个性色 6，淡色 60%”。在“版式”中选中“水平”单选框，单击“确定”按钮。

步骤 8：保存并关闭文件。

第 2 小题：

步骤 1：打开考生文件夹下的 WORD2.docx 文件，将光标定位在表格最左侧，按 Enter 键，在空行输入标题“工资表”。选中标题文本，在“开始”选项卡下“字体”组中单击“字号”下拉按钮，选择“四号”。单击“加粗”按钮。在“段落”组中单击“居中”按钮。单击“字体”组中的扩展按钮，在弹出的“字体”对话框的“字体”选项卡下单击“文字效果”按钮，在弹出的“设置文本效果格式”对话框中单击展开“文本轮廓”选项，选中“渐变线”单选框。单击“预设渐变”下拉按钮，选择“顶部聚光灯 – 个性色 6”。单击“类型”下拉按钮，选择“线性”。单击“方向”下拉按钮，选择“线性对角 – 右下到左上”，单击“确定”按钮，再单击“确定”按钮。

步骤 2：选中表格，在“表格工具”|“表设计”选项卡下单击“表格样式”组中的“其他”下拉按钮，选择“网格表 1 浅色”。

步骤 3：将光标定位在表格最右一列，在“表格工具”|“布局”选项卡下单击“行和列”组中的“在右侧插入”按钮，在表格最右侧插入一列。在插入列的第 1 行输入“实发工资”，单击表格最后一列第 2 行，在“表格工具”|“布局”选项卡下“数据”组中单击“公式”按钮，在弹出的“公式”对话框的“公式”中输入“=SUM(LEFT)”，单击“确定”按钮［注：SUM(LEFT) 中的 LEFT 表示对左侧的数据进行求和计算］。以同样的公式计算其余各行。

步骤 4：选中“实发工资”列，在“数据”组中单击“排序”按钮，在弹出的“排序”对话框的“列表”中选中“有标题行”单选框，选择“主要关键字”为“实发工资”、“类型”为“数字”，选中“升序”单选框，单击“确定”按钮。

步骤 5：将光标定位在表格最后一行，在“表格工具”|“布局”选项卡下单击“行和列”组中的“在下方插入”按钮，在表格最下方插入一行。单击表格第 4 列最后一行，在“数据”组中单击“公式”按钮，在弹出的“公式”对话框的“公式”中输入“=AVERAGE(ABOVE)”，单击“确定”按钮。按照同样的方法计算其他三列的平均值。

步骤 6：选中表格，在“表格工具”|“布局”选项卡下单击“单元格大小”组中的扩展按钮，在弹出的“表格属性”对话框的“表格”选项卡下单击“居中”，取消勾选“指定宽度”复选框。切换到“列”选项卡下，勾选“指定宽度”复选框，设置为“2 厘米”。切换到“行”选项卡下，勾选“指定高度”复选框，设置为“0.6 厘米”，在“行高值是”中选择“固定值”，单击“确定”按钮。在“表格工具”|“布局”选项卡下单击“对齐方式”组中的“水平居中”按钮。

步骤 7：选中表格，在“表格工具”|“表设计”选项卡下单击“边框”组中的扩展按钮，在弹出的“边框和底纹”对话框的“边框”选项卡下单击“全部”按钮，选择“样式”为“单实线”、“颜色”为“标准色”中的“红色”、“宽度”为“1.0 磅”，单击“确定”按钮。

步骤 8：选中表格第 1 行，单击“边框”组中的扩展按钮，在弹出的“边框和底纹”对话框中切换到“底纹”选项卡下，单击“填充”下拉按钮，选择“深蓝，文字 2，淡色 60%”，单击“应用于”下拉按钮，选择“文字”，单击“确定”按钮。

步骤 9：保存并关闭文件。

七、基本操作 7

1. 在考生文件夹下打开文件 WORD1.docx，按照要求完成下列操作并以该文件名（WORD1.docx）保存文件。

（1）将文中所有“教委”替换为“教育部”，并设置为红色（标准色）、倾斜、加着重号；添加“传阅”文字水印，设置文字颜色为“橙色，个性色 6，淡色 60%”、版式为水平。

（2）将标题段文字（高校科技实力排名）设置为渐变文本填充“中等渐变 – 个性色 5”、字符间距加宽 4 磅、三号、黑体、加粗、居中。

（3）设置正文第 1 段（由教育部授权，……权威性是不容置疑的。）左右各缩进 2

字符、悬挂缩进 2 字符、行距固定值 18 磅；将正文第 2 段（根据 6 月 7 日……“高校科研经费排行榜”。）分为等宽的两栏，在栏间添加分隔线；为“高校科研经费排行榜”一段文字添加超链接“http://www.uniranks.edu.cn”。

图 3-7-1 是按照上述操作要求制作的样文。

高 校 科 技 实 力 排 名

由*教育部*授权，uniranks.edu.cn 网站（一个纯公益性网站）6 月 7 日独家公布了 1999 年度全国高等学校科技统计数据和全国高校校办产业统计数据。据了解，这些数据是由*教育部*科技司负责组织统计，全国 1000 多所高校的科技管理部门提供的。因此，其公正性、权威性是不容置疑的。

根据 6 月 7 日公布的数据，目前我国高校从事科技活动的人员有 27.5 万人，1999 年全国高校通过各种渠道获得的科技经费为 99.5 亿元，全国高校校办产业的销售（经营）总收入为 379.03 亿元，其中科技型企业销售收入 267.31 亿元，占总额的 70.52%。为满足社会各界对确切、权威的高校科技实力信息的需要，本版特公布其中的“高校科研经费排行榜”。

图 3-7-1　样文

2. 在考生文件夹下打开文件 WORD2.docx，按照要求完成下列操作并以该文件名（WORD2.docx）保存文件。

（1）插入一个6行6列表格，固定列宽2厘米，表格样式为内置样式“网格表2-着色4”；设置表格居中、各行行高为0.8厘米，设置表格外侧框线为3磅绿色（RGB颜色模式：红色0、绿色250、蓝色10）单实线、内部框线为1磅绿色（RGB颜色模式：红色0、绿色250、蓝色10）单实线。

（2）为表格加入表标题“office 2010表格新功能”，设置标题文字为四号、加粗、居中，设置字体为华文彩云；在第1行第1～3列单元格中分别输入“序号”“功能”“说明”，在第1行第4～6列单元格也分别输入“序号”“功能”“说明”；再次设置第3列右框线为3磅绿色（RGB颜色模式：红色0、绿色250、蓝色10）单实线，并为表格设置“重复标题行”。

图3-7-2是按照上述操作要求制作的样文。

office 2010 表格新功能

序号	功能	说明	序号	功能	说明

图3-7-2　样文

第1小题：

步骤1：打开考生文件夹下的WORD1.docx文件，在“开始”选项卡下“编辑”组中单击“替换”按钮，在弹出的“查找和替换”文本框的“替换”选项卡中“查找内容”文本框中输入“教委”，在“替换为”文本框中输入“教育部”。单击“更多”按钮，单击“格式”下拉按钮，选择“字体”，在弹出的“替换字体”对话框的“字体”选项卡中单击“字体颜色”下拉按钮，选择“标准色”中的“红色”；单击“字形”下拉按钮，选择“倾斜”；在“着重号”中选择“.”，单击“确定”按钮。返回“查找和替换”对话框，单击“全部替换”按钮，单击“确定”按钮，再单击“关闭”按钮。

步骤 2：在“设计”选项卡下“页面背景”组中单击“水印”下拉按钮，选择“自定义水印”。在弹出的“水印”对话框中选中“文字水印”单选框，输入“文字”为“传阅”。单击“颜色”下拉按钮，选择“橙色，个性色 6，淡色 60%”。在“版式”中选中“水平”单选框，单击“确定”按钮。

步骤 3：选中标题段文字（高校科技实力排名），单击“开始”选项卡下“字体”组中的扩展按钮，在弹出的“字体”对话框的“字体”选项卡下设置“中文字体”为“黑体”、“字号”为“三号”、“字形”为“加粗”。切换到“高级”选项卡下，单击“间距”下拉按钮，选择“加宽”，设置“磅值”为“4 磅”。单击“文字效果”按钮，在弹出的“设置文本效果格式”对话框中设置“文本填充”为“渐变填充”，在“预设渐变”中选择“中等渐变 – 个性色 5”，单击“确定”按钮，再次单击“确定”按钮。

步骤 4：选中标题段文字，在“开始”选项卡下“段落”组中单击“居中”按钮。

步骤 5：选中正文第 1 段（由教育部授权，……权威性是不容置疑的。），在“开始”选项卡下单击“段落”组中的扩展按钮，在弹出的“段落”对话框的“缩进和间距”选项卡下设置“左侧缩进”为“2 字符”、“右侧缩进”为“2 字符”，单击“特殊”下拉按钮，选择“悬挂”，设置“缩进值”为“2 字符”。单击“行距”下拉按钮，选择“固定值”、“设置值”为“18 磅”，单击“确定”按钮。

步骤 6：选中正文第 2 段（根据 6 月 7 日…… “高校科研经费排行榜”。），单击“布局”选项卡下“页面设置”组中的“栏”下拉按钮，选择“更多栏”。单击“两栏”，勾选“分隔线”和“栏宽相等”复选框，单击“确定”按钮。

步骤 7：选中文字“高校科研经费排行榜”，在“插入”选项卡下“链接”组中单击“链接”按钮，在弹出的“插入超链接”对话框的“链接到”中选择“现有文件或网页”，在“地址”中输入“http://www.uniranks.edu.cn”，单击“确定”按钮。

步骤 8：保存并关闭文件。

第 2 小题：

步骤 1：打开考生文件夹下的 WORD2.docx 文件，在“插入”选项卡下单击“表格”组中的“表格”下拉按钮，选择“插入表格”，在“行数”中输入“6”，在“列数”中输入“6”，单击“确定”按钮。

步骤 2：选中表格，在“表格工具”|“布局”选项卡下单击“单元格大小”组中的扩展按钮，在弹出的“表格属性”对话框中切换到“列”选项卡下，勾选“指定宽度”复选框，设置为“2 厘米”；切换到“行”选项卡下，勾选“指定高度”复选框，设置为“0.8 厘米”，在“行高值是”中选择“固定值”，单击“确定”按钮。

步骤 3：选中表格，在“表格工具”|“表设计”选项卡下单击“表格样式”组中

的“其他”下拉按钮，选择“网格表 2– 着色 4”。在“开始”选项卡下“段落”组中单击“居中”按钮。

步骤 4：选中表格，在“表格工具”|“表设计”选项卡下单击“边框”组中的扩展按钮，在弹出的“边框和底纹”对话框的“边框”选项卡下单击“方框”按钮，在“样式”中选择“单实线”，在“颜色”中选择“其他颜色”，输入 RGB 值为“红色 0、绿色 250、蓝色 10”，单击“确定”按钮。在“宽度”中选择“3.0 磅”。单击“自定义”按钮，在“宽度”中选择“1.0 磅”，在“预览”区域单击两个“内部框线”按钮，单击“确定”按钮。

步骤 5：将光标定位在表格开头，按 Enter 键，在空行中输入标题“office 2010 表格新功能”。选中标题文字，在“开始”选项卡下“字体”组中单击“字体”下拉按钮，选择“华文彩云”。单击“字号”下拉按钮，选择“四号”。单击“加粗”按钮。在“段落”组中单击“居中”按钮。

步骤 6：按照题面要求，在表格第 1 行输入相应文字。

步骤 7：选中表格第 3 列，在“表格工具”|“表设计”选项卡下单击“边框”组中的扩展按钮，在弹出的“边框和底纹”对话框的“边框”选项卡下单击“自定义”按钮，在“宽度”中选择“3.0 磅”。在“预览”区域单击“右框线”按钮取消 1 磅边框，再次单击“右框线”按钮应用 3 磅边框，单击“确定”按钮。

步骤 8：将光标定位在表格第 1 行，在“表格工具”|“布局”选项卡下单击“数据”组中的“重复标题行”按钮。

步骤 9：保存并关闭文件。

八、基本操作 8

1. 在考生文件夹下打开文件 WORD1.docx，按照要求完成下列操作并以该文件名（WORD1.docx）保存文件。

（1）将文中所有错词“声明科学”替换为“生命科学”并加着重号；以自定义方式设置页面纸张大小为 17.6 厘米（宽度）×25 厘米（高度）。设置纸张方向为横向，设置上、下页边距为 3 厘米，左、右页边距为 2 厘米。

（2）将标题段文字（生命科学是中国发展的机遇）设置为“半映像：接触”，设置透明度为 50%、模糊为 5 磅，设置颜色为红色（标准色），设置字号为三号、字体为仿宋、居中，并添加双波浪式下画线。

（3）将正文各段落（新华网北京……进一步研究和学习。）设置为首行缩进 2 字符、行距 18 磅、段前间距 1 行；将正文第 3 段（他认为……进一步研究和学习。）分为等宽的三栏，栏宽为 18 字符，在栏间添加分隔线；设置页面颜色填充效果为“纹理”中的“新闻纸”。

图 3-8-1 是按照上述操作要求制作的样文。

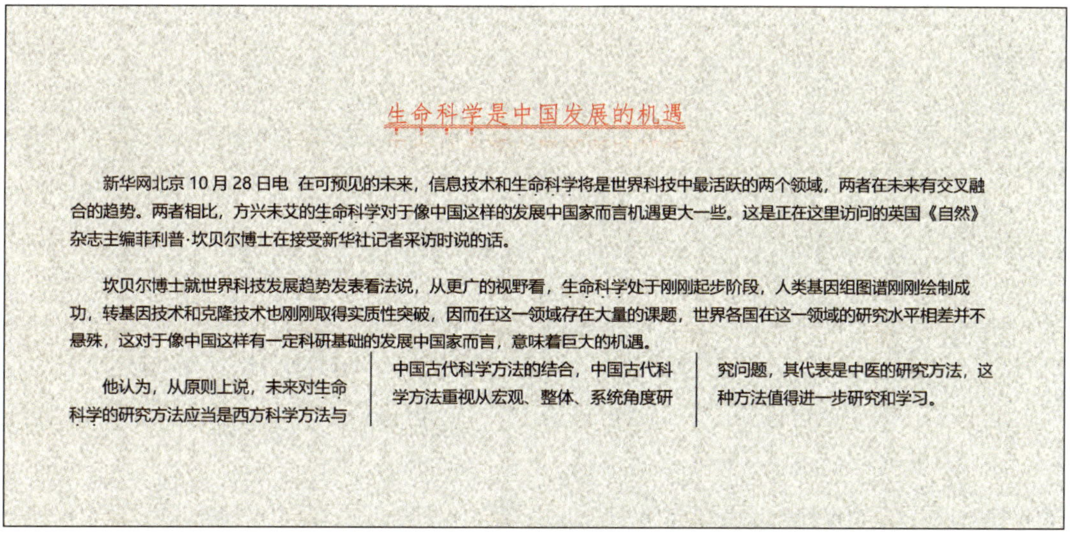

生命科学是中国发展的机遇

新华网北京 10 月 28 日电 在可预见的未来，信息技术和生命科学将是世界科技中最活跃的两个领域，两者在未来有交叉融合的趋势。两者相比，方兴未艾的生命科学对于像中国这样的发展中国家而言机遇更大一些。这是正在这里访问的英国《自然》杂志主编菲利普·坎贝尔博士在接受新华社记者采访时说的话。

坎贝尔博士就世界科技发展趋势发表看法说，从更广的视野看，生命科学处于刚刚起步阶段，人类基因组图谱刚刚绘制成功，转基因技术和克隆技术也刚刚取得实质性突破，因而在这一领域存在大量的课题，世界各国在这一领域的研究水平相差并不悬殊，这对于像中国这样有一定科研基础的发展中国家而言，意味着巨大的机遇。

他认为，从原则上说，未来对生命科学的研究方法应当是西方科学方法与中国古代科学方法的结合，中国古代科学方法重视从宏观、整体、系统角度研究问题，其代表是中医的研究方法，这种方法值得进一步研究和学习。

图 3-8-1 样文

2. 在考生文件夹下打开文件 WORD2.docx，按照要求完成下列操作并以该文件名（WORD2.docx）保存文件。

（1）将文档中除标题（全国部分城市天气预报）外其余 7 行文字转换为一个 7 行 4 列的表格，设置表格居中、表格中的文字水平居中，并按“低温（℃）”列降序排列表格内容。为表格第 1 行第 3 列单元格中的“℃”加脚注“摄氏和华氏的转换公式为：1 华氏度 =1 摄氏度 *9/5+32”。

（2）设置表格各列列宽为 2.6 厘米、各行行高为 0.8 厘米，设置表格样式为“清单表 3- 着色 2”。为表格第 2 行至第 7 行的第 1 列添加“橄榄色，个性色 3，深色 25%”底纹，并设置表格外侧框线和内部横框线为 3 磅单实线。

图 3-8-2 是按照上述操作要求制作的样文。

全国部分城市天气预报

城市	天气	高温（℃[1]）	低温（℃）
海口	多云	30	24
成都	多云	20	16
上海	小雨	19	14
武汉	小雨	17	13
乌鲁木齐	阴	3	-3
哈尔滨	阵雪	1	-7

[1] 摄氏和华氏的转换公式为：1华氏度=1摄氏度*9/5+32

图 3-8-2　样文

第 1 小题：

步骤 1：打开考生文件夹下的 WORD1.docx 文件，在“开始”选项卡下“编辑”组中单击“替换”按钮，在弹出的“查找和替换”对话框的“替换”选项卡下“查找内容”文本框中输入“声明科学”，在“替换为”文本框中输入“生命科学”。单击“更多”按钮，单击“格式”下拉按钮，选择“字体”，在弹出的“替换字体”对话框中单击“着重号”下拉按钮，选择“.”，单击“确定”按钮，单击“全部替换”按钮，单击“确定”按钮，再单击“关闭”按钮。

步骤 2：在“布局”选项卡下单击“页面设置”组中的扩展按钮，在弹出的“页面设置”对话框的“纸张”选项卡下输入“宽度”为“17.6 厘米”、“高度”为“25 厘米”。切换到“页边距”选项卡下，单击“横向”按钮，设置“上、下页边距”为“3 厘米”，“左、右页边距”为“2 厘米”，单击“确定”按钮。

步骤 3：选中标题段文字（生命科学是中国发展的机遇），在“开始”选项卡下“字体”组中单击“文本效果和版式”下拉按钮，选择“映像”中的“映像选项”，在弹出的“设置文本效果格式”任务窗格的“文本填充与轮廓”选项卡下单击“预设”下拉按钮，选择“半映像：接触”。设置“透明度”为“50%”，设置“模糊”为“5 磅”，单击“关闭”按钮。

步骤 4：选中标题段文字（生命科学是中国发展的机遇），单击“开始”选项卡下“字体”组中的扩展按钮，在弹出的“字体”对话框的“字体”选项卡下设置“中文字体”为“仿宋”，设置“字号”为“三号”，设置“字体颜色”为“标准色”中的“红色”，设置“下画线线型”为“双波浪线”，单击“确定”按钮。

步骤 5：选中标题段文字，在“开始”选项卡下“段落”组中单击“居中”按钮。

步骤 6：选中正文各段（新华网北京……进一步研究和学习。），在“开始”选项卡下单击“段落”组中的扩展按钮，在弹出的“段落”对话框的“缩进和间距”选项卡下单击“特殊”下拉按钮，选择“首行”、“缩进值”默认为“2 字符”；在“行距”中选择“固定值”、“设置值”为“18 磅”，设置“段前间距”为“1 行”，单击“确定”按钮。

步骤 7：选中正文第 3 段（他认为……进一步研究和学习。），在“布局”选项卡下“页面设置”组中单击“栏”下拉按钮，选择“更多栏”，在弹出的“栏”对话框中单击“三栏”，在“宽度”中输入“18 字符”，勾选“栏宽相等”和“分隔线”复选框，单击“确定”按钮。

步骤 8：在“设计”选项卡下“页面背景”组中单击“页面颜色”下拉按钮，选择“填充效果”，在弹出的“填充效果”对话框中切换到“纹理”选项卡下，选择“新闻纸”，单击“确定”按钮。

步骤 9：保存并关闭文件。

第 2 小题：

步骤 1：打开考生文件夹下的 WORD2.docx 文件，选中正文中除标题外的 7 行文本，在“插入”选项卡下“表格”组中单击“表格”下拉按钮，选择“文本转换成表格”，单击“确定”按钮。

步骤 2：选中表格，在“表格工具”|“布局”选项卡下“数据”组中单击“排序”按钮，在弹出的“排序”对话框的“列表”中选择“有标题行”，在“主要关键字”中选择“低温（℃）”，在“类型”中选择“数字”，选中“降序”单选框，单击“确定”按钮。

步骤 3：选中表格第 1 行第 3 列单元格中的“℃”，在“引用”选项卡下“脚注”组中单击“插入脚注”按钮，输入脚注内容为“摄氏和华氏的转换公式为：1 华氏度 = 1 摄氏度 *9/5+32”。

步骤 4：选中表格，在“表格工具”|“布局”选项卡下单击“单元格大小”组中的扩展按钮，在弹出的“表格属性”对话框中切换到“列”选项卡下，勾选“指定宽度”复选框，设置为“2.6 厘米”，切换到“行”选项卡下，勾选“指定高度”复选框，设置为“0.8 厘米”，在“行高值是”中选择“固定值”，单击“确定”按钮。

步骤 5：选中表格，在“表格工具”|“表设计”选项卡下单击“表格样式”组中的“其他”下拉按钮，选择样式“清单表 3 – 着色 2”。

步骤 6：选中表格，在“开始”选项卡下“段落”组中单击“居中”按钮。

步骤 7：选中表格，在“表格工具”|“布局”选项卡下“对齐方式”组中单击“水平居中”按钮。

步骤 8：选中表格第 2 行至第 7 行的第 1 列，在“表格工具”|“表设计”选项卡下“表格样式”组中单击“底纹”下拉按钮，选择“橄榄色，个性色 3，深色 25%”。

步骤 9：选中表格，在“表格工具”|“表设计”选项卡下单击“边框”组中的扩展按钮。在弹出的“边框和底纹”对话框的“边框”选项卡下单击“方框”按钮，在“样式”中选择“单实线”，在“宽度”中选择“3.0 磅”。单击“自定义”按钮，同样选择“3.0 磅”的“单实线”，在右侧“预览”区域单击“内部横框线”按钮，单击“确定”按钮。

步骤 10：保存并关闭文件。

九、基本操作 9

在考生文件夹下打开文件 WORD.docx，按照要求完成下列操作并以该文件名（WORD.docx）保存文件。

1. 将文档中所有错词“人声”替换为“人生”；设置纸张方向为“横向”；设置页边距为上下各 3 厘米、左右各 2.5 厘米。

2. 将标题文字（活出精彩　搏出人生）设置为小三、隶书、红色（标准色）、加粗、居中，设置文字效果为“发光：11 磅；红色，主题色 2”；将正文（人生在世，需要去……我终于学会了坚强。）设置为小四、楷体、首行缩进 2 字符、行距 1.15 倍。

3. 将文本（活出精彩　搏出人生……我终于学会了坚强。）分为等宽的两栏，并添加分隔线。添加内置空白型页眉，输入页眉文字为“校园报”，设置页眉文字为三号、黑体、深红色（标准色）、加粗。

4. 将文中最后 12 行文字转换为一个 12 行 5 列的表格，文字分隔位置为“空格”；设置表格列宽为 2.5 厘米、行高为 0.5 厘米；将表格第 1 行合并为一个单元格，设置内容居中；为表格应用样式“网格表 1 浅色 - 着色 2”；设置表格整体居中。

5. 将表格第 1 行文字（校运动会奖牌排行榜）设置为小三、黑体，字间距加宽 1.5 磅，选择文本突出显示颜色为黄色；统计各班金、银、铜牌，各类奖牌合计填入相应的行和列；以“金牌”为主要关键字降序、“银牌”为次要关键字降序、“铜牌”为第三关键字降序，对 9 个班进行排序。

图 3–9–1 是按照上述操作要求制作的样文。

第 1 小题：

步骤 1：打开考生文件夹下的 WORD.docx 文件，在“开始”选项卡下“编辑”组中单击“替换”按钮，在弹出的“查找和替换”对话框的“替换”选项卡下“查找内容”文本框中输入“人声”，在“替换为”文本框中输入“人生”，单击“全部替换”按钮，在弹出的对话框中单击“确定”按钮，再单击“关闭”按钮。

校园报

活出精彩　搏出人生

人生在世，需要去拼搏。也许在最后不会达到我们一开始所设想的目标，也许不能够如愿以偿。但，人生中会有许许多多的梦想，真正实现的却少之又少。我们在追求梦想的时候，肯定会有很多的困难与失败，但我们应该以一颗平常心去看待我们的失利。“人生岂能尽如人意，在世只求无愧我心”，只要我们尽力地、努力地、坚持地去做，我们不仅会感到取得成功的喜悦，还会感到一种叫作充实和满足的东西。

“记住该记住的，忘记该忘记的。改变能改变的，接受不能接受的。”有机会就拼搏，没机会就安心休息。趁还活着，快去拼搏人生，需要学会坚强。生活处处有阳光，但阳光之前总是要经历风雨的。小草的生命是那么的卑微，是那么的脆弱，但是小草在人生当中并未卑微、弱小，而是显得那么坚强。种子第一次播种，那是希望在发芽；圣火第一次点燃，那是希望在燃烧。荒漠披上了绿洲，富饶代替了贫瘠。这都是希望在绽放，坚强在开花。时间真的会让人改变，在成长中，我终于学会了坚强。

校运动会奖牌排行榜

班级	金牌	银牌	铜牌	各班合计
商务1班	8	6	5	19
电子1班	8	4	2	14
电子2班	7	2	4	13
商务2班	7	2	1	10
网络2班	5	6	3	14
电子3班	5	5	7	17
国贸1班	4	4	5	13
网络1班	3	6	6	15
国贸2班	2	3	5	10
奖牌合计	49	38	38	125

图 3-9-1　样文

步骤 2：在“布局”选项卡下单击“页面设置”组中的扩展按钮，在弹出的“页面设置”对话框的“页边距”选项卡下单击“横向”按钮，设置“上、下页边距”均为“3 厘米”，“左、右页边距”均为“2.5 厘米”，单击“确定”按钮。

第 2 小题：

步骤 1：选中标题文字（活出精彩　搏出人生），在“开始”选项卡下单击“字体”组中的扩展按钮，在弹出的“字体”对话框的“字体”选项卡下单击“中文字体”下拉按钮，选择“隶书”。在“字形”中选择“加粗”。在“字号”中选择“小三”。单击“字体颜色”下拉按钮，选择“标准色”中的“红色”，单击“确定”按钮。在“段落”组中单击“居中”按钮。

步骤 2：选中标题文字（活出精彩　搏出人生），在“开始”选项卡下“字体”组中单击“文本效果和版式”下拉按钮，选择“发光”中的“发光：11 磅；红色，主题色 2”。

步骤 3：选中正文（人生在世，需要去……我终于学会了坚强。），在“开始”选项卡下“字体”组中单击“字体”下拉按钮，选择“楷体”。单击“字号”下拉按钮，选择“小四”。

步骤 4：单击“段落”组中的扩展按钮，在弹出的“段落”对话框的“缩进和间距”选项卡下单击“特殊”下拉按钮，选择“首行”、“缩进值”默认为“2 字符”。单击“行距”下拉按钮，选择“多倍行距”、“设置值”为“1.15”，单击“确定”按钮。

第 3 小题：

步骤 1：选中文本（活出精彩　搏出人生……我终于学会了坚强。），在“布局”选项卡下“页面设置”组中单击“栏”下拉按钮，选择“更多栏”。在弹出的“栏”对话框中单击“两栏”，勾选“分隔线”和“栏宽相等”复选框，单击“确定”按钮。

步骤 2：在“插入”选项卡下“页眉和页脚”组中单击“页眉”下拉按钮，选择“空白”，输入文字“校园报”。选中页眉文字，按照“第 2 小题”的“步骤 1”的方法设置其文字属性。设置完成后，在“页眉和页脚工具”|“页眉和页脚”选项卡下“关闭”组中单击“关闭页眉和页脚”按钮。

第 4 小题：

步骤 1：选中文中最后 12 行文字，在“插入”选项卡下“表格”组中单击“表格”下拉按钮，选择“文本转换成表格”。在弹出的“将文字转换成表格”对话框的“文字分隔位置”中选中“空格”单选框，单击“确定”按钮。

步骤 2：此时表格处于全选状态，在“表格工具”|“布局”选项卡下单击“单元格大小”组中的扩展按钮，在弹出“表格属性”对话框中切换到“行”选项卡下，勾选“指定高度”复选框，输入“0.5 厘米”；切换到“列”选项卡下，输入“指定宽度”为“2.5 厘米”，单击“确定”按钮。

步骤 3：选中表格第 1 行，在“表格工具”|“布局”选项卡下“合并”组中单击“合并单元格”按钮，在“对齐方式”组中单击“水平居中”按钮。

步骤 4：选中整个表格，在“表格工具”|“表设计”选项卡下“表格样式”组中单击“其他”下拉按钮，选择“网格表 1 浅色 – 着色 2”。切换到“开始”选项卡下，单击“段落”组中的“居中”按钮。

第 5 小题：

步骤 1：选中表格第 1 行文字，在“开始”选项卡下“字体”组中单击“字体”下拉按钮，选择“黑体”；单击“字号”下拉按钮，选择“小三”；单击“文本突出显示颜色”下拉按钮，选择“黄色”。再次选中表格第 1 行文字，单击“字体”组中的扩展按钮，在弹出的“字体”对话框中切换到“高级”选项卡下，单击“间距”下拉按钮，选择“加宽”，设置“磅值”为“1.5 磅”，单击“确定”按钮。

步骤 2：将光标定位在表格第 3 行第 5 列单元格中，在“表格工具”|“布局”选项卡下“数据”组中单击“公式”按钮。在弹出的“公式”对话框中输入公式“=SUM(LEFT)”单击“确定”按钮。按照同样的方法计算表格第 4 行第 5 列至第 12 行第 5 列单元格。

步骤 3：将光标定位在表格第 12 行第 2 列单元格中，在“表格工具”|“布局”选项卡下“数据”组中单击“公式”按钮。在弹出的“公式”对话框中输入公式

“=SUM(ABOVE)”，单击“确定”按钮。按照同样的方法计算表格第 12 行第 3 列至第 12 行第 5 列单元格。

步骤 4：选中表格第 2～11 行，在“表格工具”|“布局”选项卡下“数据”组中单击“排序”按钮。在弹出的“排序”对话框中选中“有标题行”单选框，单击“主要关键字”下拉按钮，选择“金牌”，选中右侧“降序”单选框。单击“次要关键字”下拉按钮，选择“银牌”，选中右侧“降序”单选框。单击“第三关键字”下拉按钮，选择“铜牌”，选中右侧“降序”单选框。单击“确定”按钮。

步骤 5：保存并关闭文件。

十、基本操作 10

在考生文件夹下打开文件 WORD.docx，按照要求完成下列操作并以该文件名（WORD.docx）保存文件。

1. 将标题段（模型变量构建）的阴影效果设置为“透视”中的“透视：左上”、阴影颜色设置为蓝色（标准色）；将标题段文字设置为二号、微软雅黑、加粗、居中，将文字间距加宽 2.2 磅。

2. 将正文各段文字（基于图 3.1……如表 3.1 所示：）设置为小四、宋体、行距 1.26 倍、段前间距 0.3 行、首行缩进 2 字符；为正文第 3、4、5 段（个体认知……三个因素进行分析。）添加新定义的项目符号“✈”（Wingdings 字体）；在第 6 段（综上，……如图 3.2 所示：）后插入考生文件夹下的图片“图 3.2.JPG”，设置图片大小缩放为“高度 80%，宽度 80%”、文字环绕为上下型、图片居中。

3. 在页面底端插入“普通数字 2”样式页码，设置页码编号格式为“–1–，–2–，–3–，…”、起始页码为“–5–”；在页面顶端插入空白型页眉，页眉内容为“学位论文”；为页面添加文字水印“传阅”。

4. 将文中最后 12 行文字转换成一个 12 行 4 列的表格；合并第 1 列的第 2～6、

7～9、10～12 行单元格；将第 1 行所有文字设置为小四、华文新魏、内容水平居中；设置表格居中、表格中第 1 列和第 4 列内容水平居中；设置表格第 4 列列宽为“2.2 厘米”。

5. 设置表格外侧框线和第 1、2 行间的内部框线为红色（标准色）1.5 磅单实线、其余内部框线为红色（标准色）0.75 磅单实线；为单元格填充底纹“紫色，个性色 4，淡色 80%”。

图 3-10-1 是按照上述操作要求制作的样文。

学位论文

模型变量构建

基于图 3.1 非专业投资者项目投资决策模型框架，本节将结合现有股权众筹平台上项目信息的特性，按照全面性、条理性、可测性、准确性的原则，选择合适的变量，构建最终的股权众筹平台非专业投资者项目投资影响因素模型。

按照非专业投资者项目投资决策模型，股权众筹平台非专业投资者投资影响因素决定要素为项目期望和价值度量，其中项目期望又由外部信息和个体认知，即羊群行为决定。故本节将按照个体认知、外部信息和价值度量这三个维度选取外部变量。

- ✈ 个体认知在本文中用投资者羊群行为来解释。本文选取了“领投人个数”“项目路演次数”“项目评分”三个外部变量加以说明。
- ✈ 对于外部信息，即外部环境影响，可以用“领投人尽职调查”“创业团队信息”“项目信息完整度”加以解释。
- ✈ 对于价值度量维度，本文从“项目融资额”“项目融资比例”“项目估值”三个因素进行分析。

综上，将整理的影响因素带入图 3.1 的模型框架中，构建本文研究模型框架，如图 3.2 所示：

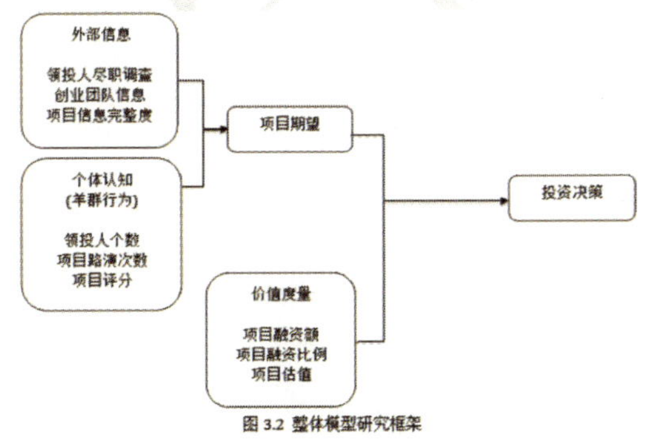

图 3.2 整体模型研究框架

综上所述，本文选取的变量如表 3.1 所示：

- 5 -

a）

学位论文

表 3.1 变量选取一览表

衡量维度	变量	含义	取值范围
外部信息	领投人尽职调查	领投人是否出具尽调（1：有，0：没有）	≥0
	项目团队人数	创业团队原始人数，在一定程度上反映股份构成	≥0
	最大股东学历水平	股东受到的教育程度的量化评分	0-5
	项目成员创业次数	一定程度上反映创业团队的能力	≥0
	项目信息完整度	项目提供的关于产品的一系列信息的量化评分	0-5
个体认知	领投人个数	项目吸引的领投人数量	≥0
	项目路演次数	投资人可以获取更多信息，与领投人交流	≥0
	项目评分	已投资的投资人对项目的评分	1-5
价值度量	项目融资额	项目拟在平台筹集的金额	≥0
	项目融资比例	一定程度上反映创业团队对未来收益的信心	≥0
	项目估值	创业团队对未来收益的估计	≥0

- 6 -

b）

图 3-10-1　样文

第 1 小题：

步骤 1：打开考生文件夹下的 WORD.docx 文件，选中标题段（模型变量构建），在“开始”选项卡下“字体”组中单击“文本效果和版式”下拉按钮，选择“阴影”中的

"阴影选项"，在弹出的"设置文本效果格式"任务窗格的"文字效果"选项卡下单击"预设"下拉按钮，选择"透视"中的"透视：左上"，单击"颜色"下拉按钮，选择"标准色"中的"蓝色"，单击"关闭"按钮。

步骤 2：选中标题段，在"字体"组中单击"字体"下拉按钮，选择"微软雅黑"；单击"字号"下拉按钮，选择"二号"；单击"加粗"按钮。在"段落"组中单击"居中"按钮。单击"字体"组中的扩展按钮，在弹出的"字体"对话框中切换到"高级"选项卡下，单击"间距"下拉按钮，选择"加宽"，设置"磅值"为"2.2 磅"，单击"确定"按钮。

第 2 小题：

步骤 1：选中正文各段文字（基于图 3.1……如表 3.1 所示：），在"开始"选项卡下"字体"组中单击"字体"下拉按钮，选择"宋体"；单击"字号"下拉按钮，选择"小四"。单击"段落"组中的扩展按钮，在弹出的"段落"对话框的"缩进和间距"选项卡下单击"行距"下拉按钮，选择"多倍行距"、"设置值"为"1.26"，设置"段前间距"为"0.3 行"，单击"特殊"下拉按钮，选择"首行"、"缩进值"默认为"2 字符"，单击"确定"按钮。

步骤 2：选中正文第 3、4、5 段（个体认知……三个因素进行分析。），在"开始"选项卡下"段落"组中单击"项目符号"下拉按钮，选择"定义新项目符号"。在弹出的"定义新项目符号"对话框中单击"符号"按钮，选择"字体"为"Wingdings"，选中题面要求的符号［"字符代码"为 81，来自"符号（十进制）"］，单击两次"确定"按钮。保持三段文字被选中的状态，再次单击"项目符号"下拉按钮，选择刚才定义的项目符号。

步骤 3：将光标定位在第 6 段（综上，……如图 3.2 所示：）下方的空行中，在"插入"选项卡下"插图"组中单击"图片"按钮，在弹出的"插入图片"对话框中定位到考生文件夹下，选择"图 3.2.JPG"，单击"插入"按钮。选中图片后单击鼠标右键，选择"大小和位置"，在弹出的"布局"对话框的"大小"选项卡下设置"缩放"中的"高度"和"宽度"为"80%"。切换到"文字环绕"选项卡下，选择"环绕方式"为"上下型"。切换到"位置"选项卡下，设置"水平"中的"对齐方式"为"居中"、"相对于"为"页面"，单击"确定"按钮。

第 3 小题：

步骤 1：在"插入"选项卡下"页眉和页脚"组中单击"页码"下拉按钮，选择"页面底端"中的"普通数字 2"。在"页眉和页脚工具"|"页眉和页脚"选项卡下单击"页眉和页脚"组中的"页码"下拉按钮，选择"设置页码格式"，选择"编号格式""-1-，-2-，-3-，…"、"起始页码"为"-5-"，单击"确定"按钮。

步骤 2：在“页眉和页脚工具”|“页眉和页脚”选项卡下单击“页眉和页脚”组中的“页眉”下拉按钮，选择“空白”，输入文字“学位论文”，单击“关闭”组中的“关闭页眉和页脚”按钮。

步骤 3：将光标定位在正文中，在“设计”选项卡下“页面背景”组中单击“水印”下拉按钮，选择“自定义水印”。在弹出的“水印”对话框中选中“文字水印”单选框，输入“文字”为“传阅”，单击“确定”按钮。

第 4 小题：

步骤 1：选中文中最后 12 行文字，在“插入”选项卡下“表格”组中单击“表格”下拉按钮，选择“文字转换成表格”，单击“确定”按钮。

步骤 2：选中表格第 1 列的第 2 行至第 6 行单元格，在“表格工具”|“布局”选项卡下“合并”组中单击“合并单元格”按钮。根据题面要求，按照类似的方法合并其他单元格。

步骤 3：选中表格第 1 行文字，在“开始”选项卡下“字体”组中单击“字体”下拉按钮，选择“华文新魏”；单击“字号”下拉按钮，选择“小四”。在“表格工具”|“布局”选项卡下单击“对齐方式”组中的“水平居中”按钮。

步骤 4：选中整个表格，在“表”组中单击“属性”按钮，在弹出的“表格属性”对话框的“表格”选项卡下选择“对齐方式”为“居中”，单击“确定”按钮。选中表格第 1 列，单击“对齐方式”组中的“水平居中”按钮。按照同样的方法设置表格第 4 列内容水平居中。

步骤 5：选中表格第 4 列，在“单元格大小”组中输入表格“宽度”为“2.2 厘米”，按 Enter 键完成操作。

第 5 小题：

步骤 1：选中整个表格，在“表格工具”|“表设计”选项卡下单击“边框”组中的“边框”下拉按钮，选择“边框和底纹”，在弹出的“边框和底纹”对话框的“边框”选项卡下单击“方框”按钮，设置“样式”为“单实线”、“颜色”为“标准色”中的“红色”、“宽度”为“1.5 磅”。单击“自定义”按钮，保持“样式”和“颜色”不变，设置“宽度”为“0.75 磅”，在右侧“预览”区域单击两个“内部框线”按钮。

步骤 2：切换到“底纹”选项卡下，单击“填充”下拉按钮，选择“紫色，个性色 4，淡色 80%”，单击“确定”按钮。

步骤 3：选中表格第 1 行，单击“边框”组中的“边框”下拉按钮，选择“边框和底纹”。保持“样式”和“颜色”不变，设置“宽度”为“1.5 磅”，在右侧“预览”区域单击两次“下框线”按钮，单击“确定”按钮。

步骤 4：保存并关闭文件。

十一、基本操作 11

在考生文件夹下打开文件 WORD.docx，按照要求完成下列操作并以该文件名（WORD.docx）保存文件。

1. 将文档中所有错词“按理”替换为“案例”；将标题段文字（北京市动漫企业国际化发展路径案例研究）设置为二号、紫色（标准色）、仿宋、加粗、居中，文字间距紧缩 1.5 磅；设置标题段文字的效果为发光（发光：18 磅；红色，主题色 2）、轮廓为 1.5 磅粗细的圆点虚线。

2. 设置正文第 1 段至第 5 段文字（北京市重视……一半以上的国际化游戏企业。）为小四、微软雅黑、首行缩进 2 字符、单倍行距；将正文第 1 段（北京市重视……出于以下原因：）的缩进格式修改为“无”，并设置该段为首字下沉 2 行、距正文 0.2 厘米；为正文第 2 段至第 4 段（案例研究方法适合于过程……北京动漫游戏产业联盟。）添加项目编号“(1)”“(2)”“(3)”。

3. 设置页面上、下、左、右页边距分别为 2.3 厘米、2.3 厘米、3.2 厘米和 2.8 厘米，装订线位于靠左 0.5 厘米处；插入分页符使第 5 段（课题选取的……一半以上的国际化游戏企业）及其后面的文本位于第 2 页；为文档添加页眉，页眉标题内容为“研究报告”；设置页面颜色为“橙色，个性色 6，淡色 80%”，在文档倒数第 4 行文字（表 6.2　实地调研企业所属国际化过程阶段）后插入脚注，脚注内容为“资料来源：本研究调研整理”。

4. 将文中最后 3 行文字转换为一个 3 行 5 列的表格；为第 1 行第 1 列单元格加斜下框线（对角线），设置对角线上方文字为“阶段”、下方文字为“种类”；设置表格第 2～5 列列宽为 2 厘米；设置表格居中、表格中除第 1 行第 1 列单元格外的所有单元格内容水平居中。

5. 为表格的第 1 行添加“茶色，背景 2，深色 25%”底纹，为其余行添加“白色，背景 1，深色 5%”底纹。

图 3-11-1 是按照上述操作要求制作的样文。

第 1 小题：

步骤 1：打开考生文件夹下的 WORD.docx 文件，在“开始”选项卡下“编辑”组中单击“替换”按钮，在弹出的“查找和替换”对话框的“替换”选项卡下“查找内容”文本框中输入“按理”，在“替换为”文本框中输入“案例”，单击“全部替换”按钮，单击“确定”按钮，单击“关闭”按钮。

研究报告

北京市动漫企业国际化发展路径案例研究

北京市重视动漫文化产业国际化，虽然企业国际化成长理论已受到国内外学者重视且有相关理论研究积累，但针对动漫企业国际化的研究成果较少，运用案例研究方法的研究成果更少，鲜有对动漫企业进行实地调研从而进行案例分析的研究，这种状况不利于指导北京市动漫企业国际化成长，所以本文用多案例研究方法对北京市典型动漫企业国际化路径进行研究。本文采取多案例研究方法还出于以下原因：

(1) 案例研究方法适合于过程和机理类问题的研究，有助于揭示组织的整体性、动态性问题。本课题的研究问题是北京市动漫产业国际化成长战略与路径，因而考虑通过北京市具体动漫企业案例研究来揭示其战略与路径。

(2) 案例研究方法适合于特定情境下的问题研究，北京市动漫企业国际化问题是有别于已有研究的一个新情境下的研究问题。

(3) 多案例研究方法通常可以获得更为严谨、一般化及可以验证的理论命题。多案例研究方法比单案例研究方法更具普适性、稳健性和精炼性。本课题挑选12个具有典型性和对比性的案例进行研究分析：9家北京市典型代表性动漫游戏企业，其中幸星动画、每日视界是典型国际化动画、漫画企业，完美世界、昆仑万维、智明星通是典型国际化游戏企业；2家动漫游戏产业政府主管机构是北京市文化创意产业促进中心和朝阳区文化创意产业发展中心；1家行业组织是北京动漫游戏产业联盟。

a）

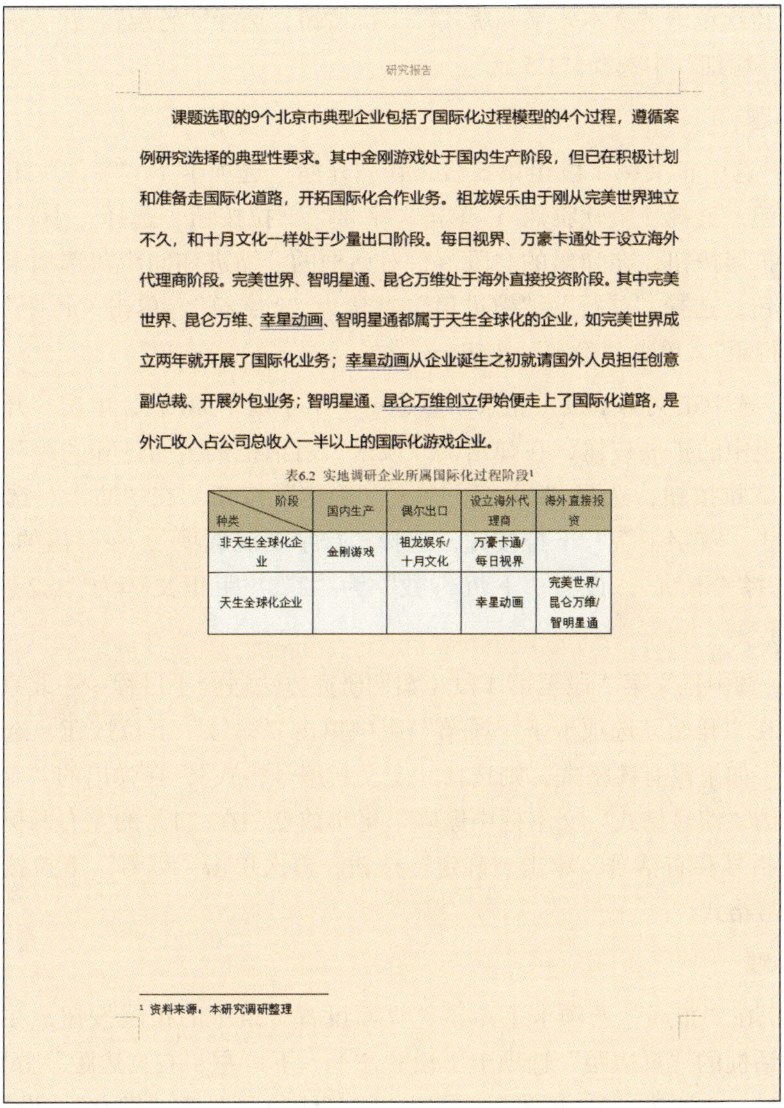

研究报告

课题选取的9个北京市典型企业包括了国际化过程模型的4个过程，遵循案例研究选择的典型性要求。其中金刚游戏处于国内生产阶段，但已在积极计划和准备走国际化道路，开拓国际化合作业务。祖龙娱乐由于刚从完美世界独立不久，和十月文化一样处于少量出口阶段。每日视界、万豪卡通处于设立海外代理商阶段。完美世界、智明星通、昆仑万维处于海外直接投资阶段。其中完美世界、昆仑万维、幸星动画、智明星通都属于天生全球化的企业，如完美世界成立两年就开展了国际化业务；幸星动画从企业诞生之初就请国外人员担任创意副总裁、开展外包业务；智明星通、昆仑万维创立伊始便走上了国际化道路，是外汇收入占公司总收入一半以上的国际化游戏企业。

表6.2 实地调研企业所属国际化过程阶段[1]

阶段 种类	国内生产	偶尔出口	设立海外代理商	海外直接投资
非天生全球化企业	金刚游戏	祖龙娱乐/十月文化	万豪卡通/每日视界	
天生全球化企业			幸星动画	完美世界/昆仑万维/智明星通

[1] 资料来源：本研究调研整理

b）

图 3-11-1　样文

步骤 2：选中标题段文字（北京市动漫企业国际化发展路径案例研究），在“开始”选项卡下“字体”组中单击“字体”下拉按钮，选择“仿宋”；单击“字号”下拉按钮，选择“二号”；单击“字体颜色”下拉按钮，选择“颜色”为“标准色”中的“紫色”；单击“加粗”按钮。单击“字体”组中的扩展按钮，在弹出的“字体”对话框中切换到“高级”选项卡下，单击“间距”下拉按钮，选择“紧缩”，设置“磅值”为“1.5 磅”，单击“确定”按钮。在“段落”组中单击“居中”按钮。

步骤 3：选中标题段文字（北京市动漫企业国际化发展路径案例研究），在“字体”组中单击“文本效果和版式”下拉按钮，选择“发光变体”中的“发光：18 磅；红色，主题色 2”。再次单击“文本效果和版式”下拉按钮，选择“轮廓”，在“虚线”中选择“圆点”，在“粗细”中选择“1.5 磅”。

第 2 小题：

步骤 1：选中正文第 1 段至第 5 段，在“开始”选项卡下“字体”组中单击“字体”下拉按钮，选择“微软雅黑”；单击“字号”下拉按钮，选择“小四”。单击“段落”组中的扩展按钮，在弹出的“段落”对话框的“缩进和间距”选项卡下单击“特殊”下拉按钮，选择“首行”、“缩进值”默认为“2 字符”。单击“行距”下拉按钮，选择“单倍行距”，单击“确定”按钮。

步骤 2：选中正文第 1 段（北京市重视……出于以下原因），单击“开始”选项卡下“段落”组中的扩展按钮，在弹出的“段落”对话框的“缩进和间距”选项卡下单击“特殊”下拉按钮，选择“(无)”，单击“确定”按钮。在“插入”选项卡下“文本”组中单击“首字下沉”下拉按钮，选择“首字下沉选项”，在弹出的“首字下沉”对话框中选择“下沉”，设置“下沉行数”为“2”、“距正文”为“0.2 厘米”，单击“确定”按钮。

步骤 3：选中正文第 2 段至第 4 段（案例研究方法适合于过程……北京动漫游戏产业联盟。），在“开始”选项卡下“段落”组中单击“编号”下拉按钮，选择题面要求的编号格式。如果没有该格式，则选择“定义新编号格式”，在弹出的“定义新编号格式”对话框的“编号格式”文本框中删除末尾小数点，在“1”的左右两侧分别输入英文状态的左括号和右括号，单击“确定”按钮。再次单击“编号”下拉按钮，选择刚才新建的编号格式。

第 3 小题：

步骤 1：在“布局”选项卡下单击“页面设置”组中的扩展按钮，在弹出的“页面设置”对话框的“页边距”选项卡下设置“上、下、左、右页边距”分别为“2.3 厘米、2.3 厘米、3.2 厘米、2.8 厘米”，设置“装订线位置”为“靠左”、设置“装订线”为“0.5 厘米”，单击“确定”按钮。

步骤 2：将光标定位在第 5 段（课题选取的……一半以上的国际化游戏企业）开头，在“布局”选项卡下“页面设置”组中单击“分隔符”下拉按钮，选择“分页符”。

步骤 3：在“插入”选项卡下“页眉和页脚”组中单击“页眉”下拉按钮，选择“空白”，输入文字“研究报告”，单击“关闭”组中的“关闭页眉和页脚”按钮。

步骤 4：在“设计”选项卡下“页面背景”组中单击“页面颜色”下拉按钮，选择“橙色，个性色 6，淡色 80%”。

步骤 5：选中文档倒数第 4 行文字（表 6.2　实地调研企业所属国际化过程阶段），在“引用”选项卡下“脚注”组中单击“插入脚注”按钮，按照题面要求，输入脚注内容为“资料来源：本研究调研整理”。

第 4 小题：

步骤 1：选中文档最后 3 行文字，在“插入”选项卡下“表格”组中单击“表格”下拉按钮，选择“文本转换成表格”，单击“确定”按钮。

步骤 2：选中表格第 1 行第 1 列单元格，在“表格工具”|“表设计”选项卡下单击“边框”组中的“边框”下拉按钮，选择“斜下框线”。此时对角线下方文字为“种类”，将光标定位在对角线上方合适位置，输入“阶段”。

步骤 3：选中表格第 2、3、4、5 列，在“表格工具”|“布局”选项卡下“单元格大小”组中输入表格“宽度”为“2 厘米”，按 Enter 键完成输入。

步骤 4：选中整个表格，在“表”组中单击“属性”按钮，在弹出的“表格属性”对话框中选择“对齐方式”为“居中”，单击“确定”按钮。选中表格中除第 1 行第 1 列单元格外的所有单元格，在“对齐方式”组中单击“水平居中”按钮。

第 5 小题：

步骤 1：选中表格第 1 行，在“表格工具”|“表设计”选项卡下单击“表格样式”组中的“底纹”下拉按钮，选择“茶色，背景 2，深色 25%”。选中其余行，按照类似的方法添加“白色，背景 1，深色 5%”底纹。

步骤 2：保存并关闭文件。

十二、基本操作 12

在考生文件夹下打开文件 WORD.docx，按照要求完成下列操作并以该文件名（WORD.docx）保存文件。

1. 将标题段（北京市高考报名人数连续 11 年下降）的阴影效果设置为“外部”中的“偏移：右上”、阴影颜色为红色（标准色）；将标题段文字设置为小二、微软雅黑、加粗、居中，将文字间距加宽 1.5 磅。

2. 设置页面纸张大小为 A4（21 厘米 ×29.7 厘米）；在页面底端插入“普通数字 1”样式页码，设置页码编号格式为“-1-，-2-，-3-，…”、起始页码为“-3-”；在页面顶端插入空白型页眉，页眉内容为文档主题；将页面颜色的填充效果设置为“纹理”中的“新闻纸”；为页面添加内容为“高考”的文字水印，设置水印颜色为红色（标准色）。

3. 将正文各段文字（北京教育考试院……243 人。）设置为小四、宋体、行距 1.25 倍、段前间距 0.5 行，设置正文第 1 段（北京教育考试院……6402 人。）为首字下沉 2 行、距正文 0.2 厘米，设置正文其余段落（从考生类别……243 人。）首行缩进 2 字符；将正文最后一段（另外……243 人。）分为等宽两栏，在栏间添加分隔线。

4. 将文档中最后 13 行文字转换成一个 13 行 5 列的表格；在表格下方添加一行，并在该行首列单元格中输入“合计”，在该行其余列单元格中利用公式分别计算相应列的合计值；设置表格居中、表格第 1 行和第 1 列的内容水平居中、其余单元格内容中部右对齐；设置表格列宽为 2.5 厘米、行高为 0.7 厘米，表格中所有单元格的左、右边距均为 0.25 厘米；用表格第 1 行设置表格“重复标题行”。

5. 设置表格外侧框线和第 1～2 行间的内部框线为红色（标准色）0.75 磅双窄线、其余内部框线为红色（标准色）0.5 磅单实线；设置表格底纹颜色为主题颜色“橙色，个性色 6，淡色 80%”。

图 3-12-1 是按照上述操作要求制作的样文。

第 1 小题：

步骤 1：打开考生文件夹下的 WORD.docx 文件，选中标题段（北京市高考报名人数连续 11 年下降），在“开始”选项卡下“字体”组中单击“文本效果和版式”下拉按钮，选择“阴影”中的“阴影选项”。在弹出的“设置文本效果格式”任务窗格的“文字效果”选项卡下单击“预设”下拉按钮，选择“外部”中的“偏移：右上”。单击“颜色”下拉按钮，选择“标准色”中的“红色”，单击“关闭”按钮。

步骤 2：选中标题段（北京市高考报名人数连续 11 年下降），在“开始”选项卡下“字体”组中单击“字体”下拉按钮，选择“微软雅黑”。单击“字号”下拉按钮，选择“小二”。单击“加粗”按钮给标题加粗。单击“字体”组中的扩展按钮，在弹出的“字体”对话框中切换到“高级”选项卡下，单击“间距”下拉按钮，选择“加宽”，设置

“磅值”为“1.5 磅”，单击“确定”按钮。在“段落”组中单击“居中”按钮。

第 2 小题：

步骤 1：在“布局”选项卡下“页面设置”组中单击“纸张大小”下拉按钮，选择“A4”。

步骤 2：在“插入”选项卡下“页眉和页脚”组中单击“页码”下拉按钮，选择“页面底端”中的“普通数字 1”，在“页眉和页脚工具”|“页眉和页脚”选项卡下单击“页眉和页脚”组中的“页码”下拉按钮，选择“设置页码格式”，设置“编号格式”为“-1-，-2-，-3-，…”、“起始页码”为“-3-”，单击“确定”按钮。

北京市高考人数变迁

北京市高考报名人数连续 11 年下降

北京教育考试院对外公布的消息显示，北京市 2017 年的高考报名总数为 60638 人，其中 54236 人报名参加全国统考，6402 人报名参加高职单考单招。

从考生类别看，应届生 56776 人，往届生 3862 人；男生 29032 人，女生 31606 人；城镇考生 45570 人，农村考生 15068 人；在报名参加统考的考生中，文史类考生 17641 人，理工类考生 36595 人。

与历年的数据对比，2017 年北京高考报名总人数比 2016 年下降 584 人，北京高考报名人数已连续 11 年下降。从 2006 年的 12.6 万人逐步递减，2007 年 12.5 万人，2008 年 11.8 万人，2009 年 10.1 万人，2010 年 8.1 万人，2011 年 7.6 万人，2012 年 7.3 万人，2013 年 72736 人，2014 年 70517 人，2015 年 6.7 万人，2016 年 6.12 万人，直至今年的 6.06 万人。

本市少数民族加分政策 2017 年缩紧，加分范围仅限于“边疆、山区、牧区、少数民族聚居地区在高中阶段转学到本市就读的少数民族考生”，这些考生可加 5 分，此项加分政策只适用于市属高校录取。往年本市高考加分考生中，少数民族考生占比很高，政策调整后，享受加分的少数民族考生数量将减少。

依据高招政策，散居在汉族地区的少数民族考生可享受“优先照顾”，即在与汉族考生同等条件下，优先录取。

另外，今年北京市继续实施进城务工人员随迁子女在京参加高职招生考试政策，共有 391 名考生提出申请。经审核，符合条件并参加高考报名 243 人。

2006-2017 年北京市高考报名人数

年份	人数	普通文科	普通理科	其他
2006 年	126027	37433	72826	15768
2007 年	125435	35837	74039	15559
2008 年	118106	33642	70147	14317
2009 年	100335	29140	59052	12143
2010 年	80241	25643	48365	6233
2011 年	76007	25418	45439	5150
2012 年	73460	22855	45494	5111
2013 年	72736	20913	46455	5368

-3-

a）

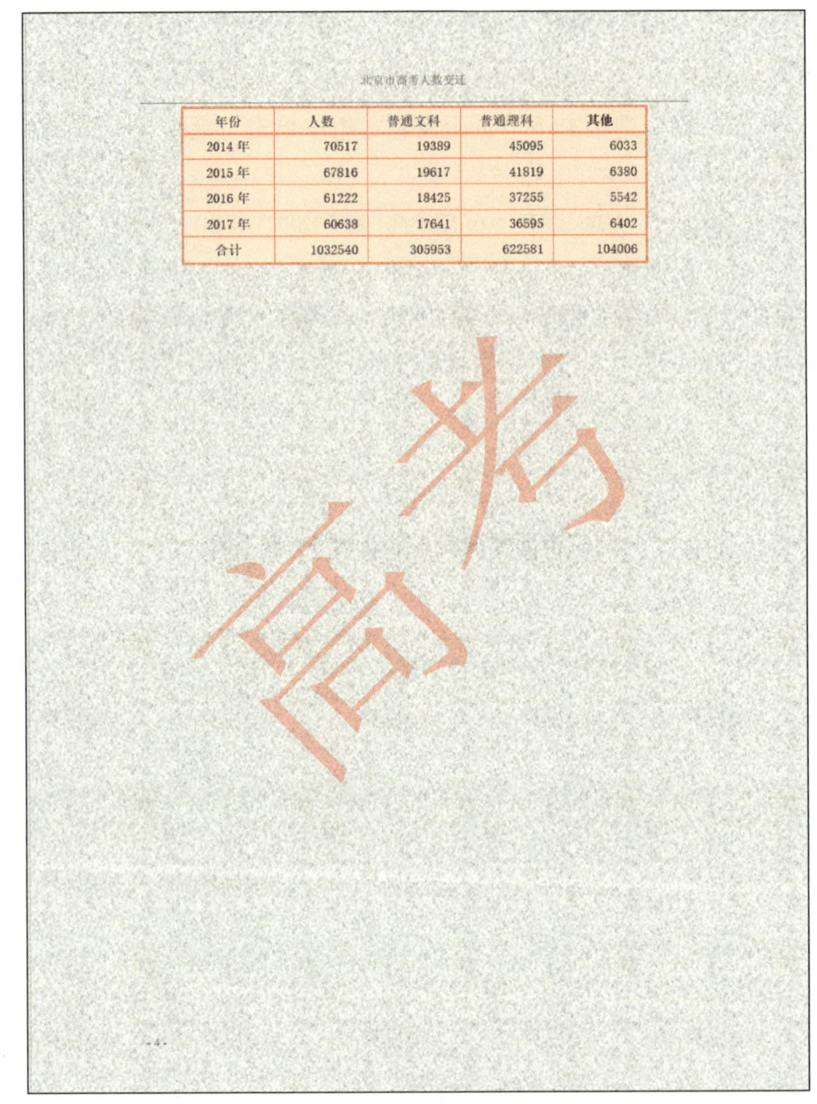

北京市高考人数变迁

年份	人数	普通文科	普通理科	其他
2014 年	70517	19389	45095	6033
2015 年	67816	19617	41819	6380
2016 年	61222	18425	37255	5542
2017 年	60638	17641	36595	6402
合计	1032540	305953	622581	104006

高考

-4-

b）

图 3-12-1　样文

步骤 3：在“页眉和页脚工具”|“页眉和页脚”选项卡下单击“页眉和页脚”组中的“页眉”下拉按钮，选择“空白”，在“插入”组中单击“文档部件”下拉按钮，选择“文档属性”中的“主题”，单击“关闭”组中的“关闭页眉和页脚”按钮。

步骤 4：在“设计”选项卡下“页面背景”组中单击“页面颜色”下拉按钮，选择“填充效果”，在弹出的“填充效果”对话框中切换到“纹理”选项卡下，选择“新闻纸”，单击“确定”按钮。

步骤 5：在“页面背景”组中单击“水印”下拉按钮，选择“自定义水印”，选中“文字水印”单选框，输入“文字”为“高考”，单击“颜色”下拉按钮，选择“标准色”中的“红色”，单击“确定”按钮。

第 3 小题：

步骤 1：选中正文各段文字（北京教育考试院……243 人。），在“开始”选项卡下“字体”组中单击“字体”下拉按钮，选择“宋体”。单击“字号”下拉按钮，选择“小四”。单击“段落”组中的扩展按钮，在弹出的“段落”对话框的“缩进和间距”选项卡下单击“行距”下拉按钮，选择“多倍行距”、“设置值”为“1.25”，设置“段前间距”为“0.5 行”，单击“确定”按钮。

步骤 2：选中正文第 1 段（北京教育考试院……6402 人。），在“插入”选项卡下“文本”组中单击“首字下沉”下拉按钮，选择“首字下沉选项”，在弹出的“首字下沉”对话框中选择“下沉”、“下沉行数”为“2”、“距正文”为“0.2 厘米”，单击“确定”按钮。

步骤 3：选中正文其余段落（从考生类别……243 人。），在“开始”选项卡下单击“段落”组中的扩展按钮，在弹出的“段落”对话框的“缩进和间距”选项卡下单击“特殊”下拉按钮，选择“首行”、“缩进值”默认为“2 字符”，单击“确定”按钮。

步骤 4：选中正文最后一段（另外……243 人。），在“布局”选项卡下“页面设置”组中单击“栏”下拉按钮，选择“更多栏”，在弹出的“栏”对话框中选择“两栏”，勾选“分隔线”复选框，单击“确定”按钮。

第 4 小题：

步骤 1：选中文档中最后 13 行文字，在“插入”选项卡下“表格”组中单击“表格”下拉按钮，选择“文本转换成表格”，单击“确定”按钮。

步骤 2：将光标定位在表格最后一行，在“表格工具”|“布局”选项卡下“行和列”组中单击“在下方插入”按钮在表格下方添加一行。在该行首列单元格中输入“合计”，将光标定位在该行第 2 列单元格中，在“数据”组中单击“公式”按钮，默认公式为“=SUM(ABOVE)”，直接单击“确定”按钮。按照同样的方法计算其余列的合计值。

步骤 3：选中整个表格，在“表格工具”|“布局”选项卡下“表”组中单击“属性”按钮。在弹出的“表格属性”对话框的“表格”选项卡下选择“对齐方式”为“居中”。切换到“行”选项卡下，勾选“指定高度”复选框，输入“0.7 厘米”，选择“行高值是”为“固定值”。切换到“列”选项卡下，勾选“指定宽度”复选框，输入“2.5 厘米”，单击“确定”按钮。

步骤 4：分别选中表格第 1 行和第 1 列，在“表格工具”|“布局”选项卡下“对齐方式”组中单击“水平居中”按钮设置第 1 行第 1 列水平居中。按照类似的方法设置其余单元格内容的对齐方式为中部右对齐。

步骤 5：选中整个表格，在“对齐方式”组中单击“单元格边距”按钮，在弹出的

“表格选项”对话框中设置“左、右默认单元格边距”均为“0.25 厘米”，单击“确定”按钮。

步骤 6：选中表格第 1 行，在“数据”组中单击“重复标题行”按钮。

第 5 小题：

步骤 1：选中整个表格，在“表格工具”|“表设计”选项卡下单击“边框”组中的“边框”下拉按钮，选择“边框和底纹”，在弹出的“边框和底纹”对话框的“边框”选项卡下单击“方框”按钮，选择“样式”为“双窄线”、“颜色”为“标准色”中的“红色”、“宽度”为“0.75 磅”。单击“自定义”按钮，选择“样式”为“单实线”、“颜色”为“标准色”中的“红色”、“宽度”为“0.5 磅”，在右侧“预览”区域单击两个“内部框线”按钮。

步骤 2：切换到“底纹”选项卡下，单击“填充”下拉按钮，选择“橙色，个性色 6，淡色 80%”，单击“确定”按钮。

步骤 3：选中表格第 1 行，在“表格工具”|“表设计”选项卡下“边框”组中单击“边框”下拉按钮，选择“边框和底纹”，在弹出的“边框和底纹”对话框的“边框”选项卡下选择设置好的红色 0.75 磅双窄线，在右侧“预览”区域单击两次“下框线”按钮，单击“确定”按钮。

步骤 4：保存并关闭文件。

十三、基本操作 13

在考生文件夹下打开文件 WORD.docx，按照要求完成下列操作并以该文件名（WORD.docx）保存文件。

1. 将文档中所有错词“经纪”替换为“经济”；将标题段文字（六指标凸显 60 多年中国经济变化）设置为小二、红色（标准色）、黑体、加粗、居中，将文字间距加宽 2 磅，设置段后间距为 1 行；为标题段文字添加蓝色（标准色）双波浪下画线，并设置文字阴影效果为“外部”中的“偏移：右”。

2. 设置正文各段落（对于……很长的路要走。）首行缩进 2 字符、1.25 倍行距；为正文第 3 段至第 8 段（综合国力……迈进。）添加“ ”样式的自动编号。将正文第 9 段（中国……很长的路要走。）分为等宽的两栏，在栏间添加分隔线；为表题（2016 年 GDP 排名前 10 位的国家）添加脚注，脚注内容为“来源：世界银行资料”。

3. 设置页面左、右页边距均为 3.5 厘米，装订线位于靠左 1 厘米处；在页面底端插入“普通数字 2”样式页码，并设置页码编号格式为“i，ii，iii，...”、起始页码为“iii”；为文档添加文字水印，水印内容为“伟大祖国”，水印颜色为红色（标准色）。

4. 将文中最后 11 行文字转换为一个 11 行 4 列的表格，设置表格居中、表格中第 1 行和第 1、2 列的内容水平居中、其余内容中部右对齐；设置表格第 1、2 列列宽为 2 厘米，第 3、4 列列宽为 3 厘米，行高为 0.6 厘米；设置表格单元格的左边距为 0.1 厘米、右边距为 0.4 厘米。

5. 用表格第 1 行设置表格“重复标题行”；按主要关键字“人均 GDP（美元）”列依据“数字”类型降序排列表格内容；设置表格外侧框线和第 1 ~ 2 行间的内部框线为蓝色（标准色）1.5 磅单实线、其余内部框线为蓝色（标准色）0.5 磅单实线。

图 3-13-1 是按照上述操作要求制作的样文。

第 1 小题：

步骤 1：打开考生文件夹下的 WORD.docx 文件，单击“开始”选项卡下“编辑”组中的“替换”按钮。在弹出的“查找和替换”对话框的“替换”选项卡下“查找内容”文本框中输入“经纪”，在“替换为”文本框中输入“经济”，单击“全部替换”按钮，单击“确定”按钮，单击“关闭”按钮。

步骤 2：选中标题段，单击“开始”选项卡下“字体”组中的扩展按钮，在弹出的“字体”对话框的“字体”选项卡下单击“中文字体”下拉按钮，选择“黑体”，设置“字形”为“加粗”、“字号”为“小二”，单击“字体颜色”下拉按钮，选择“标准色”中的“红色”。单击“下画线线型”下拉按钮，选择“双波浪线”。单击“下画线颜色”下拉按钮，选择“标准色”中的“蓝色”。切换到“高级”选项卡下，单击“间距”下拉按钮，选择“加宽”，设置“磅值”为“2 磅”，单击“确定”按钮。在“字体”组中单击“文本效果和版式”下拉按钮，选择“阴影”中的“外部”中的“偏移：右”。

步骤 3：选中标题段，在“段落”组中单击“居中”按钮，单击“段落”组中的扩展按钮，在弹出的“段落”对话框的“缩进和间距”选项卡下设置“段后间距”为“1行”，单击“确定”按钮。

第 2 小题:

步骤 1：选中正文各段落，单击“开始”选项卡下“段落”组中的扩展按钮，在弹出的“段落”对话框的“缩进和间距”选项卡下单击“特殊”下拉按钮，选择“首行”、“缩进值”默认为“2 字符”，单击“行距”下拉按钮，选择“多倍行距”、“设置值”为“1.25”，单击“确定”按钮。

步骤 2：选中正文第 3 段至第 8 段（综合国力……迈进。)，在“开始”选项卡下“段落”组中单击“编号”下拉按钮，选择题面要求的编号格式。如果没有该格式，可以选择“定义新编号格式”自行创建。

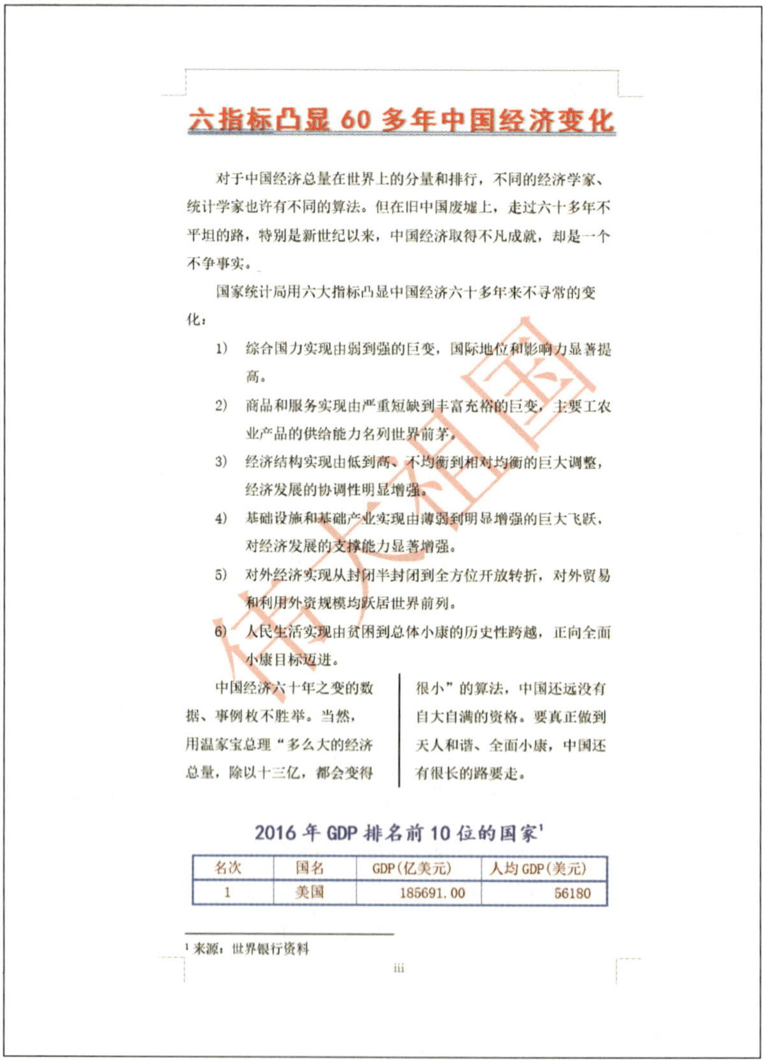

六指标凸显 60 多年中国经济变化

对于中国经济总量在世界上的分量和排行，不同的经济学家、统计学家也许有不同的算法。但在旧中国废墟上，走过六十多年不平坦的路，特别是新世纪以来，中国经济取得不凡成就，却是一个不争事实。

国家统计局用六大指标凸显中国经济六十多年来不寻常的变化：

1) 综合国力实现由弱到强的巨变，国际地位和影响力显著提高。
2) 商品和服务实现由严重短缺到丰富充裕的巨变，主要工农业产品的供给能力名列世界前茅。
3) 经济结构实现由低到高、不均衡到相对均衡的巨大调整，经济发展的协调性明显增强。
4) 基础设施和基础产业实现由薄弱到明显增强的巨大飞跃，对经济发展的支撑能力显著增强。
5) 对外经济实现从封闭半封闭到全方位开放转折，对外贸易和利用外资规模均跃居世界前列。
6) 人民生活实现由贫困到总体小康的历史性跨越，正向全面小康目标迈进。

中国经济六十年之变的数据、事例枚不胜举。当然，用温家宝总理“多么大的经济总量，除以十三亿，都会变得很小”的算法，中国还远没有自大自满的资格。要真正做到天人和谐、全面小康，中国还有很长的路要走。

2016 年 GDP 排名前 10 位的国家[1]

名次	国名	GDP(亿美元)	人均 GDP(美元)
1	美国	185691.00	56180

[1] 来源：世界银行资料

iii

a）

名次	国名	GDP(亿美元)	人均 GDP(美元)
4	德国	34667.57	43660
10	加拿大	15297.60	43660
5	英国	26188.86	42390
6	法国	24654.54	38950
3	日本	49393.84	38000
8	意大利	18499.70	31590
9	巴西	17961.87	8840
2	中国	111991.45	8260
7	印度	22635.23	1680

b）

图 3-13-1　样文

步骤 3：选中正文第 9 段（中国……很长的路要走。），在“布局”选项卡下“页面设置”组中单击“栏”下拉按钮，选择“更多栏”，选择“两栏”，勾选“分隔线”复选框，单击“确定”按钮。

步骤 4：选中表题（2016 年 GDP 排名前 10 位的国家），在“引用”选项卡下“脚注”组中单击“插入脚注”按钮，按照题面要求，输入脚注内容为“来源：世界银行资料”。

第 3 小题：

步骤 1：将光标定位在正文中，单击“布局”选项卡下“页面设置”组中的扩展按钮，在弹出的“页面设置”对话框的“页边距”选项卡下设置“左、右页边距”均为“3.5 厘米”，设置“装订线位置”为“靠左”、“装订线”为“1 厘米”，单击“应用于”下拉按钮，选择“整篇文档”，单击“确定”按钮。

步骤 2：在“插入”选项卡下“页眉和页脚”组中单击“页码”下拉按钮，选择“页面底端”中的“普通数字 2”，在“页眉和页脚工具”|“页眉和页脚”选项卡下单击“页眉和页脚”组中的“页码”下拉按钮，选择“设置页码格式”，设置“编号格式”为“i，ii，iii，…”、“起始页码”为“iii”，单击“确定”按钮，将光标定位在第 2 页的页码处，按照同样的方法，设置“编号格式”为“i，ii，iii，…”、“起始页码”为“iii”，在“关闭”组中单击“关闭页眉和页脚”按钮。

步骤 3：在“设计”选项卡下“页面背景”组中单击“水印”下拉按钮，选择“自定义水印”，在弹出的“水印”对话框中选中“文字水印”单选框，输入“文字”为“伟大祖国”，将“颜色”设置为“标准色”中的“红色”，单击“确定”按钮。

第 4 小题：

步骤 1：选中最后 11 行文字，在“插入”选项卡下“表格”组中单击“表格”下拉按钮，选择“文本转换成表格”，单击“确定”按钮。

步骤 2：选中整个表格，在“表格工具”|“布局”选项卡下“表”组中单击“属性”按钮。在弹出的“表格属性”对话框的“表格”选项卡下选择“对齐方式”为“居中”。切换到“行”选项卡下，勾选“指定高度”复选框，输入“0.6 厘米”，选择“行高值是”为“固定值”，单击“确定”按钮。选中表格第 1 ~ 2 列，在“表格工具”|“布局”选项卡下“单元格大小”组中输入表格“宽度”为“2 厘米”，按 Enter 键完成。按照同样的方法设置其余列宽。

步骤 3：选中表格第 1 行，在“表格工具”|“布局”选项卡下“对齐方式”组中单击“水平居中”按钮。按照同样的方法，根据题面要求设置其余单元格内容的对齐方式。

步骤 4：选中整个表格，在“对齐方式”组中单击“单元格边距”按钮，在弹出的“表格选项”对话框中设置“左边距”为“0.1 厘米”、“右边距”为“0.4 厘米”，单击“确定”按钮。

第 5 小题：

步骤 1：选中表格第 1 行，在“表格工具”|“布局”选项卡下“数据”组中单击“重复标题行”按钮。

步骤 2：选中整个表格，在“表格工具”|“布局”选项卡下“数据”组中单击“排序”按钮，选择“主要关键字”为“人均 GDP(美元)”、“类型”为“数字”，选中“降序”单选框，单击“确定”按钮。

步骤 3：选中整个表格，在“表格工具”|“表设计”选项卡下单击“边框”组中

的“边框”下拉按钮，选择“边框和底纹”。在弹出的“边框和底纹”对话框的“边框”选项卡下单击“方框”按钮，选择“样式”为“单实线”、“颜色”为“标准色”中的“蓝色”、“宽度”为“1.5 磅”。单击“自定义”按钮，保持“样式”和“颜色”不变，设置“宽度”为“0.5 磅”，在右侧“预览”区域单击两个“内部框线”按钮，单击“确定”按钮。选中表格第 1 行，单击“边框”下拉按钮，选择“边框和底纹”。保持“样式”和“颜色”不变，设置“宽度”为“1.5 磅”，在右侧“预览”区域单击两次“下框线”按钮，单击“确定”按钮。

步骤 4：保存并关闭文件。

十四、基本操作 14

在考生文件夹下打开文件 WORD.docx，按照要求完成下列操作并以该文件名（WORD.docx）保存文件。

1. 将标题段文字（指标体系构建）设置为小一、华文新魏、加粗、居中；设置其阴影效果为“透视：左下”、阴影颜色为紫色（标准色）；将标题段文字间距紧缩 1.3 磅。

2. 将正文各段文字（本文指标体系的构建……如表 3.1 所示。）的中文字体设置为小四、仿宋，西文字体设置为 Times New Roman，段落格式设置为 1.15 倍行距、段前间距 0.4 行；将正文中的 5 个小标题“(1)、(2)、(3)、(4)、(5)”修改成新定义的项目符号“▶▶”（webdings 字体，注意：如果设置项目符号带来字号变化请及时修正，没有则忽略此提示）；在正文倒数第 2 段（综上所述，……如图 3.1 所示。）前插入考生文件夹下的图片“图 3.1.jpg”，设置图片大小缩放为“高度 80%，宽度 80%”，文字环绕为上下型，设置图片颜色的色温为 4700 K。

3. 在页面底端插入“普通数字 2”样式页码，设置页码编号格式为“–1–，–2–，–3–，…”、起始页码为“–3–”；在“文件”菜单下修改该文档的高级属性，设置作者为“NCRE”、单位为“NEEA”、文档标题为“Office 字处理应用”；在页面顶端插入空白型页眉，页眉内容为该文档主题；为页面添加文字水印“学位论文”。

4. 将文中最后 25 行文字（“表 3.1　指标文献依据表”之后的所有文字）按照制表符转换成一个 16 行 3 列的表格；合并第 1 列的第 2 ~ 6、7 ~ 9、10 ~ 12、13 ~ 14、15 ~ 16 单元格；将表格所有文字设置为小四、中文字体为仿宋、西文字体为 Times New Roman，根据内容自动调整表格；设置表格居中、表格标题行重复；设置表标题“表 3.1　指标文献依据表”字体为四号、华文楷体、居中。

5. 设置表格外侧框线和第 1 ~ 2 行间的内部框线为蓝色（标准色）1.5 磅单实线、其余内部框线为蓝色（标准色）0.75 磅单实线；为表格第 1 行和第 1 列单元格填充“紫色，个性色 4，淡色 80%”底纹。

图 3-14-1 是按照上述操作要求制作的样文。

Office 字处理应用

指标体系构建

本文指标体系的构建建立在阅读大量国内外相关文献的基础上，包括知识产权融资能力评价模型、科技型中小企业融资能力评价模型、风险投资项目评价模型、高管团队特征、新三板特征因素等方面。

➤ 知识产权融资能力评价模型

知识产权融资能力是指企业运用其所拥有的知识产权资产募集资金的能力（姚王信 & 张晓艳，2012）。泛娱乐企业的知识产权为其核心资产，并且是其核心竞争力的关键构成部分（李明星等，2013），其融资能力与其知识产权息息相关，因此本文借鉴知识产权融资能力评价模型以衡量泛娱乐企业的融资能力。

➤ 科技型中小企业融资能力评价模型

一方面，科技型和泛娱乐企业都为轻资产企业，并且以知识产权作为其核心竞争力，两类企业具有相似性，另一方面，绝大多数新三板挂牌公司为中小企业。因此构建泛娱乐新三板挂牌公司的定向增发能力指标体系，可以借鉴科技型中小企业融资能力评价模型。该模型既考虑了企业自身因素（技术能力、财务生产），也考虑了外部因素（保障能力、环境因素）。

➤ 风险投资项目评价模型

投资于企业 IPO 之前的资本，都可以称为风险投资（张学勇&廖理，2011），而新三板挂牌公司为非上市公司。此外，Li（2015）研究新三板市场发现，风险投资机构在积极认购新股，新三板市场对于投资者有一定的吸引力，是中国风险投资周期中较为重要的节点之一。因此研究泛娱乐挂牌公司的定向增发能力可以借鉴风险投资项目评价模型。

➤ 高管团队特征

直接研究高管和企业融资能力之间关系的文献较少，但企业绩效和中小企业的融资能力显著正相关，高管展现的绩效能够提升企业获得融资的能力（周中胜 & 王愫，2010），因此可以通过查阅高管和企业绩效关系的相关文献研究高管团队对企业融资能力的影响。杨浩等（2015）、林勇和周妍巧（2011）均将董事长和整个高管团队分开进行研究，发现董事长个人的学历水平对公司绩效的影响不显著，而整个高管团队的学历水平对公司绩效有显著的积极影响。对于董事长个人，其人脉阅历、眼光、性格比其教育背景更重要。本文采用杨浩等（2015）的观点，将高管团队界定为公司的董事长、董事（不包含独立董事）、总经理、副总经理、财务总监、董事会秘书等高级管理人员。

➤ 新三板特征因素

主要有转让方式和限售股比例。2014 年至 2017 年，新三板实行协议转让和

- 3 -

a）

Office 字处理应用

做市转让并存的转让制度。目前，新三板限售股的持有人主要有以下几部分组成：公司控股股东与实际控制人，公司董事、监事及高级管理人员，公司核心员工，机构投资者等。

综上所述，本文构建的泛娱乐新三板挂牌公司定向增发能力指标体系如图3.1 所示。

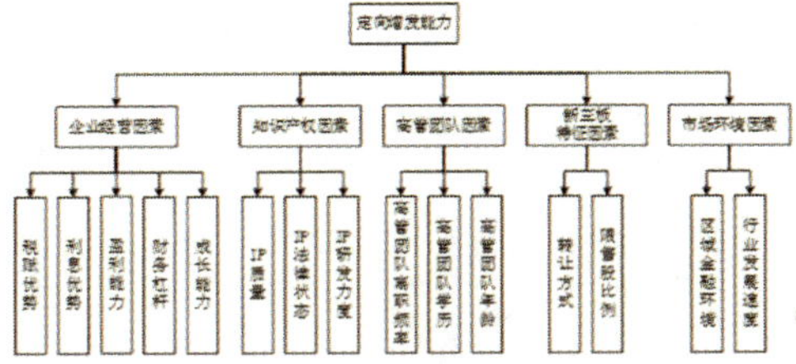

图 3.1 指标体系图

该指标体系主要包含五大方面：企业经营因素、知识产权因素、高管团队因素、新三板特征因素和市场环境因素。各指标的文献依据如表 3.1 所示。

表 3.1 指标文献依据表

指标分类	指标维度	文献依据
企业经营因素	税赋优势	吴世农和吴育辉（2008）
	利息优势	吴翠凤等（2014）
	盈利能力	陈丹华（2017）、王秀军和李曜（2016）、Dhochak 和 Sharma（2016）、牛草林和薛志丽（2013）
	财务杠杆	陈丹华（2017）、王秀军和李曜（2016）、吴翠凤等（2014）、孙林杰等（2007）
	成长能力	陈丹华（2017）、牛草林和薛志丽（2013）、姚王信和张晓艳（2012）、孙林杰等（2007）、Mason 和 Stark（2004）
知识产权因素	IP 质量	华荷锋和鲍艳利（2016）、姚王信和张晓艳（2012）
	IP 法律状态	华荷锋和鲍艳利（2016）、牛草林和薛志丽（2013）、姚王信和张晓艳（2012）
	IP 研发力度	陈丹华（2017）、孙林杰等（2007）
高管团队因素	高管团队离职频率	于然和徐瑶（2016）、Messersmith 等（2014）、乔坤元（2013）、曹廷求和张光利（2012）

b）

Office 字处理应用

指标分类	指标维度	文献依据
	高管团队学历	杨浩等（2015）、Gartner 等（2012）、林勇和周妍巧（2011）
	高管团队年龄	潘爱玲和于明涛（2013）、Wei 等（2005）
新三板特征因素	转让方式	陈辉和顾乃康（2017）、薛爽和陈逢博（2017）、Liu 和 Xu（2017）、马琳娜等（2015）、Demsetz（1968）
	限售股比例	孙杰和王新红（2010）、Friend（1988）、Jensen 和 Meckling（1979）
市场环境因素	区域金融环境	华荷锋和鲍艳利（2016）、牛草林和薛志丽（2013）
	行业发展速度	华荷锋和鲍艳利（2016）、Dhochak 和 Sharma（2016）、姚王信和张晓艳（2012）、Kira 和 He（2012）

- 5 -

c）

图 3-14-1 样文

第 1 小题：

步骤 1：打开考生文件夹下的 WORD.docx 文件，选中标题段（指标体系构建），在“开始”选项卡下“字体”组中单击“字体”下拉按钮，选择“华文新魏”，单击“字号”下拉按钮，选择“小一”，单击“加粗”按钮。在“段落”组中单击“居中”按钮。

步骤 2：选中标题段，在“字体”组中单击“文本效果和版式”下拉按钮，选择“阴影”中的“阴影选项”，在弹出的“设置文本效果格式”任务窗格的“文字效果”选项卡下单击“预设”下拉按钮，选择“透视”中的“透视：左下”，单击“颜色”下拉按钮，选择“标准色”中的“紫色”，单击“关闭”按钮。

步骤 3：选中标题段，单击“字体”组中的扩展按钮，在弹出的“字体”对话框中切换到“高级”选项卡下，单击“间距”下拉按钮，选择“紧缩”，将“磅值”设置为“1.3 磅”，单击“确定”按钮。

第 2 小题：

步骤 1：选中正文各段文字（本文指标体系的构建……如表 3.1 所示。），单击“开始”选项卡下“字体”组中的扩展按钮，在弹出的“字体”对话框中切换到“字体”选项卡下，设置“中文字体”为“仿宋”、“西文字体”为“Times New Roman”，设置“字号”为“小四”，单击“确定”按钮。

步骤 2：选中正文各段文字，单击“段落”组中的扩展按钮，在弹出的“段落”对话框的“缩进和间距”选项卡下设置“段前间距”为“0.4 行”，单击“行距”下拉按钮，选择“多倍行距”、“设置值”为“1.15”，单击“确定”按钮。

步骤 3：选中“（1）”并删除，在“段落”组中单击“项目符号”下拉按钮，选择“定义新项目符号”，在“定义新项目符号”对话框中单击“符号”按钮，在弹出的“符号”对话框中单击“字体”右侧下拉按钮，选择“Webdings”，选择题面要求的符号［字符代码：56，来自：符号（十进制）］，单击“确定”按钮，再次单击“确定”按钮。此时若字号变化，则重新选中该段，设置“字号”为“小四”。选中“（2）”并删除，单击“项目符号”下拉按钮，选中刚才新建的项目符号。按照同样的方法设置其余的“（3）”“（4）”“（5）”为“⏩”。

步骤 4：将光标定位在正文倒数第 2 段（综上所述，……图 3.1 所示。）的段首，在“插入”选项卡下“插图”组中单击“图片”按钮，选择考生文件夹下的“图 3.1.jpg”，单击“插入”按钮。

步骤 5：选中图片，在“图片工具”|“图片格式”选项卡下单击“大小”组中的扩展按钮，在弹出的“布局”对话框的“大小”选项卡下设置“缩放”的“高度”和“宽度”均为“80%”，切换到“文字环绕”选项卡下，设置“环绕方式”为“上下型”，单击“确定”按钮。在“调整”组中单击“颜色”下拉按钮，选择“色调”中的“色温：4700 K”。

第 3 小题：

步骤 1：在“插入”选项卡下“页眉和页脚”组中单击“页码”下拉按钮，选择“页面底端”中的“普通数字 2”，在“页眉和页脚工具”|“页眉和页脚”选项卡下单

击“页眉和页脚”组中的“页码”下拉按钮，选择“设置页码格式”，设置“编号格式”为“-1-，-2-，-3-，…”、“起始页码”为“-3-”，单击“确定”按钮，在“关闭”组中单击“关闭页眉和页脚”按钮。

步骤2：单击“文件”菜单，在“信息”选项下单击对话框右侧“属性”下拉按钮，选择“高级属性”。在弹出的“WORD属性”对话框中切换到“摘要”选项卡下，修改“作者”为“NCRE”、“单位”为“NEEA”、“主题”为“Office字处理应用”，单击“确定”按钮。

步骤3：单击左上角“⊖”按钮返回文档，在“插入”选项卡下“页眉和页脚”组中单击“页眉”下拉按钮，选择“空白”，在“页眉和页脚工具”|“页眉和页脚”选项卡下“插入”组中单击“文档部件”下拉按钮，选择“文档属性”中的“主题”，在“关闭”组中单击“关闭页眉和页脚”按钮。

步骤4：将光标定位在正文中，在“设计”选项卡下“页面背景”组中单击“水印”下拉按钮，选择“自定义水印”，选中“文字水印”单选框，输入“文字”为“学位论文”，单击“确定”按钮。

第4小题：

步骤1：选中最后25行文字，在“插入”选项卡下“表格”组中单击“表格”下拉按钮，选择“文本转换成表格”，单击“确定”按钮。

步骤2：选中第1列的第2～6行单元格，在“表格工具”|“布局”选项卡下“合并”组中单击“合并单元格”按钮，按照同样的方法合并其余需要合并的单元格。

步骤3：选中整个表格，在“开始”选项卡下单击“字体”组中的扩展按钮，在弹出的“字体”对话框的“字体”选项卡下设置“中文字体”为“仿宋”、“西文字体”为“Times New Roman”、“字号”为“小四”，单击“确定”按钮。

步骤4：选中整个表格，在“表格工具”|“布局”选项卡下“单元格大小”组中单击“自动调整”下拉按钮，选择“根据内容自动调整表格”。

步骤5：选中整个表格，单击“表格工具”|“布局”选项卡下“表”组中的“属性”按钮，在弹出的“表格属性”对话框的“表格”选项卡下设置“对齐方式”为“居中”，单击“确定”按钮。

步骤6：选中表格第1行，单击“表格工具”|“布局”选项卡下“数据”组中的“重复标题行”按钮。

步骤7：选中表标题，在“开始”选项卡下“字体”组中设置“字体”为“华文楷体”、“字号”为“四号”。在“段落”组中单击“居中”按钮。

第5小题：

步骤1：选中整个表格，单击“表格工具”|“表设计”选项卡下“边框”组中的

“边框”下拉按钮，选择“边框和底纹”。在弹出的“边框和底纹”对话框的“边框”选项卡下单击“方框”按钮，设置“样式”为“单实线”、“颜色”为“标准色”中的“蓝色”、“宽度”为“1.5 磅”。单击“自定义”按钮，保持“样式”和“颜色”不变，将“宽度”设置为“0.75 磅”，在右侧“预览”区域单击两个“内部框线”按钮，单击“确定”按钮。选中表格第 1 行，单击“边框”组中的“边框”下拉按钮，选择“边框和底纹”。保持“样式”和“颜色”不变，将“宽度”设置为“1.5 磅”，在右侧“预览”区域单击两次“下框线”按钮，单击“确定”按钮。

步骤 2：选中表格第 1 行，单击“表格工具”|“表设计”选项卡下“表格样式”组中的“底纹”下拉按钮，选择“紫色，个性色 4，淡色 80%”，按照同样的方法为表格第 1 列设置底纹。

步骤 3：保存并关闭文件。

十五、基本操作 15

在考生文件夹下打开文件 WORD.docx，按照要求完成下列操作并以该文件名（WORD.docx）保存文件。

1. 将标题文字（样本的选取和统计性描述）设置为二号、楷体、加粗、居中，颜色为“深蓝，文字 2，深色 50%”；将文本效果设置为“全映像：8 磅 偏移量”、透明度 80%、模糊 90 磅；为标题段文字加红色单波浪下画线，设置其文字间距紧缩 1.6 磅。

2. 设置正文第 1 ~ 4 段（本文以 2012 年修订的……描述了输入数据的统计性描述：）文字为小四、新宋体、首行缩进 2 字符、1.4 倍行距；将正文第 3 段（在全部的 154 家软件和……wind 数据库以及国泰安数据库。）的缩进格式修改为“无”，并设置该段首字下沉 2 行、距正文 0.5 厘米；在第 1 段［本文以 2012 年修订的……上市的 88 家（见下图）。］下面插入位于考生文件夹下的图片“分布图.JPG”，使图片居中放置，并将该图片的艺术效果设置为纹理化，将缩放比例设置为 50。

3. 设置页面上、下、左、右页边距分别为2.3厘米、2.3厘米、3.2厘米和2.8厘米，装订线位于靠左0.5厘米处；插入分页符将第4段（本文选取145家……描述了输入数据的统计性描述:）及其后面的文本置于第2页并在页面底端插入“X/Y”中的“加粗显示的数字1”页码；在“文件”菜单下编辑文档属性，在“属性”对话框的“摘要”选项卡下“标题”中输入“学位论文”，设置主题为“软件和信息服务业研究”，添加关键词“软件；信息服务业”；设置页面颜色为“水绿色，个性色5，淡色80%”。

4. 将文中最后5行文字按照制表符转换为一个5行7列的表格，将表格文字设置为小五、方正姚体；设置表格第2~7列列宽为1.5厘米；设置表格居中放置，除第1列外，表格中的所有单元格内容水平居中；设置表标题（表3.2　输入数据的统计性描述）为小四、黑体。

5. 为表格的第1行和第1列添加“茶色，背景2，深色25%”底纹，为其余单元格添加“白色，背景1，深色15%”底纹；在表格后插入一行文字“数据来源：国泰安数据库，Eviews6.0软件计算”，设置字号为小五、对齐方式为左对齐。

图3-15-1是按照上述操作要求制作的样文。

第1小题：

步骤1：打开考生文件夹下的WORD.docx文件，选中标题段文字（样本的选取和统计性描述），在“开始”选项卡下“字体”组中设置“字体”为“楷体”、“字号”为“二号”，单击“加粗”按钮对标题加粗，单击“字体颜色”下拉按钮，选择“深蓝，文字2，深色50%”。

步骤2：选中标题段文字，在“段落”组中单击“居中”按钮使标题居中。

步骤3：选中标题段文字，在“字体”组中单击“文本效果和版式”下拉按钮，选择“映像”中的“映像选项”，在弹出的“设置文本效果格式”任务窗格中单击“映像”中的“预设”下拉按钮，选择“映像变体”中的“全映像：8磅 偏移量”，设置“透明度”为“80%”、“模糊”为“90磅”，单击“关闭”按钮。

步骤4：选中标题段文字，单击“字体”组中的扩展按钮，在弹出的“字体”对话框的“字体”选项卡下单击“下画线线型”下拉按钮，选择单波浪下画线，设置“下画线颜色”为“标准色”中的“红色”。切换到“高级”选项卡下，单击“间距”下拉按钮，选择“紧缩”，设置“磅值”为“1.6磅”，单击“确定”按钮。

第 2 小题:

步骤 1：选中正文第 1～4 段（本文以 2012 年修订的……描述了输入数据的统计性描述:），在“开始”选项卡下“字体”组中设置“字体”为“新宋体”、“字号”为“小四”。在“段落”组中单击扩展按钮，在弹出的“段落”对话框的“缩进和间距”选项卡下单击“特殊”下拉按钮，选择“首行”、“缩进值”默认为“2 字符”。单击“行距”下拉按钮，选择“多倍行距”、“设置值”为“1.4”，单击“确定”按钮。

样本的选取和统计性描述

本文以 2012 年修订的中国证监会公布的《上市公司行业分类指引》为标准选取其下二级分类的“软件和信息技术服务业”进行研究，截至 2016 年 12 月，我国软件和信息技术服务业上市公司一共 154 家，其中在 A 股市场上市 33 家、B 股上市 2 家、中小板上市 31 家、创业板上市 88 家（见下图）。

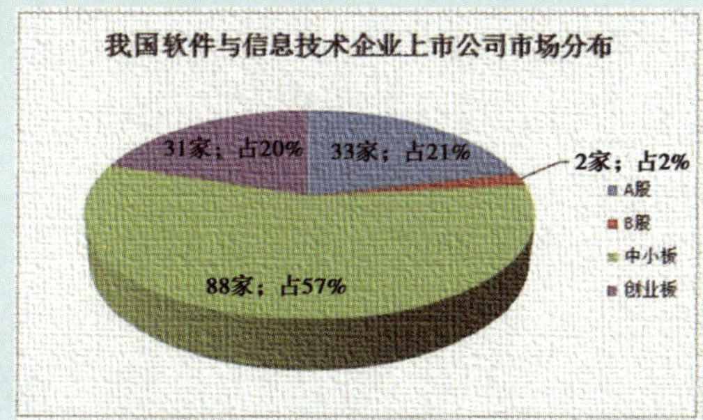

其中，中小板上市的公司超半数，中小板和创业板总数占所有软件和信息技术服务业上市公司的四分之三，数据可看出此行业以中小企业为主，这类企业创新能力强，自主性相对较高，但是在投融资活动中不占优势，具有融资较难的现状，因此，探究如何提高该行业的融资效率，在一定程度上解决该行业的融资问题是非常有意义的。

在全部的 154 家软件和信息技术服务业企业中，去掉“ST”开头的财务报表出现重大问题的公司 1 家（ST 慧球）、2013—2015 年财务数据不全的公司 8 家（神州信息、运盛医疗、佳发安泰、京天利、浩丰科技、金桥信息、中富通、网达软件），本文选取了软件和信息技术服务业剩余 145 家上市公司的2013—2015年三年的公开数据进行分析。数据全部来自上市公司年度报告、wind 数据库以及国泰安数据库。

1 / 2

a）

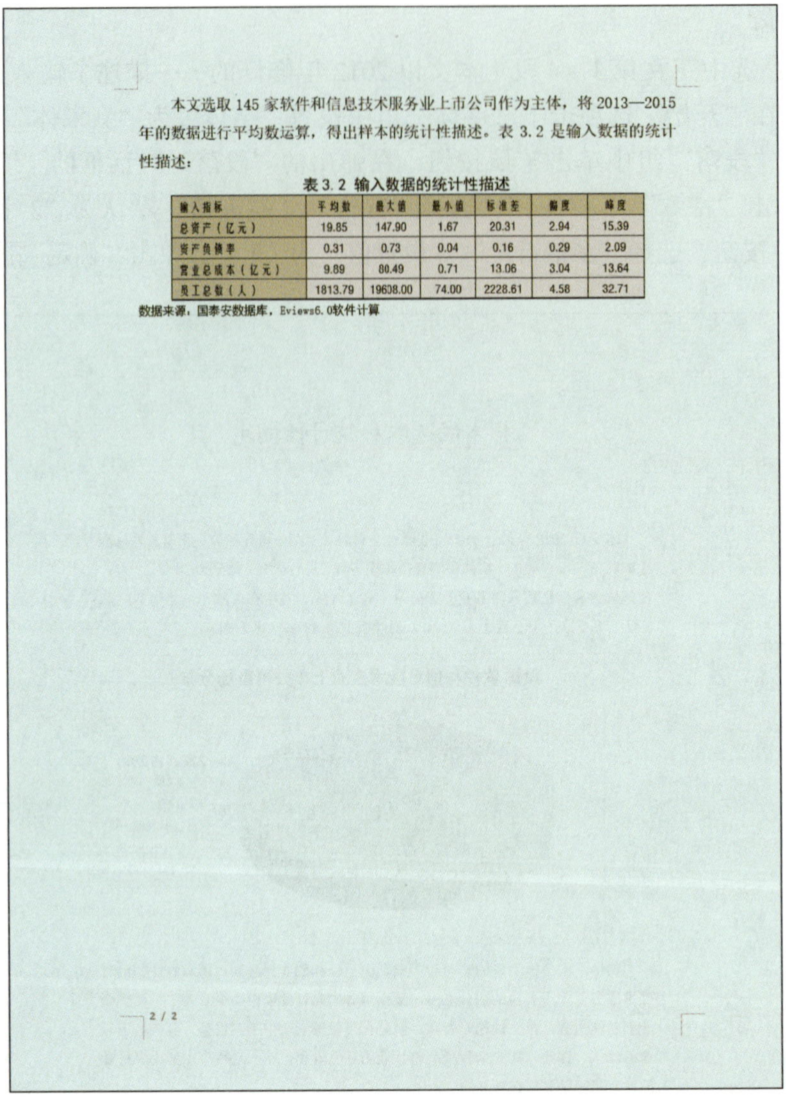

本文选取 145 家软件和信息技术服务业上市公司作为主体，将 2013—2015 年的数据进行平均数运算，得出样本的统计性描述。表 3.2 是输入数据的统计性描述：

表 3.2 输入数据的统计性描述

输入指标	平均数	最大值	最小值	标准差	偏度	峰度
总资产（亿元）	19.85	147.90	1.67	20.31	2.94	15.39
资产负债率	0.31	0.73	0.04	0.16	0.29	2.09
营业总成本（亿元）	9.89	80.49	0.71	13.06	3.04	13.64
员工总数（人）	1813.79	19608.00	74.00	2228.61	4.58	32.71

数据来源：国泰安数据库，Eviews6.0软件计算

2 / 2

b）

图 3-15-1　样文

步骤 2：选中正文第 3 段（在全部的 154 家软件和……wind 数据库以及国泰安数据库。），单击“段落”组中的扩展按钮，在弹出的“段落”对话框的“缩进和间距”选项卡下单击“特殊”下拉按钮，选择“（无）”，单击“确定”按钮。在“插入”选项卡下单击“文本”组中的“首字下沉”下拉按钮，选择“首字下沉选项”，单击“下沉”，设置“下沉行数”为“2”、“距正文”为“0.5 厘米”，单击“确定”按钮。

步骤 3：将光标定位在第 1 段文字的末尾，按 Enter 键，在“插入”选项卡下“插图”组中单击“图片”按钮，选择考生文件夹下的“分布图.JPG”，单击“插入”按钮插入图片。选中图片，在“开始”选项卡下“段落”组中单击“居中”按钮设置图片居

中。在“图片工具”|“图片格式”选项卡下单击“调整”组中的“艺术效果”下拉按钮，选择“艺术效果选项”，在弹出的“设置图片格式”任务窗格的“效果”选项卡下单击“艺术效果”下拉按钮，选择“纹理化”，设置“缩放”为“50”，单击“关闭”按钮。

第 3 小题：

步骤 1：单击“布局”选项卡下“页面设置”组中的扩展按钮，设置“上、下、左、右页边距”分别为“2.3 厘米、2.3 厘米、3.2 厘米、2.8 厘米”，设置“装订线”为“0.5 厘米”、“装订线位置”为“靠左”，单击“确定”按钮。

步骤 2：将光标定位在第 4 段（本文选取 145 家……描述了输入数据的统计性描述：）开头，在“页面设置”组中单击“分隔符”下拉按钮，选择“分页符”。在“插入”选项卡下“页眉和页脚”组中单击“页码”下拉按钮，选择“页面底端”中的“X/Y”中的“加粗显示的数字 1”，单击“关闭页眉和页脚”按钮。

步骤 3：单击“文件”菜单，在“信息”选项下单击对话框右侧“属性”下拉按钮，选择“高级属性”，在弹出的“WORD 属性”对话框中切换到“摘要”选项卡下，输入“标题”为“学位论文”、“主题”为“软件和信息服务业研究”、“关键词”为“软件；信息服务业”，单击“确定”按钮。

步骤 4：单击左上角“←”按钮返回文档，在“设计”选项卡下“页面背景”组中单击“页面颜色”下拉按钮，选择“水绿色，个性色 5，淡色 80%”。

第 4 小题：

步骤 1：选中最后 5 行文字，在“插入”选项卡下“表格”组中单击“表格”下拉按钮，选择“文本转换成表格”，单击“确定”按钮。

步骤 2：选中整个表格，在“开始”选项卡下“字体”组中设置“字体”为“方正姚体”、“字号”为“小五”。

步骤 3：选中表格第 2～7 列，在“表格工具”|“布局”选项卡下“单元格大小”组中输入表格“宽度”为“1.5 厘米”，按 Enter 键完成（此时第 3 列的列宽为 1.57 厘米，不影响考试评分）。

步骤 4：选中整个表格，在“表格工具”|“布局”选项卡下“表”组中单击“属性”按钮，在弹出的“表格属性”对话框的“表格”选项卡下设置“对齐方式”为“居中”，单击“确定”按钮。选中除第 1 列外的所有单元格，在“对齐方式”组中单击“水平居中”按钮。

步骤 5：选中表标题，在“开始”选项卡下“字体”组中设置“字体”为“黑体”、“字号”为“小四”。

第 5 小题：

步骤 1：分别选中表格第 1 行和第 1 列，在“表格工具”|“表设计”选项卡下单

击“表格样式”组中的“底纹”下拉按钮，选择“茶色，背景 2，深色 25%”，按照同样的方法为其他单元格添加对应底纹。

步骤 2：将光标定位在表格下方的空行中，输入文字“数据来源：国泰安数据库，Eviews6.0 软件计算”。选中输入的文字，在“开始”选项卡下“字体”组中设置“字号”为“小五”，在“段落”组中单击“左对齐”按钮。

步骤 3：保存并关闭文件。

十六、基本操作 16

在考生文件夹下打开文件 WORD.docx，按照要求完成下列操作并以该文件名（WORD.docx）保存文件。

1. 将标题段文字（北京市高考报名人数连续 11 年下降后首次回升）的阴影效果设置为“内部：右上”；将标题段的文本格式设置为四号、黑体、居中，将字符间距设置为紧缩 1 磅，并添加红色（标准色）单波浪下画线。

2. 设置页面纸张大小为 A4（21 厘米 ×29.7 厘米）；在页面底端插入带状物样式页码，设置页码编号格式为“–1–，–2–，–3–，…”、起始页码为“–2–”；在页面顶端插入空白型页眉，页眉内容为文档作者；将页面颜色的填充效果设置为“纹理”中的“羊皮纸”；为页面添加内容为“北京市高考”的文字型水印，水印内容的文本格式为黑体、蓝色（标准色）。

3. 将正文各段文字（2018 年 4 月 4 日……计入高考总分。）设置为 1.25 倍行距、段前间距 0.5 行；设置正文第 1 段（2018 年 4 月 4 日……公平公正。）首字下沉 2 行、距正文 0.2 厘米；为正文中三个节标题（五类考生不再加分、增加的高考照顾政策、外语听力一年两考）添加“☰”样式的编号；设置除第 1 段（2018 年 4 月 4 日……公平公正。）和三个节标题段落之外的其余正文段落首行缩进 2 字符；为正文“根据教育部文件精神……取消的高考加分项目包括：”一节的后 5 段（省级优秀学生……获奖者。）

添加样式为“□”的项目符号。

4. 将文中最后 13 行文字转换成一个 13 行 5 列的表格；在表格下方添加一行，并在该行第 1 列单元格中输入“合计”，在该行其余列单元格中利用公式分别计算相应列的合计值；设置表格居中、表格第 1 行和第 1 列的内容水平居中、其余单元格内容中部右对齐；设置表格列宽为 2.2 厘米、行高为 0.7 厘米、表格中所有单元格的左右边距均为 0.2 厘米；用表格第 1 行设置表格“重复标题行”；按“其他”列依据“数字”类型降序排列除最后一行外的其余表格内容。

5. 设置表格外侧框线和第 1 行的下框线为蓝色（标准色）0.75 磅双窄线、其余内部框线为蓝色（标准色）0.5 磅单实线；设置表格底纹颜色为主题颜色“橙色，个性色 6，淡色 60%”。

图 3-16-1 是按照上述操作要求制作的样文。

NCRE

北京市高考报名人数连续 11 年下降后首次回升

2018 年 4 月 4 日，北京市招生考试委员会 2018 年第一次会议召开。会议强调，要以全面深化改革为根本动力，以安全稳定为第一位政治责任，以提高人才选拔质量和促进考试招生公平为核心任务，全面推进依法治考，深入实施“阳光工程”，确保高考高招工作安全有序、公平公正。

北京 2018 年高考报名总数为 63073 人。从考生类别看，应届生 58162 人，往届生 4911 人；男生 30567 人，女生 32506 人；城镇考生 46919 人，农村考生 16154 人。

北京继续实施进城务工人员随迁子女在京参加高职招生考试政策，共有 486 名考生提出申请。经过市教委、市公安局、市人力社保局和各区街道、乡镇政府等相关职能部门的共同审核，符合条件并参加高考报名 309 人。

一、五类考生不再加分

根据教育部文件精神，从今年起，5 类考生不再高考加分。取消的高考加分项目包括：

- □ 省级优秀学生；
- □ 获国家二级运动员以上称号的考生；
- □ 重大国际体育比赛集体或个人项目取得前 6 名，全国性体育比赛个人项目取得前 6 名的考生；
- □ 思想政治品德方面有突出事迹者；
- □ 全国中学生学科奥林匹克竞赛全国决赛一、二、三等奖者；全国青少年科技创新大赛(含全国青少年生物和环境科学实践活动)或“明天小小科学家”奖励活动或全国中小学电脑制作活动一、二等奖者；在国际科学与工程大奖赛或国际环境科研项目奥林匹克竞赛中获奖者。

二、增加的高考照顾政策

从今年开始，公安英模子女报考高校，在与其他考生同等条件下优先录取。

三、外语听力一年两考

北京高考外语听力从今年开始实行一年两考。

英语科目第一次听力考试于 2017 年 12 月 16 日进行，第二次听力考试于 3 月 17 日进行，采用计算机考试模式;其他外语科目第一次听力考试于 1 月 8 日进行，第二次考试于 6 月 8 日进行。

外语听力考试满分 30 分，取两次听力考试的最高成绩与其他部分试题成绩一同组成外语科目成绩计入高考总分。

2006—2017 年北京市高考报名人数

年份	人数	普通文科	普通理科	其他
2006 年	126027	37433	72826	15768
2007 年	125435	35837	74039	15559

- 2 -

a）

NCRE

年份	人数	普通文科	普通理科	其他
2008 年	118106	33642	70147	14317
2009 年	100335	29140	59052	12143
2017 年	60638	17641	36595	6402
2015 年	67816	19617	41819	6380
2010 年	80241	25643	48365	6233
2014 年	70517	19389	45095	6033
2016 年	61222	18425	37255	5542
2013 年	72736	20913	46455	5368
2011 年	76007	25418	45439	5150
2012 年	73460	22855	45494	5111
合计	1032540	305953	622581	104006

北京市高考

3

b）

图 3-16-1　样文

第 1 小题：

步骤 1：打开考生文件夹下的 WORD.docx 文件，选中标题段文字（北京市高考报名人数连续 11 年下降后首次回升），在“开始”选项卡下“字体”组中单击“文本效果和版式”下拉按钮，选择“阴影”中的“内部：右上”。

步骤 2：选中标题段文字，在“字体”组中设置“字体”为“黑体”、“字号”为“四号”。在“段落”组中单击“居中”按钮。单击“字体”组中的扩展按钮，在弹出的“字体”对话框中单击“下画线线型”下拉按钮，选择“单波浪线”，设置“下画线颜色”为“标准色”中的“红色”。切换到“高级”选项卡下，单击“间距”下拉按钮，选择“紧缩”、“磅值”为“1 磅”，单击“确定”按钮。

第 2 小题：

步骤 1：在“布局”选项卡下“页面设置”组中单击“纸张大小”下拉按钮，选择“A4”。

步骤 2：在“插入”选项卡下“页眉和页脚”组中单击“页码”下拉按钮，选择“页面底端”中的“带状物”，在“页眉和页脚工具”|“页眉和页脚”选项卡下“页眉和页脚”组中单击“页码”下拉按钮，选择“设置页码格式”，在弹出的“页码格式”对话框的“编号格式”中选择“–1–，–2–，–3–，…”，设置“起始页码”为“–2–”，单击“确定”按钮。

步骤 3：在“页眉和页脚”组中单击“页眉”下拉按钮，选择“空白”，在“插入”组中单击“文档部件”下拉按钮，选择“文档属性”中的“作者”。在“关闭”组中单击“关闭页眉和页脚”按钮。

步骤 4：在“设计”选项卡下“页面背景”组中单击“页面颜色”下拉按钮，选择“填充效果”，在弹出的“填充效果”对话框中切换到“纹理”选项卡下，选择“羊皮纸”，单击“确定”按钮。

步骤 5：在“页面背景”组中单击“水印”下拉按钮，选择“自定义水印”，选中“文字水印”单选框，输入“文字”为“北京市高考”，设置“字体”为“黑体”、“颜色”为“标准色”中的“蓝色”，单击“确定”按钮。

第 3 小题：

步骤 1：选中正文各段文字（2018 年 4 月 4 日……计入高考总分。），单击“开始”选项卡下“段落”组中的扩展按钮，设置“段前间距”为“0.5 行”，单击“行距”下拉按钮，选择“多倍行距”、“设置值”为“1.25”，单击“确定”按钮。

步骤 2：选中正文第 1 段（2018 年 4 月 4 日……公平公正。），在“插入”选项卡下“文本”组中单击“首字下沉”下拉按钮，选择“首字下沉选项”，单击“下沉”，设置“下沉行数”为“2”、“距正文”为“0.2 厘米”，单击“确定”按钮。

步骤 3：选中第一个节标题“五类考生不再加分”，在“开始”选项卡下“编辑”组中单击“选择”下拉按钮，选择“选择格式相似的文本”，在“段落”组中，单击“编号”下拉按钮，选择“”。没有对应格式时，可以选择“定义新编号格式”。

步骤 4：选中第 2 段文字，按住 Ctrl 键，同时选中其他要求设置首行缩进的段落，单击“段落”组中的扩展按钮，在弹出的“段落”对话框的“缩进和间距”选项卡下单击“特殊”下拉按钮，选择“首行”、“缩进值”默认为“2 字符”，单击“确定”按钮。

步骤 5：选中“根据教育部文件精神……取消的高考加分项目包括：”一节的后 5 段（省级优秀学生……获奖者。），在“段落”组中单击“项目符号”下拉按钮，选择“定义新项目符号”，单击“符号”按钮，在弹出的“符号”对话框中选择“Windings”中“字符代码”为“111（十进制）”的符号，即“□”，单击两次“确定”按钮。

步骤 6：再次选中“根据教育部文件精神……取消的高考加分项目包括：”一节的后 5 段，重新设置“首行缩进”为“2 字符”。

第 4 小题：

步骤 1：选中最后 13 行文字，在“插入”选项卡下“表格”组中单击“表格”下拉按钮，选择“文本转换成表格”，单击“确定”按钮。

步骤 2：将光标定位在表格最后一行，在“表格工具”|“布局”选项卡下“行和列”组中单击“在下方插入”按钮，在该行第 1 列单元格中输入“合计”，然后将光标定位在第 2 个单元格中，单击“数据”组中的“公式”按钮，在弹出的“公式”对话框的“公式”框中默认公式为“=SUM(ABOVE)”，直接单击“确定”按钮计算第 2 列的合计值。按照同样的方法计算其余列的合计值。

步骤 3：选中整个表格，在“表格工具”|“布局”选项卡下“表”组中单击“属性”按钮，在弹出的“表格属性”对话框的“表格”选项卡下选择“对齐方式”为“居中”，单击“确定”按钮。

步骤 4：选中表格第 1 行内容，在“表格工具”|“布局”选项卡下“对齐方式”组中单击“水平居中”按钮，设置表格的第 1 行内容水平居中。按照同样的方法，按题目要求设置表格其余单元格的对齐方式。

步骤 5：选中整个表格，在“表格工具”|“布局”选项卡下“表”组中单击“属性”按钮，在弹出的“表格属性”对话框中切换到“行”选项卡下，勾选“指定高度”复选框，输入“0.7 厘米”，设置“行高值”是为“固定值”。切换到“列”选项卡下，勾选“指定宽度”复选框，输入“2.2 厘米”，单击“确定”按钮。在“表格工具”|“布局”选项卡下“对齐方式”组中单击“单元格边距”按钮，在弹出的“表格选项”对话框中设置“单元格左、右边距”均为“0.2 厘米”，单击“确定”按钮。

步骤 6：选中表格第 1 行，在“表格工具”|“布局”选项卡下“数据”组中单击“重复标题行”按钮，为跨页的表格添加标题。

步骤 7：选中“其他”列中除最后一行外的其余内容，在“数据”组中单击“排序”按钮，在弹出的“排序”对话框中设置“主要关键字”的“类型”为“数字”，选中“降序”单选框按降序排列，单击“确定”按钮。

第 5 小题：

步骤 1：选中整个表格，在“表格工具”|“表设计”选项卡下单击“边框”组中的“边框”下拉按钮，选择“边框和底纹”。在弹出的“边框和底纹”对话框中单击“方框”按钮，设置“样式”为“双窄线”，设置“颜色”为“标准色”中的“蓝色”、“宽度”为“0.75 磅”。单击“自定义”按钮，设置“样式”为“单实线”，设置“颜色”为“标准色”中的“蓝色”、“宽度”为“0.5 磅”，在右侧“预览”区域单击两个“内部框线”按钮，单击“确定”按钮。选中表格第 1 行，单击“边框”下拉按钮，选择“边框和底纹”，在弹出的“边框和底纹”对话框中设置“样式”为“双窄线”，设置“颜色”为“标准色”中的“蓝色”、“宽度”为“0.75 磅”，在右侧“预览”区域单击两次“下框线”按钮，单击“确定”按钮。

步骤 2：选中整个表格，在“表格工具”|“表设计”选项卡下单击“表格样式”组中的“底纹”下拉按钮，选择“橙色，个性色 6，淡色 60%”为表格设置底纹。

步骤 3：保存并关闭文件。

课题四
Excel 2016 基本操作

一、基本操作 1

打开考生文件夹下的电子表格，按照下列要求完成对表格的操作并保存。

1. 打开工作簿文件 EXCEL.xlsx。

（1）将工作表“Sheet1”的 A1:G1 单元格合并为一个单元格，内容水平居中，计算“销售额增长比例”列，条件为销售额增长比例 =（今年销量额 – 去年销量额）/ 今年销量额（百分比型，保留小数点后 2 位），利用条件格式将 G3:G10 单元格区域设置为渐变填充蓝色数据条。

（2）选取工作表的“产品型号”列和“销售额增长比例”列，建立簇状条形图，设置图表标题为“销售额增长比例图”、图例位于底部，设置数据系列格式为纯色填充（红色，个性色 2，深色 25%），将图表插入到工作表的 A12:F27 单元格区域内。将工作表命名为“近两年产品销售情况表”，保存 EXCEL.xlsx 文件。

图 4–1–1 是按照上述操作要求制作的样表。

2. 打开工作簿文件 EXC.xlsx，对工作表“产品销售情况表”按主要关键字“产品类别”的升序和次要关键字“销售额排名”的升序进行排序，对排序后的数据进行分类汇总，设置分类字段为“产品类别”、汇总方式为“求和”、汇总项为“销售额（万元）”，设置汇总结果显示在数据下方，工作表表名不变，保存 EXC.xlsx 文件。

图 4–1–2 是按照上述操作要求制作的样表。

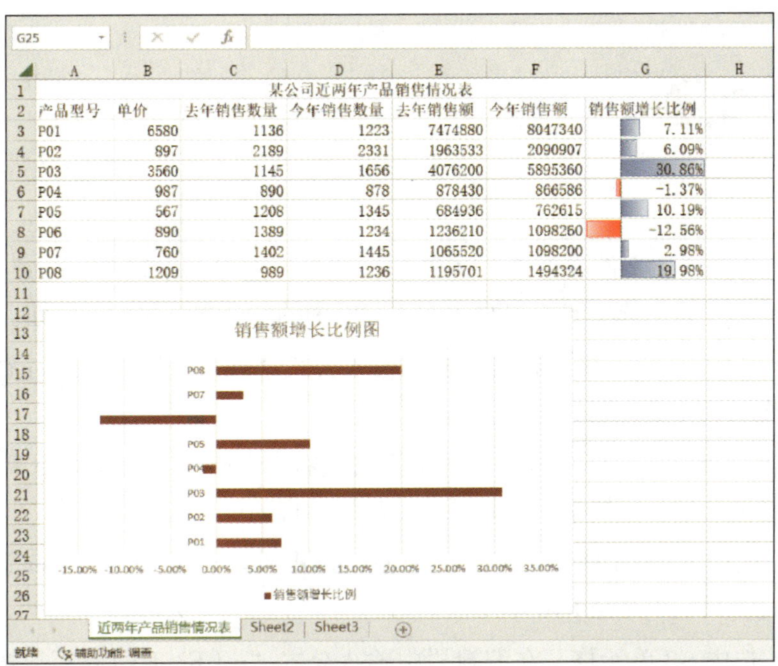

	A	B	C	D	E	F	G
1	某公司近两年产品销售情况表						
2	产品型号	单价	去年销售数量	今年销售数量	去年销售额	今年销售额	销售额增长比例
3	P01	6580	1136	1223	7474880	8047340	7.11%
4	P02	897	2189	2331	1963533	2090907	6.09%
5	P03	3560	1145	1656	4076200	5895360	30.86%
6	P04	987	890	878	878430	866586	-1.37%
7	P05	567	1208	1345	684936	762615	10.19%
8	P06	890	1389	1234	1236210	1098260	-12.56%
9	P07	760	1402	1445	1065520	1098200	2.98%
10	P08	1209	989	1236	1195701	1494324	19.98%

图 4-1-1　样表

	A	B	C	D	E	F	G
1	季度	分公司	产品类别	产品名称	销售数量	销售额（万元）	销售额排名
2	1	北部1	D-1	电视	86	38.36	3
3	3	西部1	D-1	电视	78	34.79	4
4	2	北部1	D-1	电视	73	32.56	5
5	3	北部1	D-1	电视	64	28.54	7
6	2	西部1	D-1	电视	42	18.73	14
7	1	东部1	D-1	电视	67	18.43	16
8	3	东部1	D-1	电视	66	18.15	18
9	1	南部1	D-1	电视	64	17.60	19
10	2	东部1	D-1	电视	56	15.40	24
11	3	南部1	D-1	电视	46	12.65	27
12	1	西部1	D-1	电视	21	9.37	32
13	2	南部1	D-1	电视	27	7.43	36
14			**D-1 汇总**			251.99	
15	2	西部3	D-2	电冰箱	69	22.15	10
16	1	南部3	D-2	电冰箱	89	20.83	11
17	1	东部3	D-2	电冰箱	86	20.12	12
18	1	西部3	D-2	电冰箱	58	18.62	15
19	3	西部3	D-2	电冰箱	57	18.30	17
20	3	南部3	D-2	电冰箱	75	17.55	20
21	3	北部3	D-2	电冰箱	54	17.33	21
22	2	北部3	D-2	电冰箱	48	15.41	23
23	2	东部3	D-2	电冰箱	65	15.21	25
24	1	北部3	D-2	电冰箱	43	13.80	26
25	2	南部3	D-2	电冰箱	45	10.53	31
26	3	东部3	D-2	电冰箱	39	9.13	33
27			**D-2 汇总**			198.98	
28	3	南部2	K-1	空调	86	30.44	6
29	2	东部2	K-1	空调	79	27.97	8
30	2	南部2	K-1	空调	63	22.30	9
31	1	南部2	K-1	空调	54	19.12	13
32	3	东部2	K-1	空调	45	15.93	22
33	1	西部2	K-1	空调	89	12.28	28
34	1	北部2	K-1	空调	89	12.28	28
35	3	西部2	K-1	空调	84	11.59	30
36	1	东部2	K-1	空调	24	8.50	34
37	2	西部2	K-1	空调	56	7.73	35
38	3	北部2	K-1	空调	53	7.31	37
39	2	北部2	K-1	空调	37	5.11	38
40			**K-1 汇总**			180.56	
41			**总计**			631.53	

产品销售情况表　Sheet2　Sheet3

图 4-1-2　样表

第 1 小题：

步骤 1：打开考生文件夹下的 EXCEL.xlsx 文件，选中工作表“Sheet1”中的 A1:G1 单元格，单击“开始”选项卡下“对齐方式”组中的“合并后居中”按钮。

步骤 2：选中 E3 单元格，在编辑栏中输入公式“=B3*C3”，按 Enter 键进行计算。使用自动填充工具，填充至 E10 单元格。

注：当鼠标指针放在已插入公式的单元格的右下角时，它会变为小十字“+”，按住鼠标左键拖动其到相应的单元格即可进行数据的自动填充。

步骤 3：选中 F3 单元格，在编辑栏中输入公式“=B3*D3”，按 Enter 键进行计算。使用自动填充工具，填充至 F10 单元格。

步骤 4：选中 G3 单元格，在编辑栏中输入公式“=（F3–E3）/F3”，按 Enter 键进行计算。使用自动填充工具，填充至 G10 单元格。

步骤 5：选中 G3:G10 单元格，单击“开始”选项卡下“数字”组中的扩展按钮，在弹出的“设置单元格格式”对话框中选择“百分比”，设置“小数位数”为“2”，单击“确定”按钮。

步骤 6：选中 G3:G10 单元格，在“开始”选项卡下单击“样式”组中的“条件格式”下拉按钮，在“数据条”中选择“渐变填充”组中的“蓝色数据条”。

步骤 7：选中 A2:A10 单元格，按住 Ctrl 键，同时选中 G2:G10 单元格，在“插入”选项卡下单击“图表”组中的扩展按钮，在“插入图表”对话框的“所有图表”选项卡下选择“条形图”中的“簇状条形图”，单击“确定”按钮。

步骤 8：修改图表标题为“销售额增长比例图”。

步骤 9：在“图表工具”|“图表设计”选项卡下“图表布局”组中单击“添加图表元素”下拉按钮，在“图例”中选择“底部”。

步骤 10：用鼠标单击“格式”选项卡下“形状样式”组中的扩展按钮，在弹出的“设置图表区格式”任务窗格中切换到“填充与线条”选项卡下，在“填充”中选中“纯色填充”单选框，单击“颜色”下拉按钮，选择“红色，个性色 2，深色 25%”，单击“关闭”按钮。

步骤 11：选中图表，拖动到题面指定的位置，并适当调整图表大小。

步骤 12：双击工作表“Sheet1”标签，输入“近两年产品销售情况表”，单击任一单元格完成重命名。

步骤 13：保存并关闭文件。

第 2 小题：

步骤 1：打开考生文件夹下的 EXC.xlsx 文件，选中数据清单内任意一个单元格，切换到“数据”选项卡下，在“排序和筛选”组中单击“排序”按钮，弹出“排序”对话框，在“主要关键字”中选择“产品类别”。单击“添加条件”按钮，在“次要关键字”中选择“销售额排名”，单击“确定”按钮。

步骤 2：单击“数据”选项卡下“分级显示”组中的“分类汇总”按钮，在弹出的“分类汇总”对话框的“分类字段”中选择“产品类别”，在“汇总方式”中选择“求和”，在“选定汇总项”中只勾选“销售额（万元）”复选框，单击“确定”按钮。

步骤 3：保存并关闭文件。

二、基本操作 2

打开考生文件夹下的电子表格，按照下列要求完成对表格的操作并保存。

1. 打开工作簿文件 EXCEL.xlsx。

（1）将工作表“Sheet1”的 A1:I1 单元格合并为一个单元格，内容水平居中，计算“合计”列（某部门 6 个月销售额的和，数值型，保留小数点后 1 位），条件为如果合计值大于 220.0，在“备注”列内填上“良好”，否则填上“合格”（利用 IF 函数完成）。

（2）选取 A2:G8 单元格区域建立带数据标记的折线图，添加图表标题“销售情况图”于图表上方，将工作表命名为“销售情况表”，然后保存 EXCEL.xlsx 文件。

图 4-2-1 是按照上述操作要求制作的样表。

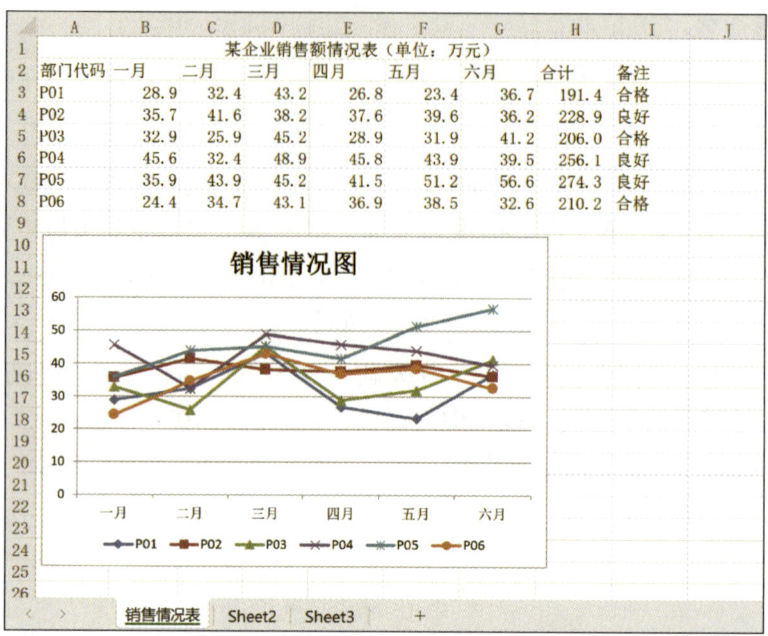

	A	B	C	D	E	F	G	H	I
1	某企业销售额情况表（单位：万元）								
2	部门代码	一月	二月	三月	四月	五月	六月	合计	备注
3	P01	28.9	32.4	43.2	26.8	23.4	36.7	191.4	合格
4	P02	35.7	41.6	38.2	37.6	39.6	36.2	228.9	良好
5	P03	32.9	25.9	45.2	28.9	31.9	41.2	206.0	合格
6	P04	45.6	32.4	48.9	45.8	43.9	39.5	256.1	良好
7	P05	35.9	43.9	45.2	41.5	51.2	56.6	274.3	良好
8	P06	24.4	34.7	43.1	36.9	38.5	32.6	210.2	合格

图 4-2-1 样表

2. 打开工作簿文件 EXC.xlsx，对工作表“产品销售情况表”进行筛选，条件为销售额排名在前 20（小于或等于 20）、所有南部的分公司，将筛选后的数据按主要关键字“销售额排名”的升序和次要关键字“分公司”的升序进行排序，保持工作表表名不变，保存 EXC.xlsx 文件。

图 4-2-2 是按照上述操作要求制作的样表。

	A	B	C	D	E	F	G
1	季度	分公司	产品类	产品名	销售数	销售额（万元）	销售额排名
3	3	南部2	K-1	空调	86	30.44	4
7	2	南部2	K-1	空调	63	22.30	7
11	1	南部3	D-2	电冰箱	89	20.83	9
17	1	南部2	K-1	空调	54	19.12	11
19	1	南部1	D-1	电视	64	17.60	17
24	3	南部3	D-2	电冰箱	75	17.55	18

产品销售情况表 Sheet2 Sheet3

图 4-2-2 样表

第 1 小题：

步骤 1：打开考生文件夹下的 EXCEL.xlsx 文件，选中工作表“Sheet1”中的 A1:I1 单元格，单击“开始”选项卡下“对齐方式”组中的“合并后居中”按钮。

步骤 2：选中 H3 单元格，在编辑栏中输入公式“=SUM(B3:G3)”，按 Enter 键进行计算。使用自动填充工具，填充至 H8 单元格。

步骤 3：选中 H3:H8 单元格，单击“开始”选项卡下“数字”组中的扩展按钮，在弹出的“设置单元格格式”对话框中选择“数值”，设置“小数位数”为“1”，单击“确定”按钮。

步骤 4：选中 I3 单元格，在编辑栏中输入公式“=IF(H3>220.0," 良好 "," 合格 ")”，按 Enter 键进行计算。使用自动填充工具，填充至 I8 单元格。

步骤 5：选中 A2:G8 单元格，在“插入”选项卡下单击“图表”组中的扩展按钮，在弹出的“插入图表”对话框的“所有图表”选项卡下选择“折线图”中的“带数据标记的折线图”，单击“确定”按钮。

步骤 6：修改图表标题为“销售情况图”，并将图表移动到合适的位置。

步骤 7：双击工作表“Sheet1”标签，输入“销售情况表”，单击任一单元格完成重命名。

步骤 8：保存并关闭文件。

第 2 小题：

步骤 1：打开考生文件夹下的 EXC.xlsx 文件，选中数据清单内任意一个单元格，切换到“数据”选项卡下，在“排序和筛选”组中单击“筛选”按钮，单击 G1 单元格右侧的下拉按钮，选择“数字筛选”中的“小于或等于”，弹出“自定义自动筛选”对话框，在“小于或等于”右侧的文本框中输入“20”，单击“确定”按钮。

步骤 2：单击 B1 单元格右侧的下拉按钮，选择“文本筛选”中的“包含”，弹出“自定义自动筛选方式”对话框，在“包含”右侧的文本框中输入“南部”，单击“确定”按钮。

步骤 3：在“排序和筛选”组中单击“排序”按钮，弹出“排序”对话框。在“主要关键字”中选择“销售额排名”，单击“添加条件”按钮，在“次要关键字”中选择“分公司”，单击“确定”按钮。

步骤 4：保存并关闭文件。

三、基本操作 3

打开考生文件夹下的电子表格，按照下列要求完成对表格的操作并保存。

1. 打开工作簿文件 EXCEL.xlsx，将工作表“Sheet1”的 A1:G1 单元格合并为一个单元格，设置内容居中对齐，计算“总计”行和“合计”列，计算“占总计比例”列（百分比型，小数位数为 0），设置数据按“占总计比例”的降序进行排序（不包括“总计”行）。选取 A2:A5 和 F2:F5 单元格区域，建立簇状柱形图，并插入到工作表的 A17:G33 单元格区域内。删除图例，设置图表标题为“产品销售统计图”，将工作表命名为“商品销售数量情况表”，保存为 EXCEL.xlsx 文件。

图 4-3-1 是按照上述操作要求制作的样表。

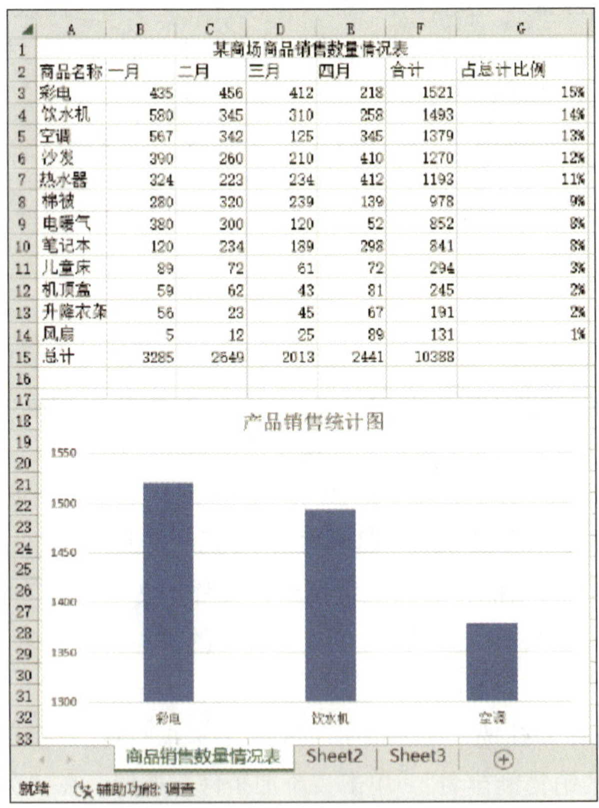

某商场商品销售数量情况表						
商品名称	一月	二月	三月	四月	合计	占总计比例
彩电	435	456	412	218	1521	15%
饮水机	580	345	310	258	1493	14%
空调	567	342	125	345	1379	13%
沙发	390	260	210	410	1270	12%
热水器	324	223	234	412	1193	11%
棉被	280	320	239	139	978	9%
电暖气	380	300	120	52	852	8%
笔记本	120	234	189	298	841	8%
儿童床	89	72	61	72	294	3%
机顶盒	59	62	43	81	245	2%
升降衣架	56	23	45	67	191	2%
风扇	5	12	25	89	131	1%
总计	3285	2649	2013	2441	10388	

图 4-3-1　样表

2. 打开工作簿文件 EXC.xlsx，对工作表“选修课程成绩单”进行筛选，条件是系别为“计算机”并且课程名称为“计算机图形学”，保持筛选后的结果显示在原有区域，保持工作表表名不变，保存 EXC.xlsx 文件。

图 4-3-2 是按照上述操作要求制作的样表。

	A	B	C	D	E
1	系别	学号	姓名	课程名称	成绩
3	计算机	992032	王文辉	计算机图形学	87
15	计算机	991025	张雨涵	计算机图形学	62
25	计算机	992005	扬海东	计算机图形学	67
30	计算机	992032	王文辉	计算机图形学	79
31					
32					
33					
34					
35					
36					
37					
38					
39					
40					
41					
42					
43					
44					
45					
46					
47					
48					
49					
50					
51					
52					
53					
54					

选修课程成绩单　Sheet2　Sheet3

就绪　“筛选”模式　辅助功能: 一切就绪

图 4-3-2　样表

第 1 小题：

步骤 1：打开考生文件夹下的 EXCEL.xlsx 文件，选中工作表“Sheet1”中的 A1:G1 单元格，单击“开始”选项卡下“对齐方式”组中的“合并后居中”按钮。

步骤 2：选中 F3 单元格，在编辑栏中输入公式“=SUM(B3:E3)”，按 Enter 键进行计算。使用自动填充工具，填充至 F14 单元格。

步骤 3：选中 B15 单元格，在编辑栏中输入公式“=SUM(B3:B14)”，按 Enter 键进行计算。使用自动填充工具，填充至 F15 单元格。

步骤 4：选中 G3 单元格，在编辑栏中输入公式“=F3/F$15”，按 Enter 键进行计算。使用自动填充工具，填充至 G14 单元格。

步骤 5：选中 G3:G14 单元格，单击“开始”选项卡下“数字”组中的扩展按钮，在弹出的“设置单元格格式”对话框中选择“百分比”，设置“小数位数”为“0”，单击“确定”按钮。

步骤 6：选中 A2:G14 单元格，单击“数据”选项卡下“排序和筛选”组中的“排序”按钮，弹出“排序”对话框。在“主要关键字”中选择“占总计比例”，在“次序”中选择“降序”，单击“确定”按钮。

步骤 7：选中 A2:A5 单元格，按住 Ctrl 键，同时选中 F2:F5 单元格，在“插入”选项卡下单击“图表”组中的扩展按钮，在弹出的“插入图表”对话框的“所有图表”选项卡下选择“柱形图”中的“簇状柱形图”，单击“确定”按钮。

步骤 8：修改图表标题为“产品销售统计图”。

步骤 9：在“图表工具”|“图表设计”选项卡下“图表布局”组中单击“添加图表元素”下拉按钮，在“图例”中选择“无”。

步骤 10：选中图表，拖动到题面指定的位置，并适当调整图表大小。

步骤 11：双击工作表“Sheet1”标签，输入“商品销售数量情况表”，单击任一单元格完成工作表重命名。

步骤 12：保存并关闭文件。

第 2 小题：

步骤 1：打开考生文件夹下的 EXC.xlsx 文件，选中数据清单内任意一个单元格，切换到“数据”选项卡下，在“排序和筛选”组中单击“筛选”按钮。单击 A1 单元格右侧的下拉按钮，选择“文本筛选”中的“等于”，弹出“自定义自动筛选”对话框，在“等于”右侧的文本框中输入“计算机”，单击“确定”按钮。

步骤 2：单击 D1 单元格右侧的下拉按钮，选择“文本筛选”中的“等于”，弹出“自定义自动筛选”对话框，在“等于”右侧的文本框中输入“计算机图形学”，单击“确定”按钮。

步骤 3：保存并关闭文件。

四、基本操作 4

打开考生文件夹下的电子表格，按照下列要求完成对表格的操作并保存。

1. 打开工作簿文件 EXCEL.xlsx。

（1）将工作表“Sheet1”的 A1:H1 单元格合并为一个单元格，设置文字居中对齐；计算“第一季度销售额（元）”列（数值型，保留小数点后 0 位），计算各产品的总销售额，置于 G15 单元格区域（数值型，保留小数点后 0 位），计算各产品销售额排序（利用 RANK.EQ 函数，降序），置于 H3:H14 单元格区域；计算各类别产品销售额（利用 SUMIF 函数），置于 J5:J7 单元格区域，计算各类别产品销售额占总销售额的比例，置于“所占比例”列（百分比型，保留小数点后 2 位）。

（2）选取“产品型号”列（A2:A14）和“第一季度销售额（元）”列（G2:G14）建立三维簇状柱形图，设置图表标题位于图表上方、图表标题为“产品第一季度销售统计图”，删除图例，设置数据系列格式为纯色填充（橄榄色，个性色 3，深色 25%），将图表插入到工作表 A16:F36 单元格区域内，将工作表命名为“产品第一季度销售统计表”，之后保存 EXCEL.xlsx 文件。

图 4–4–1 是按照上述操作要求制作的样表。

2. 打开工作簿文件 EXC.xlsx，对工作表“产品销售情况表”按主要关键字“季度”的升序和次要关键字“产品名称”的降序进行排序，完成对各季度按产品名称销售额总和（万元）的分类汇总，设置汇总结果显示在数据下方，工作表表名不变，保存 EXC.xlsx 文件。

图 4–4–2 是按照上述操作要求制作的样表。

第 1 小题：

步骤 1：打开考生文件夹下的 EXCEL.xlsx 文件，选中 A1:H1 单元格，单击“开始”选项卡下“对齐方式”组中的“合并后居中”按钮。

步骤 2：选中 G3 单元格，在编辑栏中输入公式“=SUM(C3:E3)*F3”，按 Enter 键进

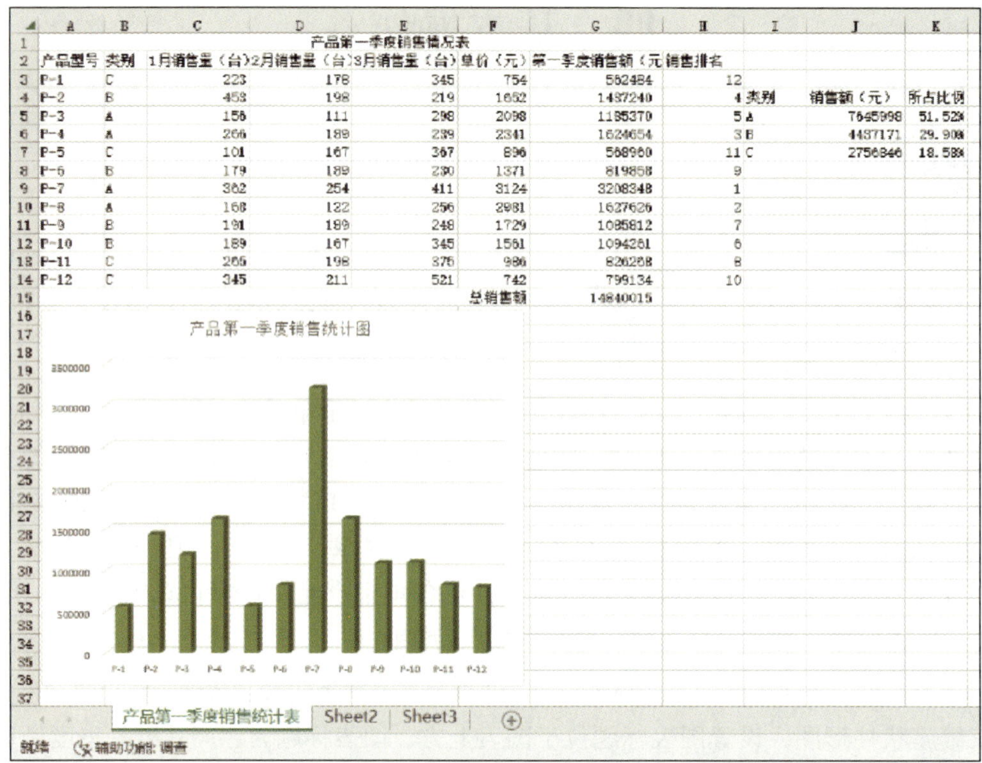

	A	B	C	D	E	F	G	H	I	J	K
1	产品第一季度销售情况表										
2	产品型号	类别	1月销售量（台）	2月销售量（台）	3月销售量（台）	单价（元）	第一季度销售额（元）	销售排名			
3	P-1	C	223	178	345	754	562484	12			
4	P-2	B	453	198	219	1652	1437240	4	类别	销售额（元）	所占比例
5	P-3	A	156	111	298	2098	1185370	5	A	7645998	51.52%
6	P-4	A	266	189	239	2341	1624654	3	B	4437171	29.90%
7	P-5	C	101	167	367	896	568960	11	C	2756846	18.58%
8	P-6	B	179	189	230	1371	819858	9			
9	P-7	A	362	254	411	3124	3208348	1			
10	P-8	A	168	122	256	2981	1627626	2			
11	P-9	B	191	189	248	1729	1085812	7			
12	P-10	B	189	167	345	1561	1094261	6			
13	P-11	C	265	198	375	986	826268	8			
14	P-12	C	345	211	521	742	799134	10			
15						总销售额	14840015				

图 4-4-1　样表

	A	B	C	D	E	F	G
1	季度	分公司	产品类别	产品名称	销售数量	销售额（万元）	销售额排名
6				手机 汇总		14.94	
11				空调 汇总		65.18	
16				电视 汇总		83.75	
21				电冰箱 汇总		73.37	
26				手机 汇总		14.79	
31				空调 汇总		63.10	
36				电视 汇总		74.12	
41				电冰箱 汇总		63.30	
46				手机 汇总		13.35	
51				空调 汇总		65.28	
56				电视 汇总		94.13	
61				电冰箱 汇总		62.31	
62				总计		687.61	
63							
64							
65							
66							
67							
68							
69							
70							
71							
72							
73							
74							
75							

产品销售情况表　Sheet2　Sheet3

图 4-4-2　样表

行计算。使用自动填充工具，填充至 G14 单元格。

步骤 3：选中 G3:G15 单元格，单击“开始”选项卡下“数字”组中的扩展按钮，在弹出的“设置单元格格式”对话框中选择“数值”，设置“小数位数”为“0”，单击“确定”按钮。

步骤 4：选中 G15 单元格，在编辑栏中输入公式“=SUM(G3:G14)”，按 Enter 键进行计算。

步骤 5：选中 H3 单元格，在编辑栏中输入公式“=RANK.EQ(G3,$G$3:$G$14,0)”，按 Enter 键进行计算。使用自动填充工具，填充至 H14 单元格。

步骤 6：选中 J5 单元格，在编辑栏中输入公式“=SUMIF($B$3:$B$14,I5,$G$3:$G$14)”，按 Enter 键进行计算。使用自动填充工具，填充至 J7 单元格。

步骤 7：选中 K5 单元格，在编辑栏中输入公式“=J5/$G$15”，按 Enter 键进行计算。使用自动填充工具，填充至 K7 单元格。

步骤 8：选中 K5:K7 单元格，单击“开始”选项卡下“数字”组中的扩展按钮，在弹出的“设置单元格格式”对话框中选择“百分比”，设置“小数位数”为“2”，单击“确定”按钮。

步骤 9：选中 A2:A14 单元格，按住 Ctrl 键，同时选中 G2:G14 单元格，在“插入”选项卡下单击“图表”组中的扩展按钮。在弹出的“插入图表”对话框的“所有图表”选项卡下选择“柱形图”中的“三维簇状柱形图”，单击“确定”按钮。

步骤 10：修改图表标题为“产品第一季度销售统计图”（此时图表标题已在上方，无须修改）。

步骤 11：在“图表工具”|“图表设计”选项卡下“图表布局”组中单击“添加图表元素”下拉按钮，在图例中选择“无”。

步骤 12：在“图表工具”|“格式”选项卡下“当前所选内容”组中单击“图表元素”下拉按钮，选择“系列第一季度销售额（元）”，单击“设置所选内容格式”按钮，在弹出的“设置数据系列格式”任务窗格的“填充与线条”选项卡下“填充”中选中“纯色填充”单选框，单击“颜色”下拉按钮，选择“橄榄色，个性色 3，深色 25%”，单击“关闭”按钮。

步骤 13：选中图表，拖动到题面指定的位置，并适当调整图表大小。

步骤 14：双击“Sheet1”工作表标签，输入“产品第一季度销售统计表”，单击任一单元格完成重命名。

步骤 15：保存并关闭文件。

第 2 小题：

步骤 1：打开考生文件夹下的 EXC.xlsx 文件，选中 A1 单元格，在“数据”选项卡下“排序和筛选”组中单击“排序”按钮，在弹出的“排序”对话框的“主要关键字”中选择“季度”，“次序”选择“升序”。单击“添加条件”按钮，在“次要关键字”中选择“产品名称”，“次序”选择“降序”，单击“确定”按钮。

步骤 2：选中 A1 单元格，在“数据”选项卡下“分级显示”组中单击“分类汇总”按钮，在“分类字段”中选择“产品名称”，在“汇总方式”中选择“求和”，在“选定汇总项”中只勾选“销售额（万元）”复选框，单击“确定”按钮。

步骤 3：保存并关闭文件。

五、基本操作 5

打开考生文件夹下的电子表格，按照下列要求完成对表格的操作并保存。

1. 打开工作簿文件 EXCEL.xlsx。

（1）将工作表“Sheet1”的 A1:J1 单元格合并为一个单元格，设置文字居中对齐；计算各地区气温的“一季度平均值”列（I3:I5）和“二季度平均值”列（J3:J5）（均为数值型，保留小数点后 1 位）；计算一月至六月、一季度和二季度各地区月平均气温的最高值和最低值，分别置于 C6:J6 和 C7:J7 单元格区域；利用条件格式将 C3:J7 单元格区域内数值低于 0.0 的单元格设置为突出显示单元格（绿填充色深绿色文本）。

（2）选取“地区”列（B2:B5）和一月至六月各地区平均气温数值（C2:H5）单元格区域建立带数据标记的折线图，设置图表标题位于图表上方、图表标题为“某地区月平均气温统计图”，设置图例位于顶部，设置绘图区格式为图案填充、填充样式为实心菱形网格，将图表插入到工作表 A9:H25 单元格区域内，并将工作表命名为“某地区月平均气温统计表”，保存 EXCEL.xlsx 文件。

图 4–5–1 是按照上述操作要求制作的样表。

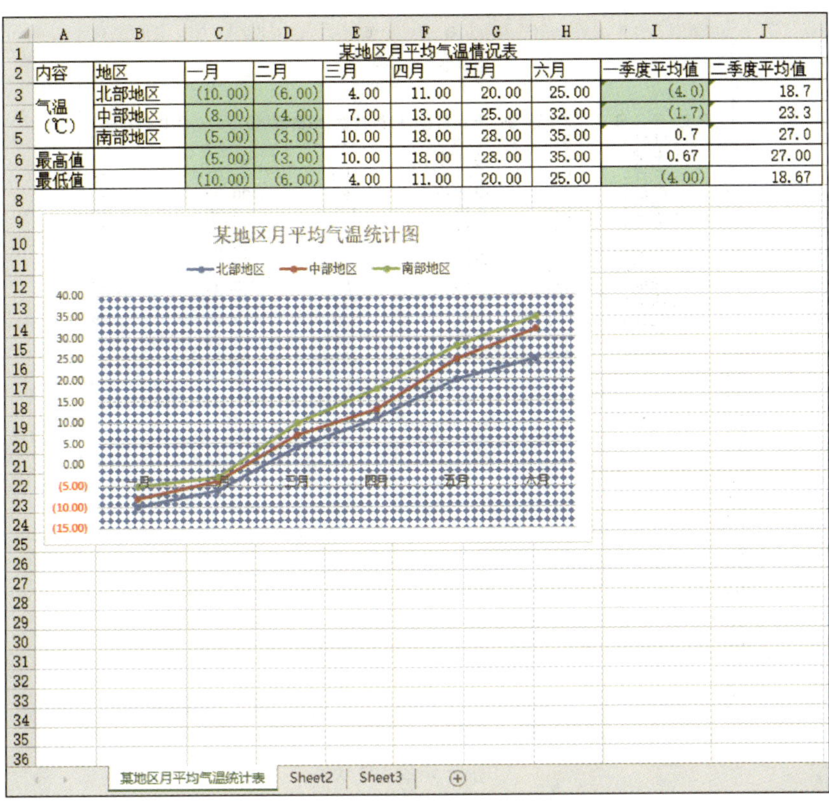

内容	地区	一月	二月	三月	四月	五月	六月	一季度平均值	二季度平均值
气温（℃）	北部地区	(10.00)	(6.00)	4.00	11.00	20.00	25.00	(4.0)	18.7
	中部地区	(8.00)	(4.00)	7.00	13.00	25.00	32.00	(1.7)	23.3
	南部地区	(5.00)	(3.00)	10.00	18.00	28.00	35.00	0.7	27.0
最高值		(5.00)	(3.00)	10.00	18.00	28.00	35.00	0.67	27.00
最低值		(10.00)	(6.00)	4.00	11.00	20.00	25.00	(4.00)	18.67

图 4-5-1　样表

2. 打开工作簿文件 EXC.xlsx，对工作表“产品销售情况表”按主要关键字“季度”的升序和次要关键字“分公司”的升序进行排序，对排序后的数据进行高级筛选（在数据清单前插入 4 行，条件区域设在 A1:G3 单元格区域，请在对应字段列内输入条件），条件是产品名称为“电冰箱”或“手机”且销售数量大于或等于 80，保持工作表表名不变，保存 EXC.xlsx 文件。

图 4-5-2 是按照上述操作要求制作的样表。

第 1 小题：

步骤 1：打开考生文件夹下的 EXCEL.xlsx 文件，选中 A1:J1 单元格，单击“开始”选项卡下“对齐方式”组中的“合并后居中”按钮。

步骤 2：选中 I3 单元格，在编辑栏中输入公式“=AVERAGE（C3:E3）”，按 Enter 键进行计算。使用自动填充工具，填充至 I5 单元格。

	A	B	C	D	E	F	G
1				产品名称	销售数量		
2				电冰箱	>=80		
3				手机	>=80		
4							
5	季度	分公司	产品类别	产品名称	销售数量	销售额（万元）	销售额排名
9	1	北部4	S-1	手机	112	3.36	42
12	1	东部3	D-2	电冰箱	86	20.12	11
13	1	东部4	S-1	手机	89	2.67	45
16	1	南部3	D-2	电冰箱	89	20.83	10
17	1	南部4	S-1	手机	132	3.96	40
21	1	西部4	S-1	手机	165	4.95	39
25	2	北部4	S-1	手机	89	2.67	45
29	2	东部3	S-1	手机	176	5.28	36
33	2	南部4	S-1	手机	97	2.91	44
37	2	西部4	S-1	手机	131	3.93	41
41	3	北部4	S-1	手机	112	3.36	42
45	3	东部4	S-1	手机	88	2.64	47
49	3	南部4	S-1	手机	167	5.01	38
54							
55							
56							
57							
58							
59							
60							
61							
62							
63							
64							
65							
66							
67							
68							
69							
70							
71							
72							

产品销售情况表　Sheet2　Sheet3

图 4-5-2　样表

步骤 3：选中 J3 单元格，在编辑栏中输入公式“=AVERAGE（F3:H3）”，按 Enter 键进行计算。使用自动填充工具，填充至 J5 单元格。

步骤 4：选中 I3:J5 单元格，单击“开始”选项卡下“数字”组中的扩展按钮，在弹出的“设置单元格格式”对话框中选择“数值”，设置“小数位数”为“1”，单击“确定”按钮。

步骤 5：选中 C6 单元格，在编辑栏中输入公式“=MAX（C3:C5）”，按 Enter 键进行计算。使用自动填充工具，向右填充至 J6 单元格。

步骤 6：选中 C7 单元格，在编辑栏中输入公式“=MIN（C3:C5）”，按 Enter 键进行计算。使用自动填充工具，向右填充至 J7 单元格。

步骤 7：选中 C3:J7 单元格，在“开始”选项卡下“样式”组中单击“条件格式”下拉按钮，选择“突出显示单元格规则”中的“小于”，在弹出的“小于”对话框中输入“0.0”，单击“设置为”下拉按钮，选择“绿填充色深绿色文本”，单击“确定”按钮。

步骤 8：选中 B2:H5 单元格，在“插入”选项卡下单击“图表”组中的扩展按钮，在弹出的“插入图表”对话框的“所有图表”选项卡下选择“折线图”中的“带数据标记的折线图”，单击“确定”按钮。

步骤 9：在“图表工具”|“图表设计”选项卡下“图表布局”组中单击“添加图表元素”下拉按钮，在“图表标题”中选择“图表上方”，修改“图表标题”为“某地区月平均气温统计图”。

步骤 10：在“图表工具”|“图表设计”选项卡下“图表布局”组中单击“添加图表元素”下拉按钮，在“图例”中选择“顶部”。

步骤 11：在“图表工具”|“格式”选项卡下“当前所选内容”组中单击“图表元素”下拉按钮，选择“绘图区”，单击“设置所选内容格式”按钮，在弹出的“设置绘图区格式”任务窗格中选择“填充”，选中“图案填充”单选框，在下方的“图案”中选择“实心菱形网格”，单击“关闭”按钮。

步骤 12：选中图表，拖动到题面指定的位置，并适当调整图表大小。

步骤 13：双击“Sheet1”工作表标签，输入“某地区月平均气温统计表”，单击任一单元格完成重命名。

步骤 14：保存并关闭文件。

第 2 小题：

步骤 1：打开考生文件夹下的 EXC.xlsx 文件，选中 A1 单元格，在“数据”选项卡下“排序和筛选”组中单击“排序”按钮，弹出“排序”对话框，在“主要关键字”中选择“季度”，次序选择“升序”，单击“添加条件”按钮，在“次要关键字”中选择“分公司”，次序选择“升序”，单击“确定”按钮。

步骤 2：选中工作表第 1～4 行，单击鼠标右键，在弹出的快捷菜单中选择“插入”（插入 4 行）。

步骤 3：在 D1:D3 单元格依次输入“产品名称”“电冰箱”“手机”；在 E1:E3 单元格依次输入“销售数量”“>=80”“>=80”。

步骤 4：选中 A5 单元格，在“数据”选项卡下“排序和筛选”组中单击“高级”按钮，在弹出的“高级筛选”对话框的“列表区域”选择“$A$5:$G$53”、“条件区域”选择“$A$1:$G$3”，单击“确定”按钮。

步骤 5：保存并关闭文件。

六、基本操作 6

打开考生文件夹下的电子表格，按照下列要求完成对表格的操作并保存。

1. 打开工作簿文件 EXCEL.xlsx。

（1）将工作表“Sheet1”的 A1:D1 单元格合并为一个单元格，设置内容水平居中；计算各职称（高工、工程师、助工）人数（利用 COUNTIF 函数）和基本工资平均值（元）（利用 AVERAGEIF 函数，数值型，保留小数点后 0 位），置于 G5:G7 和 H5:H7 单元格区域；利用条件格式将 F4:H7 单元格区域设置为“绿 - 黄 - 红色阶”。

（2）选取“职称”列（F4:F7）和“基本工资平均值（元）”列（H4:H7）建立三维簇状柱形图，设置图表标题位于图表上方、图表标题为“人员工资统计图”，添加图表元素“显示模拟运算表”；设置背景墙格式为图案填充、填充样式为虚线网格，将图表插入到工作表 F9:K24 单元格区域内，将工作表命名为“某单位人员工资统计表”，保存 EXCEL.xlsx 文件。

图 4-6-1 是按照上述操作要求制作的样表。

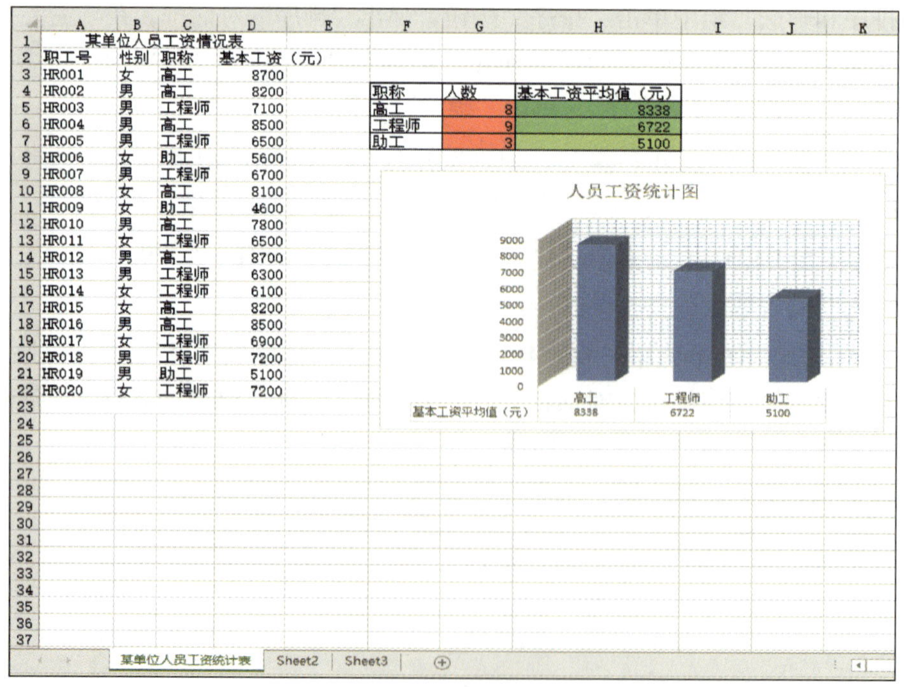

某单位人员工资情况表

职工号	性别	职称	基本工资（元）
HR001	女	高工	8700
HR002	男	高工	8200
HR003	男	工程师	7100
HR004	男	高工	8500
HR005	男	工程师	6500
HR006	女	助工	5600
HR007	男	工程师	6700
HR008	女	高工	8100
HR009	女	助工	4600
HR010	男	高工	7800
HR011	女	工程师	6500
HR012	男	高工	8700
HR013	男	工程师	6300
HR014	女	工程师	6100
HR015	女	高工	8200
HR016	男	高工	8500
HR017	女	工程师	6900
HR018	男	工程师	7200
HR019	男	助工	5100
HR020	女	工程师	7200

职称	人数	基本工资平均值（元）
高工	8	8338
工程师	9	6722
助工	3	5100

图 4-6-1　样表

2. 打开工作簿文件 EXC.xlsx，根据工作表“产品销售情况表”建立数据透视表，按行为季度、列为产品类别、数据为销售额（万元）求和布局，并置于现工作表的 I10:N15 单元格区域，保持工作表表名不变，保存 EXC.xlsx 文件。

图 4-6-2 是按照上述操作要求制作的样表。

	A	B	C	D	E	F	G
1	季度	分公司	产品类别	产品名称	销售数量	销售额（万元）	销售额排名
2	1	西部1	D-1	电视	21	9.37	30
3	1	东部2	K-1	空调	24	8.50	32
4	2	南部1	D-1	电视	27	7.43	34
5	2	北部2	K-1	空调	37	5.11	37
6	3	东部3	D-2	电冰箱	39	9.13	31
7	2	西部1	D-1	电视	42	18.73	13
8	1	北部3	D-2	电冰箱	43	13.80	25
9	3	东部2	K-1	空调	45	15.93	21
10	2	南部3	D-2	电冰箱	45	10.53	29
11	3	南部1	D-1	电视	46	12.65	26
12	2	北部3	D-2	电冰箱	48	15.41	22
13	3	北部2	K-1	空调	53	7.31	35
14	3	北部3	D-2	电冰箱	54	17.33	20
15	1	南部2	K-1	空调	54	19.12	12
16	2	东部1	D-1	电视	56	15.40	23
17	2	西部2	K-1	空调	56	7.73	33
18	3	西部3	D-2	电冰箱	57	18.30	16
19	1	西部3	D-2	电冰箱	58	18.62	14
20	2	南部2	K-1	空调	63	22.30	8
21	3	北部1	D-1	电视	64	28.54	5
22	2	东部3	D-2	电冰箱	65	15.21	24
23	3	东部1	D-1	电视	66	18.15	17
24	1	东部1	D-1	电视	67	18.43	15
25	2	西部3	D-2	电冰箱	69	22.15	9
26	2	北部1	D-1	电视	73	32.56	3
27	3	南部3	D-2	电冰箱	75	17.55	19
28	3	西部1	D-1	电视	78	34.79	2
29	3	西部4	S-1	手机	78	2.34	48
30	2	东部2	K-1	空调	79	27.97	6
31	3	西部2	K-1	空调	84	11.59	28
32	1	北部1	D-1	电视	86	38.36	1
33	1	东部3	D-2	电冰箱	86	20.12	11
34	3	南部2	K-1	空调	86	30.44	4
35	3	东部4	S-1	手机	88	2.64	47
36	2	北部4	S-1	手机	89	2.67	45
37	1	东部4	S-1	手机	89	2.67	45

求和项:销售额（万元）	列标签				
行标签	D-1	D-2	K-1	S-1	总计
1	83.747	73.371	65.176	14.94	237.234
2	74.115	63.297	63.102	14.79	215.304
3	94.132	62.307	65.28	13.35	235.069
总计	251.994	198.975	193.558	43.08	687.607

产品销售情况表　Sheet2　Sheet3

图 4-6-2　样表

第 1 小题：

步骤 1：打开考生文件夹下的 EXCEL.xlsx 文件，选中 A1:D1 单元格，单击“开始”选项卡下“对齐方式”组中的“合并后居中”按钮。

步骤 2：选中 G5 单元格，在编辑栏中输入公式“=COUNTIF($C$3:$C$22,F5)”，按 Enter 键进行计算。使用自动填充工具，填充至 G7 单元格。

步骤 3：选中 H5 单元格，在编辑栏中输入公式“=AVERAGEIF($C$3:$C$22,F5,$D$3:$D$22)”，按 Enter 键进行计算。使用自动填充工具，填充至 H7 单元格。

步骤 4：选中 H5:H7 单元格，单击“开始”选项卡下“数字”组中的扩展按钮，在弹出的“设置单元格格式”对话框中选择“数值”，设置“小数位数”为“0”，单击“确定”按钮。

步骤 5：选中 F4:H7 单元格，在“开始”选项卡下“样式”组中单击“条件格式”下拉按钮，选择“色阶”中的“绿 – 黄 – 红色阶”。

步骤 6：选中 F4:F7 单元格，按住 Ctrl 键，同时选中 H4:H7 单元格，在“插入”选项卡下单击“图表”组中的扩展按钮，在弹出的“插入图表”对话框的“所有图表”选项卡下选择“柱形图”中的“三维簇状柱形图”，单击“确定”按钮。

步骤 7：修改图表标题为“人员工资统计图”。

步骤 8：在“图表工具”|“格式”选项卡下“当前所选内容”组中单击“图表元素”下拉按钮，选中“背景墙”，单击“设置所选内容格式”，在弹出的“设置背景墙格式”任务窗格的“填充”中选中“图案填充”单选框，在下方的“图案”中选择“虚线网格”，单击“关闭”按钮。

步骤 9：在“图表工具”|“图表设计”选项卡下“图表布局”组中单击“添加图表元素”下拉按钮，在“数据表”中选择“其他模拟运算表选项”。

步骤 10：选中图表，拖动到题面指定的位置，适当调整图表大小。

步骤 11：双击工作表“Sheet1”标签，输入“某单位人员工资统计表”，单击任一单元格完成修改。

步骤 12：保存并关闭文件。

第 2 小题：

步骤 1：打开考生文件夹下的 EXC.xlsx 文件，选中 A1 单元格，在“插入”选项卡下“表格”组中单击“数据透视表”按钮，在弹出的“来自表格或区域的数据透视表”对话框中选中“现有工作表”单选框，“位置”选择“I10:N15”单元格，单击“确定”按钮。

步骤 2：在右侧“数据透视表字段”任务窗格中将“季度”字段拖动到“行”区域、“产品类别”字段拖动到“列”区域、“销售额（万元）”字段拖动到“值”区域，单击“关闭”按钮。

步骤 3：保存并关闭文件。

七、基本操作 7

打开考生文件夹下的电子表格，按照下列要求完成对表格的操作并保存。

1. 打开工作簿文件 EXCEL.xlsx。

（1）将工作表“Sheet1”的 A1:G1 单元格合并为一个单元格，设置内容水平居中；计算 2015 年和 2016 年产品销售总量，分别置于 B15 和 D15 单元格内，分别计算 2015 年和 2016 年每个月销量占各自全年总销量的百分比（百分比型，保留小数点后 2 位），分别置于 C3:C14 单元格区域和 E3:E14 单元格区域；计算“同比增长率”列，条件为同比增长率 =（2016 年销量 –2015 年销量）/2015 年销量（百分比型，保留小数点后 2 位），置于 F3:F14 单元格区域；同比增长率大于或等于 10% 的月份在备注栏内填入“较快”，其他填入“一般”（利用 IF 函数），置于 G3:G14 单元格区域内。

（2）选取“月份”列（A2:A14）和“同比增长率”列（F2:F14），建立簇状柱形图，设置图表标题位于图表上方、图表标题为“同比增长率统计图”，设置图例位于底部，将图表插入到工作表 A17:E32 单元格区域内，并将工作表命名为“产品销售统计表”，保存 EXCEL.xlsx 文件。

图 4–7–1 是按照上述操作要求制作的样表。

2. 打开工作簿文件 EXC.xlsx，对工作表“产品销售情况表”进行筛选，条件为所有东部和西部的分公司且销售额高于平均值，保持工作表表名不变，保存 EXC.xlsx 文件。

图 4–7–2 是按照上述操作要求制作的样表。

第 1 小题：

步骤 1：打开考生文件夹下的 EXCEL.xlsx 文件，选中 A1:G1 单元格，单击“开始”选项卡下“对齐方式”组中的“合并后居中”按钮。

步骤 2：选中 B15 单元格，在编辑栏中输入公式“=SUM(B3:B14)”，按 Enter 键进行计算。

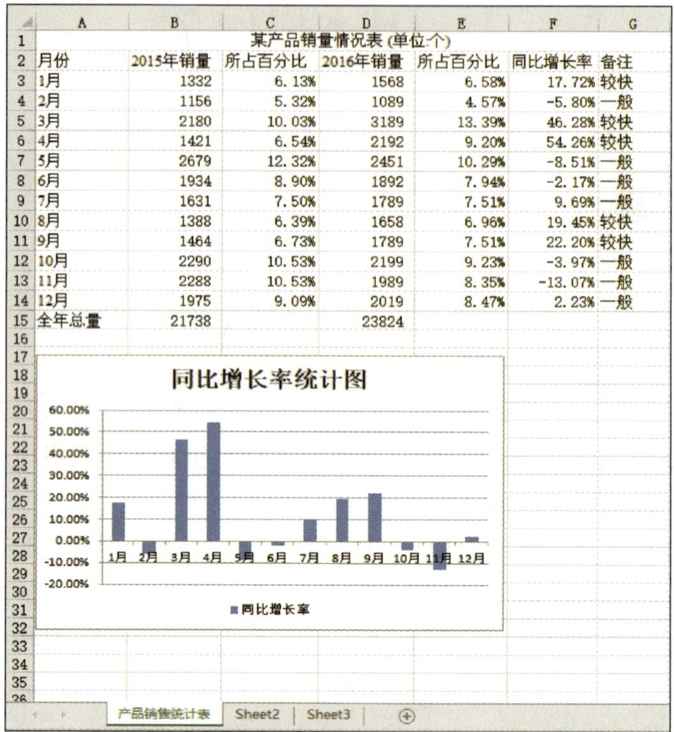

	A	B	C	D	E	F	G
1	某产品销量情况表（单位:个）						
2	月份	2015年销量	所占百分比	2016年销量	所占百分比	同比增长率	备注
3	1月	1332	6.13%	1568	6.58%	17.72%	较快
4	2月	1156	5.32%	1089	4.57%	-5.80%	一般
5	3月	2180	10.03%	3189	13.39%	46.28%	较快
6	4月	1421	6.54%	2192	9.20%	54.26%	较快
7	5月	2679	12.32%	2451	10.29%	-8.51%	一般
8	6月	1934	8.90%	1892	7.94%	-2.17%	一般
9	7月	1631	7.50%	1789	7.51%	9.69%	一般
10	8月	1388	6.39%	1658	6.96%	19.45%	较快
11	9月	1464	6.73%	1789	7.51%	22.20%	较快
12	10月	2290	10.53%	2199	9.23%	-3.97%	一般
13	11月	2288	10.53%	1989	8.35%	-13.07%	一般
14	12月	1975	9.09%	2019	8.47%	2.23%	一般
15	全年总量	21738		23824			

图 4-7-1　样表

	A 季度	B 分公司	C 产品类别	D 产品名称	E 销售数量	F 销售额（万元）	G 销售额排名
7	2	西部1	D-1	电视	42	18.73	13
9	3	东部2	K-1	空调	45	15.93	21
16	2	东部1	D-1	电视	56	15.40	23
18	3	西部3	D-2	电冰箱	57	18.30	16
19	1	西部3	D-2	电冰箱	58	18.62	14
22	2	东部3	D-2	电冰箱	65	15.21	24
23	3	东部1	D-1	电视	66	18.15	17
24	1	东部1	D-1	电视	67	18.43	15
25	2	西部3	D-2	电冰箱	69	22.15	9
28	3	西部1	D-1	电视	78	34.79	2
30	2	东部2	K-1	空调	79	27.97	6
33	1	东部3	D-2	电冰箱	86	20.12	11

产品销售情况表　Sheet2　Sheet3

图 4-7-2　样表

步骤 3：选中 D15 单元格，在编辑栏中输入公式“=SUM(D3:D14)”，按 Enter 键进行计算。

步骤 4：选中 C3 单元格，在编辑栏中输入公式“=B3/$B$15”，按 Enter 键进行计算。使用自动填充工具，填充至 C14 单元格。

步骤 5：选中 C3:C14 单元格，单击“开始”选项卡下“数字”组中的扩展按钮，在弹出的“设置单元格格式”对话框中选择“百分比”，设置“小数位数”为“2”，单击“确定”按钮。

步骤 6：选中 E3 单元格，在编辑栏中输入公式“=D3/$D$15”，按 Enter 键进行计算。使用自动填充工具，填充至 E14 单元格。

步骤 7：选中 E3:E14 单元格，单击“开始”选项卡下“数字”组中的扩展按钮，在弹出的“设置单元格格式”对话框中选择“百分比”，设置“小数位数”为“2”，单击“确定”按钮。

步骤 8：选中 F3 单元格，在编辑栏中输入公式“=(D3−B3)/B3”，按 Enter 键进行计算。使用自动填充工具，填充至 F14 单元格。

步骤 9：选中 F3:F14 单元格，单击“开始”选项卡下“数字”组中的扩展按钮，在弹出的“设置单元格格式”对话框中选择“百分比”，设置“小数位数”为“2”，单击“确定”按钮。

步骤 10：选中 G3 单元格，在编辑栏中输入公式“=IF(F3>=10%," 较快 "," 一般 ")”，按 Enter 键进行计算。使用自动填充工具，填充至 G14 单元格。

步骤 11：选中 A2:A14 单元格，按住 Ctrl 键，同时选中 F2:F14 单元格，在“插入”选项卡下单击“图表”组中的扩展按钮，在弹出的“插入图表”对话框的“所有图表”选项卡下选择“柱形图”中的“簇状柱形图”，单击“确定”按钮。

步骤 12：修改图表标题为“同比增长率统计图”。

步骤 13：在“图表工具”|“图表设计”选项卡下“图表布局”组中单击“添加图表元素”下拉按钮，在“图例”中选择“底部”。

步骤 14：选中图表，拖动到题面指定的位置，并适当调整图表大小。

步骤 15：双击工作表“Sheet1”标签，输入“产品销售统计表”，单击任一单元格完成修改。

步骤 16：保存并关闭文件。

第 2 小题：

步骤 1：打开考生文件夹下的 EXC.xlsx 文件，选中 A1 单元格，在“数据”选项卡下“排序和筛选”组中单击“筛选”按钮。

步骤 2：单击 B1 单元格下拉按钮，选择“文本筛选”中的“自定义筛选”，在弹出的“自定义自动筛选”对话框中设置分公司包含西部或包含东部（注：“西部”和“东部”需手动输入），单击“确定”按钮。

步骤 3：单击 F1 单元格下拉按钮，选择“数字筛选”中的“高于平均值”。

步骤 4：保存并关闭文件。

八、基本操作 8

打开考生文件夹下的电子表格，按照下列要求完成对表格的操作并保存。

1. 打开工作簿文件 EXCEL.xlsx。

（1）将工作表“Sheet1”命名为“十二月份工资表”，用智能填充添加“工号”列。

（2）将工作表“十二月份工资表”中 A1:L1 单元格合并为一个单元格，设置文字居中对齐，设置文字字体为楷体、字号为 16、加粗；将工作表中的其他文字（A2:L40）设置为居中对齐；设置 D3:L40 单元格的数字格式为货币，保留 1 位小数；为表格添加内部框线和外侧框线；设置 A2:L2 单元格的填充颜色为黄色（标准色）。

（3）利用 IF 函数，根据绩效评分计算奖金，奖金计算规则见表 4-8-1。

表 4-8-1　奖金计算规则

绩效评分	奖金
大于或等于 90	1 000 元
大于或等于 80	800 元
大于或等于 70	600 元
大于或等于 60	400 元
小于 60	100 元

（4）利用求和公式计算应发工资（应发工资 = 基本工资 + 岗位津贴 + 房屋补贴 + 饭补 + 奖金）、计算实发工资（实发工资 = 应发工资 – 住房基金 – 所得税）。

（5）选取“工号”列（A2:A40）和“实发工资”列（L2:L40），建立簇状柱形图，设置图表标题为“十二月份工资图”，位于图表上方，将图表插入到工作表的 A42:L60 单元格区域内，保存 EXCEL.xlsx 文件。

图 4–8–1 是按照上述操作要求制作的样表。

2. 打开工作簿文件 EXC.xlsx，对工作表“产品销售情况表”按主要关键字“产品类别”的降序和次要关键字“分公司”的升序进行排序（设置排序依据均为“单元格值”），对排序后的数据进行高级筛选（在数据清单前插入 4 行，将条件区域设在 A1:G3 单元格区域，请在对应字段列内输入条件），条件是产品名称为“空调”或“电视”且销售额排名在前 30（小于或等于 30），保持工作表表名不变，保存 EXC.xlsx 文件。

图 4–8–2 是按照上述操作要求制作的样表。

十二月份工资表

工号	职务	绩效评分	基本工资	岗位津贴	房屋补贴	饭补	奖金	应发工资	住房基金	所得税	实发工资
A01	总经理	93	¥1,452.0	¥1,224.0	¥100.0	¥205.0	¥1,000.0	¥3,981.0	¥178.5	¥356.7	¥3,445.8
A02	助理	84	¥1,270.0	¥1,184.0	¥80.0	¥220.0	¥800.0	¥3,554.0	¥141.7	¥283.4	¥3,128.9
A03	秘书	61	¥1,532.0	¥1,265.0	¥120.0	¥200.0	¥400.0	¥3,517.0	¥188.5	¥376.7	¥2,951.8
A04	主任	94	¥1,329.0	¥1,184.0	¥80.0	¥200.0	¥1,000.0	¥3,793.0	¥162.5	¥324.9	¥3,305.6
A05	助理	97	¥1,412.0	¥1,224.0	¥100.0	¥210.0	¥1,000.0	¥3,946.0	¥164.8	¥329.6	¥3,451.6
A06	部长	88	¥1,452.0	¥1,224.0	¥100.0	¥200.0	¥800.0	¥3,776.0	¥178.1	¥356.2	¥3,241.7
A07	副部长	80	¥1,375.0	¥1,184.0	¥80.0	¥200.0	¥800.0	¥3,639.0	¥153.5	¥307.9	¥3,177.6
A08	出纳	68	¥1,532.0	¥1,265.0	¥120.0	¥200.0	¥400.0	¥3,517.0	¥188.5	¥376.7	¥2,951.8
A09	审计	78	¥1,329.0	¥1,184.0	¥80.0	¥205.0	¥600.0	¥3,398.0	¥162.7	¥325.4	¥2,909.9
A10	出纳	77	¥1,412.0	¥1,224.0	¥100.0	¥210.0	¥600.0	¥3,546.0	¥164.8	¥329.6	¥3,051.6
A11	部长	65	¥1,452.0	¥1,224.0	¥100.0	¥200.0	¥400.0	¥3,376.0	¥178.1	¥356.2	¥2,841.7
A12	专员	51	¥1,375.0	¥1,184.0	¥80.0	¥200.0	¥100.0	¥2,939.0	¥157.5	¥315.9	¥2,465.6
A13	专员	70	¥1,532.0	¥1,265.0	¥120.0	¥200.0	¥600.0	¥3,717.0	¥188.5	¥376.7	¥3,151.8
A14	部长	82	¥1,329.0	¥1,184.0	¥80.0	¥210.0	¥800.0	¥3,603.0	¥162.5	¥325.9	¥3,114.6
A15	设计师	84	¥1,412.0	¥1,224.0	¥100.0	¥220.0	¥800.0	¥3,756.0	¥165.3	¥330.6	¥3,260.1
A16	设计师	87	¥1,329.0	¥1,184.0	¥80.0	¥200.0	¥800.0	¥3,593.0	¥155.5	¥311.3	¥3,126.2
A17	设计师	61	¥1,412.0	¥1,224.0	¥100.0	¥205.0	¥400.0	¥3,341.0	¥179.5	¥359.1	¥2,802.4
A18	设计师	45	¥1,452.0	¥1,224.0	¥100.0	¥210.0	¥100.0	¥3,086.0	¥172.1	¥344.2	¥2,569.7
A19	设计师	78	¥1,375.0	¥1,184.0	¥80.0	¥200.0	¥600.0	¥3,439.0	¥159.4	¥318.9	¥2,960.7
A20	部长	96	¥1,532.0	¥1,265.0	¥120.0	¥220.0	¥1,000.0	¥4,137.0	¥186.5	¥372.3	¥3,578.2
A21	副部长	82	¥1,329.0	¥1,184.0	¥80.0	¥200.0	¥800.0	¥3,593.0	¥155.5	¥311.3	¥3,126.2
A22	销售员	49	¥1,325.0	¥1,184.0	¥80.0	¥205.0	¥100.0	¥2,894.0	¥172.2	¥344.4	¥2,377.4
A23	销售员	48	¥1,412.0	¥1,224.0	¥100.0	¥220.0	¥100.0	¥3,056.0	¥170.6	¥341.2	¥2,544.2
A24	销售员	48	¥1,452.0	¥1,224.0	¥100.0	¥200.0	¥100.0	¥3,076.0	¥166.3	¥332.6	¥2,577.1
A25	销售员	62	¥1,329.0	¥1,184.0	¥80.0	¥200.0	¥400.0	¥3,193.0	¥162.5	¥324.9	¥2,705.6
A26	销售员	77	¥1,412.0	¥1,224.0	¥100.0	¥210.0	¥600.0	¥3,546.0	¥164.8	¥329.6	¥3,051.6
A27	主管	82	¥1,452.0	¥1,224.0	¥100.0	¥200.0	¥800.0	¥3,776.0	¥178.1	¥356.2	¥3,241.7
A28	副主管	78	¥1,375.0	¥1,184.0	¥80.0	¥200.0	¥600.0	¥3,439.0	¥153.5	¥307.9	¥2,977.6
A29	生产员	96	¥1,532.0	¥1,265.0	¥120.0	¥200.0	¥1,000.0	¥4,117.0	¥188.5	¥376.7	¥3,551.8
A30	生产员	82	¥1,329.0	¥1,184.0	¥80.0	¥205.0	¥800.0	¥3,598.0	¥162.7	¥325.4	¥3,109.9
A31	生产员	49	¥1,412.0	¥1,224.0	¥100.0	¥210.0	¥100.0	¥3,046.0	¥164.8	¥329.6	¥2,551.6
A32	生产员	61	¥1,452.0	¥1,224.0	¥100.0	¥200.0	¥400.0	¥3,376.0	¥178.1	¥356.2	¥2,841.7
A33	生产员	45	¥1,375.0	¥1,184.0	¥80.0	¥200.0	¥100.0	¥2,939.0	¥157.5	¥315.9	¥2,465.6
A34	生产员	78	¥1,532.0	¥1,265.0	¥120.0	¥200.0	¥600.0	¥3,717.0	¥188.5	¥376.7	¥3,151.8
A35	生产员	96	¥1,329.0	¥1,184.0	¥80.0	¥210.0	¥1,000.0	¥3,803.0	¥162.5	¥325.9	¥3,314.6
A36	管理员	44	¥1,412.0	¥1,224.0	¥100.0	¥220.0	¥100.0	¥3,056.0	¥165.3	¥330.6	¥2,560.1
A37	管理员	71	¥1,329.0	¥1,184.0	¥80.0	¥200.0	¥600.0	¥3,393.0	¥155.5	¥311.3	¥2,926.2
A38	管理员	52	¥1,412.0	¥1,224.0	¥100.0	¥205.0	¥100.0	¥3,041.0	¥179.5	¥359.1	¥2,502.4

十二月份工资表 Sheet2 Sheet3

a）

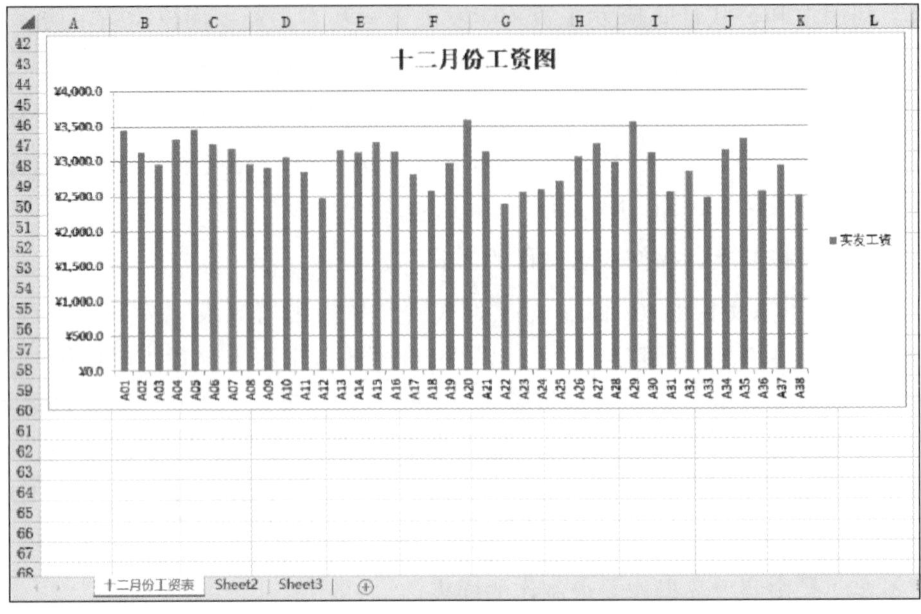

b）

图 4-8-1　样表

	A	B	C	D	E	F	G
1				产品名称			销售额排名
2				空调			<=30
3				电视			<=30
4							
5	季度	分公司	产品类别	产品名称	销售数量	销售额（万元）	销售额排名
20	1	北部2	K-1	空调	156	25.28	7
22	3	东部2	K-1	空调	45	15.93	21
23	2	东部2	K-1	空调	79	27.97	6
24	1	南部2	K-1	空调	54	19.12	12
25	2	南部2	K-1	空调	63	22.30	8
26	3	南部2	K-1	空调	86	30.44	4
28	3	西部2	K-1	空调	84	11.59	28
29	1	西部2	K-1	空调	89	12.28	27
42	3	北部1	D-1	电视	64	28.54	5
43	2	北部1	D-1	电视	73	32.56	3
44	1	北部1	D-1	电视	86	38.36	1
45	2	东部1	D-1	电视	56	15.40	23
46	3	东部1	D-1	电视	66	18.15	17
47	1	东部1	D-1	电视	67	18.43	15
49	3	南部1	D-1	电视	46	12.65	26
50	1	南部1	D-1	电视	164	17.60	18
51	1	西部1	D-1	电视	21	9.37	30
52	2	西部1	D-1	电视	42	18.73	13
53	3	西部1	D-1	电视	78	34.79	2
54							
55							

产品销售情况表　Sheet2　Sheet3

图 4-8-2　样表

第 1 小题：

步骤 1：打开考生文件夹下的 EXCEL.xlsx 文件，双击工作表“Sheet1”标签，输入“十二月份工资表”，单击任一单元格完成修改。

步骤 2：选中 A3:A4 单元格，把光标移到右下角，当光标形状变成十字光标“+”时，双击鼠标左键，快速填充。

步骤 3：选中 A1:L1 单元格，单击“开始”选项卡下“对齐方式”组中的“合并后居中”按钮。

步骤 4：选中 A1 单元格，在“开始”选项卡下“字体”组中单击“字体”下拉按钮，选择“楷体”。单击“字号”下拉按钮，选择“16”。单击“加粗”按钮。

步骤 5：选中 A2:L40 单元格，在“开始”选项卡下“对齐方式”组中单击“居中”按钮。

步骤 6：选中 D3:L40 单元格，单击“开始”选项卡下“数字”组中的扩展按钮，在弹出的“设置单元格格式”对话框中选择“货币”，设置“小数位数”为“1”，单击“确定”按钮。

步骤 7：选中 A1:L40 单元格，在“开始”选项卡下“字体”组中单击“下框线”下拉按钮，选择“所有框线”。

步骤 8：选中 A2:L2 单元格，单击“开始”选项卡下“字体”组中的“填充颜色”下拉按钮，选择“标准色”中的“黄色”。

步骤 9：选中 H3 单元格，在编辑栏中入公式“=IF(C3>=90,1000,IF(C3>=80,800,IF(C3>=70,600,IF(C3>=60,400,100))))”，按 Enter 键进行计算。使用自动填充工具，填充至 H40 单元格。

步骤 10：选中 I3 单元格，在编辑栏中输入公式“=SUM(D3:H3)”，按 Enter 键进行计算。使用自动填充工具，填充至 I40 单元格。

步骤 11：选中 L3 单元格，在编辑栏中输入公式“=I3–J3–K3”，按 Enter 键进行计算。使用自动填充工具，填充至 L40 单元格。

步骤 12：选中 A2:A40 单元格，按住 Ctrl 键，同时选中 L2:L40 单元格，在“插入”选项卡下单击“图表”组中的“扩展”按钮，在弹出的“插入图表”对话框的“所有图表”选项卡下选择“柱形图”中的“簇状柱形图”，单击“确定”按钮。

步骤 13：修改图表标题为“十二月份工资图”（此时图表标题已在上方，位置无须修改）。

步骤 14：选中图表，拖动到题面指定的位置，并适当调整图表大小。

步骤 15：保存并关闭文件。

第 2 小题：

步骤 1：打开考生文件夹下的 EXC.xlsx 文件，选中 A1 单元格，在“数据”选项卡下“排序和筛选”组中单击“排序”按钮，弹出“排序”对话框，在“主要关键字”中选择“产品类别”，在“次序”中选择“降序”。单击“添加条件”按钮，在“次要关键字”中选择“分公司”，单击“确定”按钮。

步骤 2：选中工作表第 1～4 行，单击鼠标右键，在弹出的快捷菜单中选择“插入”（插入 4 行）。

步骤 3：在 D1:D3 单元格依次输入“产品名称”“空调”“电视”；在 G1:G3 单元格依次输入“销售额排名”“<=30”“<=30”。

步骤 4：选中 A5 单元格，在“数据”选项卡下“排序和筛选”组中单击“高级”按钮，在弹出的“高级筛选”对话框的“列表区域”选择“$A$5:$G$53”，在“条件区域”选择“$A$1:$G$3”，单击“确定”按钮。

步骤 5：保存并关闭文件。

九、基本操作 9

打开考生文件夹下的工作簿文件 EXCEL.xlsx，按照下列要求完成对此表格的操作并保存。

1. 将工作表“Sheet1”的 A1:N1 单元格合并为一个单元格，设置内容居中对齐；利用 SUM 函数计算 A 产品、B 产品的全年销售总量（数值型，保留小数点后 0 位），分别置于 N3、N4 单元格内；计算 A 产品和 B 产品每月销售量占全年销售总量的百分比（百分比型，保留小数点后 2 位），分别置于 B5:M5 和 B6:M6 单元格区域内；利用 IF 函数计算“销售表现”行（B7:M7），条件为如果某月 A 所占百分比大于 10% 并且 B 所占百分比也大于 10%，在相应单元格内填入“优良”，否则填入“中等”，利用条件格式中图标集的四等级修饰 B3:M4 单元格区域。

2. 选取工作表“Sheet1”的“月份”行（A2:M2）和“A 所占百分比”行（A5:M5）、“B 所占百分比”行（A6:M6）建立簇状柱形图，设置图表标题为“产品销售统计图”、图例位于底部；设置系列“A 所占百分比”为纯色填充（蓝色，个性色 1，深色 25%）、系列“B 所占百分比”为纯色填充（橄榄色，个性色 3，深色 25%）；将图表插入到当前工作表的 A9:J25 单元格区域内，将工作表“Sheet1”命名为“产品销售情况表”。

3. 选择工作表“图书销售统计表”，对该工作表按主要关键字“图书类别”的降序和次要关键字“季度”的升序进行排序；完成对各图书类别销售数量（册）求和的分类汇总，设置汇总结果显示在数据下方，保持工作表表名不变，保存 EXCEL.xlsx 文件。

图 4-9-1 是按照上述操作要求制作的样表。

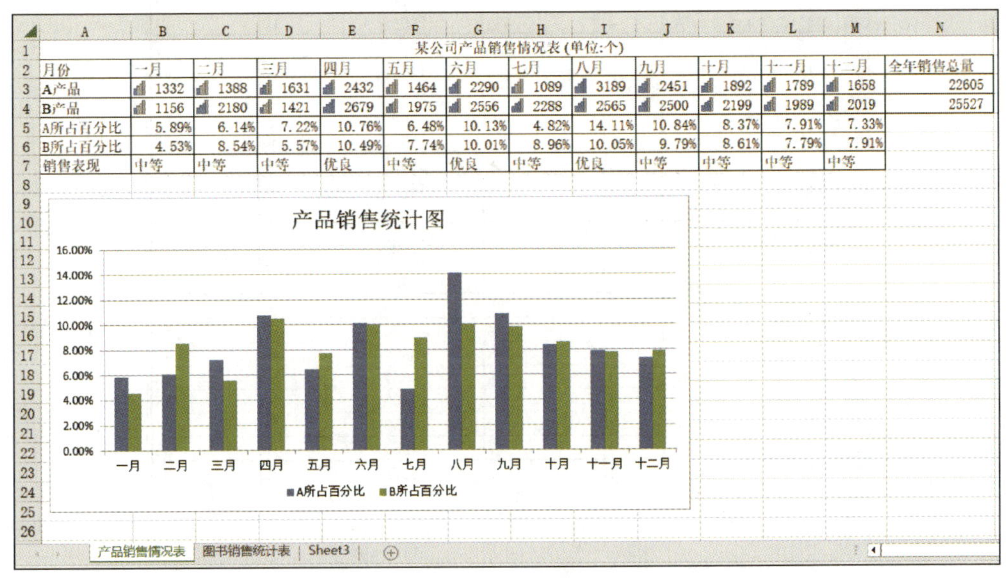

某公司产品销售情况表 (单位:个)

月份	一月	二月	三月	四月	五月	六月	七月	八月	九月	十月	十一月	十二月	全年销售总量
A产品	1332	1388	1631	2432	1464	2290	1089	3189	2451	1892	1789	1658	22605
B产品	1156	2180	1421	2679	1975	2556	2288	2565	2500	2199	1989	2019	25527
A所占百分比	5.89%	6.14%	7.22%	10.76%	6.48%	10.13%	4.82%	14.11%	10.84%	8.37%	7.91%	7.33%	
B所占百分比	4.53%	8.54%	5.57%	10.49%	7.74%	10.01%	8.96%	10.05%	9.79%	8.61%	7.79%	7.91%	
销售表现	中等	中等	中等	优良	中等	优良	中等	优良	中等	中等	中等	中等	

a）

	A	B	C	D	E	F	G
1	经销部门	图书类别	季度	销售数量(册)	销售额(元)	销售数量排名	销售额排名
2	第2分部	生物科学	1	206	14420	53	34
3	第3分部	生物科学	1	212	14840	51	33
4	第1分部	生物科学	1	345	24150	23	15
5	第4分部	生物科学	1	324	22680	29	21
6	第2分部	生物科学	2	256	17920	39	28
7	第3分部	生物科学	2	345	24150	23	15
8	第1分部	生物科学	2	412	28840	17	10
9	第4分部	生物科学	2	329	23030	28	19
10	第3分部	生物科学	3	124	8680	64	60
11	第2分部	生物科学	3	234	16380	40	29
12	第1分部	生物科学	3	323	22610	31	22
13	第4分部	生物科学	3	378	26460	19	14
14	第3分部	生物科学	4	157	10990	60	43
15	第1分部	生物科学	4	187	13090	57	38
16	第2分部	生物科学	4	196	13720	55	37
17	第4分部	生物科学	4	398	27860	18	12
18		**生物科学 汇总**		4426			
19	第2分部	农业科学	1	221	6630	44	64
20	第3分部	农业科学	1	306	29180	35	9
21	第1分部	农业科学	1	765	22950	4	20
22	第4分部	农业科学	1	156	10786	61	47
23	第2分部	农业科学	2	312	9360	34	56
24	第1分部	农业科学	2	654	19620	5	26
25	第4分部	农业科学	2	217	20453	48	25
26	第3分部	农业科学	2	148	9078	62	57

产品销售情况表　图书销售统计表　Sheet3

b)

	A	B	C	D	E	F	G
46	第3分部	交通科学	3	216	10238	49	51
47	第2分部	交通科学	3	542	41234	9	2
48	第2分部	交通科学	4	341	26785	27	13
49	第3分部	交通科学	4	432	20563	12	24
50	第1分部	交通科学	4	365	29879	20	7
51	第4分部	交通科学	4	261	11675	38	41
52		**交通科学 汇总**		4973			
53	第2分部	工业技术	1	167	8350	58	61
54	第3分部	工业技术	1	301	15050	36	32
55	第1分部	工业技术	1	569	28450	7	11
56	第4分部	工业技术	1	234	14321	40	36
57	第3分部	工业技术	2	321	9630	32	54
58	第1分部	工业技术	2	435	21750	11	23
59	第2分部	工业技术	2	211	10550	52	49
60	第4分部	工业技术	2	432	31256	12	6
61	第3分部	工业技术	3	189	9450	56	55
62	第1分部	工业技术	3	324	16200	29	31
63	第2分部	工业技术	3	218	10900	47	46
64	第4分部	工业技术	3	129	9637	63	53
65	第3分部	工业技术	4	213	10650	50	48
66	第2分部	工业技术	4	219	10950	45	44
67	第1分部	工业技术	4	287	14350	37	35
68	第4分部	工业技术	4	112	8178	66	62
69		**工业技术 汇总**		4361			
70		**总计**		19638			
71							

产品销售情况表　图书销售统计表　Sheet3

c)

图 4-9-1　样表

第 1 小题：

步骤 1：打开考生文件夹下的 EXCEL.xlsx 文件，在工作表“Sheet1”中选中 A1:N1 单元格，单击“开始”选项卡下“对齐方式”组中的“合并后居中”按钮。

步骤 2：选中 N3 单元格，在编辑栏中输入公式“=SUM(B3:M3)”，按 Enter 键进行计算。使用自动填充工具，填充至 N4 单元格（默认格式是数值型，保留 0 位小数，不用重新设置）。

步骤 3：选中 B5 单元格，在编辑栏中输入公式“=B3/$N3”，按 Enter 键进行计算。使用自动填充工具，向右填充至 M5 单元格，向下填充至 B6 单元格，继续向右填充至 M6 单元格。

步骤 4：选中 B5:M6 单元格，单击“开始”选项卡下“数字”组中的扩展按钮，在弹出的“设置单元格格式”对话框中选择“百分比”，设置“小数位数”为“2”，单击“确定”按钮。

步骤 5：选中 B7 单元格，在编辑栏中输入公式“=IF(AND(B5>10%,B6>10%), " 优良 ", " 中等 ")”，按 Enter 键进行计算。使用自动填充工具，填充至 M7 单元格。

步骤 6：选中 B3:M4 单元格，单击“开始”选项卡下“样式”组中的“条件格式”下拉按钮，在“图标集”中选择“四等级”。

第 2 小题：

步骤 1：选中 A2:M2 单元格，按住 Ctrl 键，同时选中 A5:M6 单元格，在“插入”选项卡下“图表”组中单击“插入柱形图或条形图”下拉按钮，选择“簇状柱形图”。

步骤 2：在“图表工具”|“图表设计”选项卡下“图表布局”组中单击“添加图表元素”下拉按钮，在“图表标题”中选择“图表上方”，输入标题“产品销售统计图”；在“图例”中选择“底部”。

步骤 3：在“图表工具”|“格式”选项卡下“当前所选内容”组中单击“图表元素”下拉按钮，选择“系列‘A 所占百分比’”，单击“设置所选内容格式”，在弹出的“设置数据系列格式”任务窗格中切换到“填充与线条”选项卡下，在“填充”中选中“纯色填充”单选框，单击“颜色”下拉按钮，选择“主题颜色”中的“蓝色，个性色 1，深色 25%”，单击“关闭”按钮。

步骤 4：重复步骤 3，为“系列‘B 所占百分比’”设置纯色填充（橄榄色，个性色 3，深色 25%）。

步骤 5：选中图表，拖动到题面指定的位置，并适当调整图表大小。

步骤 6：双击工作表“Sheet1”标签，输入“产品销售情况表”，单击任一单元格完成修改。

第 3 小题：

步骤 1：在“图书销售统计表”工作表中选中 A1 单元格，在“数据”选项卡下“排序和筛选”组中单击“排序”按钮。

步骤 2：在弹出的“排序”对话框的“主要关键字”中选择“图书类别”，在“排序依据”中选择“单元格值”，在“次序”中选择“降序”；单击“添加条件”按钮，在“次要关键字”中选择“季度”，在“排序依据”中选择“单元格值”，在“次序”中选择“升序”，单击“确定”按钮。

步骤 3：在“数据”选项卡下“分级显示”组中单击“分类汇总”按钮，在弹出的“分类汇总”对话框的“分类字段”中选择“图书类别”，在“汇总方式”中选择“求和”，在“选定汇总项”中勾选“销售数量（册）”复选框，取消勾选“销售额排名”复选框（其余选项保持不变），单击“确定”按钮。

步骤 4：保存并关闭文件。

十、基本操作 10

打开考生文件夹下的工作簿文件 EXCEL.xlsx，按照下列要求完成对此表格的操作并保存。

1. 将工作表“Sheet1”的 A1:E1 单元格合并为一个单元格，设置内容居中对齐；计算“工资合计”列，置于 E3:E24 单元格区域（利用 SUM 函数，数值型，保留小数点后 0 位）；计算具有“高工”“工程师”“助工”职称的人数，置于 H3:H5 单元格区域

（利用 COUNTIF 函数）；计算人数总计，置于 H6 单元格；计算各工资合计范围的人数，置于 H9:H12 单元格区域（利用 COUNTIF 函数）；计算每个工资合计范围人数占总人数的百分比，置于 I9:I12 单元格区域（百分比型，保留小数点后 2 位）；利用条件格式将 E3:E24 单元格区域高于平均值的单元格设置为绿填充色深绿色文本、低于平均值的单元格设置为浅红色填充。

2. 选取工作表“Sheet1”中“工资合计范围”列（G8:G12）和“所占百分比”列（I8:I12），建立三维簇状柱形图，设置图表标题为“工资统计图”，删除图例，为图表添加模拟运算表；设置图表背景墙为纯色填充（橄榄色，个性色 3，淡色 80%）；将图表插入到当前工作表的 G15:M30 区域内，将工作表“Sheet1”命名为“工资统计表”。

3. 选择工作表“图书销售统计表”，对该工作表按主要关键字“经销部门”的升序和次要关键字“图书类别”的降序进行排序；对排序后的数据进行筛选，条件为第 1 分部和第 3 分部、销售额排名小于 20，保持工作表表名不变，保存 EXCEL.xlsx 文件。

图 4-10-1 是按照上述操作要求制作的样表。

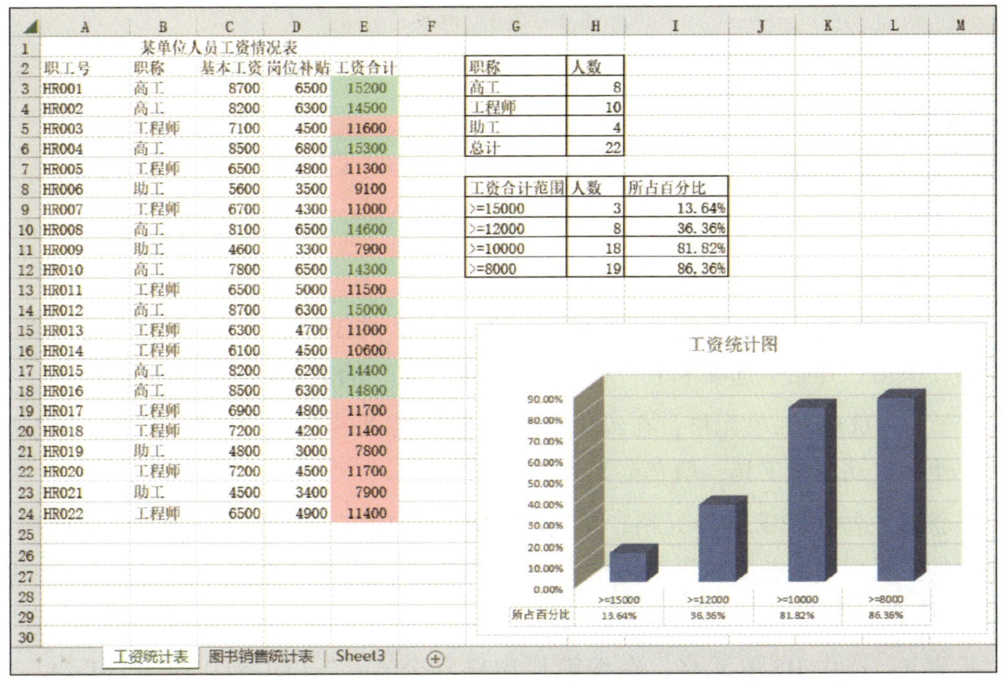

某单位人员工资情况表

职工号	职称	基本工资	岗位补贴	工资合计
HR001	高工	8700	6500	15200
HR002	高工	8200	6300	14500
HR003	工程师	7100	4500	11600
HR004	高工	8500	6800	15300
HR005	工程师	6500	4800	11300
HR006	助工	5600	3500	9100
HR007	工程师	6700	4300	11000
HR008	高工	8100	6500	14600
HR009	助工	4600	3300	7900
HR010	高工	7800	6500	14300
HR011	工程师	6500	5000	11500
HR012	高工	8700	6300	15000
HR013	工程师	6300	4700	11000
HR014	工程师	6100	4500	10600
HR015	高工	8200	6200	14400
HR016	高工	8500	6300	14800
HR017	工程师	6900	4800	11700
HR018	工程师	7200	4200	11400
HR019	助工	4800	3000	7800
HR020	工程师	7200	4500	11700
HR021	助工	4500	3400	7900
HR022	工程师	6500	4900	11400

职称	人数
高工	8
工程师	10
助工	4
总计	22

工资合计范围	人数	所占百分比
>=15000	3	13.64%
>=12000	8	36.36%
>=10000	18	81.82%
>=8000	19	86.36%

a）

	A	B	C	D	E	F	G
1	经销部门	图书类别	季度	销售数量(册	销售额(元	销售数量排	销售额排名
4	第1分部	生物科学	1	345	24150	20	15
5	第1分部	生物科学	2	412	28840	14	10
10	第1分部	交通科学	1	436	35648	7	3
11	第1分部	交通科学	3	231	23217	40	18
12	第1分部	交通科学	4	365	29879	17	7
13	第1分部	交通科学	2	654	45321	2	1
17	第1分部	工业技术	1	569	28450	4	11
36	第3分部	生物科学	2	345	24150	20	15
38	第3分部	农业科学	4	432	32960	9	4
39	第3分部	农业科学	1	306	29180	32	9
66							
67							
68							
69							
70							
71							
72							
73							
74							
75							
76							
77							
78							
79							
80							

工资统计表 | 图书销售统计表 | Sheet3

b）

图 4-10-1　样表

第 1 小题：

步骤 1：打开考生文件夹下的 EXCEL.xlsx 文件，在工作表“Sheet1”中选中 A1:E1 单元格，单击“开始”选项卡下“对齐方式”组中的“合并后居中”按钮。

步骤 2：选中 E3 单元格，在编辑栏中输入公式“=SUM(C3:D3)”，按 Enter 键进行计算。使用自动填充工具，填充至 E24 单元格。

步骤 3：选中 E3:E24 单元格，单击“开始”选项卡下“数字”组中的扩展按钮，在弹出的“设置单元格格式”对话框中选择“数值”，设置“小数位数”为“0”，单击“确定”按钮。

步骤 4：选中 H3 单元格，在编辑栏中输入公式：“=COUNTIF($B$3:$B$24,G3)”，按 Enter 键进行计算。使用自动填充工具，填充至 H5 单元格。

步骤 5：选中 H6 单元格，在编辑栏中输入公式“=SUM(H3:H5)”，按 Enter 键进行计算。

步骤 6：选中 H9 单元格，在编辑栏中输入公式“=COUNTIF($E$3:$E$24,G9)”按 Enter 键进行计算。使用自动填充工具，填充至 H12 单元格。

步骤 7：选中 I9 单元格，在编辑栏中输入公式“=H9/$H$6”，按 Enter 键进行计算。使用自动填充工具，填充至 I12 单元格。

步骤 8：选中 I9:112 单元格，单击“开始”选项卡下“数字”组中的扩展按钮，在弹出的“设置单元格格式”对话框中选择“百分比”，设置“小数位数”为“2”，单击“确定”按钮。

步骤 9：选中 E3:E24 单元格，在“开始”选项卡下“样式”组中单击“条件格式”下拉按钮，选择“最前 / 最后规则”中的“高于平均值”，设置为“绿填充色深绿色文本”，单击“确定”按钮；再次单击“条件格式”下拉按钮，选择“最前 / 最后规则”中的“低于平均值”，设置为“浅红色填充”，单击“确定”按钮。

第 2 小题：

步骤 1：选中 G8:G12，按住 Ctrl 键，同时选中 I8:I12 单元格，在“插入”选项卡下“图表”组中单击“插入柱形图或条形图”下拉按钮，选择“三维簇状柱形图”。

步骤 2：修改图表标题为“工资统计图”；在“图表工具”|“图表设计”选项卡下“图表布局”组中单击“添加图表元素”下拉按钮，在“图例”中选择“无”；在“数据表”中选择“其他模拟运算表选项”。

步骤 3：在“图表工具”|“格式”选项卡下“当前所选内容”组中单击“图表元素”下拉按钮，选择“背景墙”，单击“设置所选内容格式”按钮，在弹出的“设置背景墙格式”对话框的“填充与线条”选项卡下“填充”中选中“纯色填充”单选框，单击“颜色”下拉按钮，选择“橄榄色，个性色 3，淡色 80%”，单击“关闭”按钮。

步骤 4：选中图表，拖动到题面指定的位置，并适当调整图表大小。

步骤 5：双击工作表“sheet1”标签，输入“工资统计表”，单击任一单元格完成工作表重命名。

第 3 小题：

步骤 1：在工作表“图书销售统计表”中选中 A1 单元格，在“数据”选项卡下“排序和筛选”组中单击“排序”按钮。

步骤 2：在弹出的“排序”对话框的“主要关键字”中选择“经销部门”，在“排序依据”中选择“单元格值”，在“次序”中选择“升序”；单击“添加条件”按钮，在“次要关键字”中选择“图书类别”，在“排序依据”中选择“单元格值”，在“次序”中选择“降序”，单击“确定”按钮。

步骤 3：在“数据”选项卡下“排序和筛选”组中单击“筛选”按钮，单击 A1 单元格下拉按钮，取消勾选“全选”复选框，只勾选“第 1 分部”和“第 3 分部”，单击

“确定”按钮；单击G1单元格下拉按钮，在“数字筛选”中选择“小于”，在弹出的“自定义自动筛选”对话框中输入“20”，单击“确定”按钮。

步骤4：保存并关闭文件。

十一、基本操作11

打开考生文件夹下的工作簿文件EXCEL.xlsx，按照下列要求完成对此表格的操作并保存。

1. 将工作表“Sheet1”的A1:H1单元格合并为一个单元格，设置内容居中对齐；计算“地区月气温平均值”行（利用AVERAGE函数）、“地区月气温最高值”行（利用MAX函数）、“地区月气温最低值”行（利用MIN函数）（均为数值型，保留小数点后0位）；设置C2:H8单元格的列宽为8厘米；利用条件格式中“3个三角形”修饰C3:H5单元格；计算北部、中部、南部第三季度和第四季度气温平均值，置于K3:L5单元格内。

2. 选取工作表“Sheet1”的B2:H5单元格建立三维折线图，设置图表标题为“地区平均气温统计图”、位于图表上方，设置图表主要纵坐标轴标题为“气温”（竖排标题），设置图例位于图表底部，将图表插入到当前工作表的A10:H24单元格内，将工作表“Sheet1”命名为“地区平均气温统计表”。

3. 选择工作表“图书销售统计表”，根据该工作表建立数据透视表，按行标签为图书类别、列标签为经销部门、数值为销售额（元）求和布局，并置于现工作表的I5:N11单元格，保持工作表表名不变，保存EXCEL.xlsx文件。

图4-11-1是按照上述操作要求制作的样表。

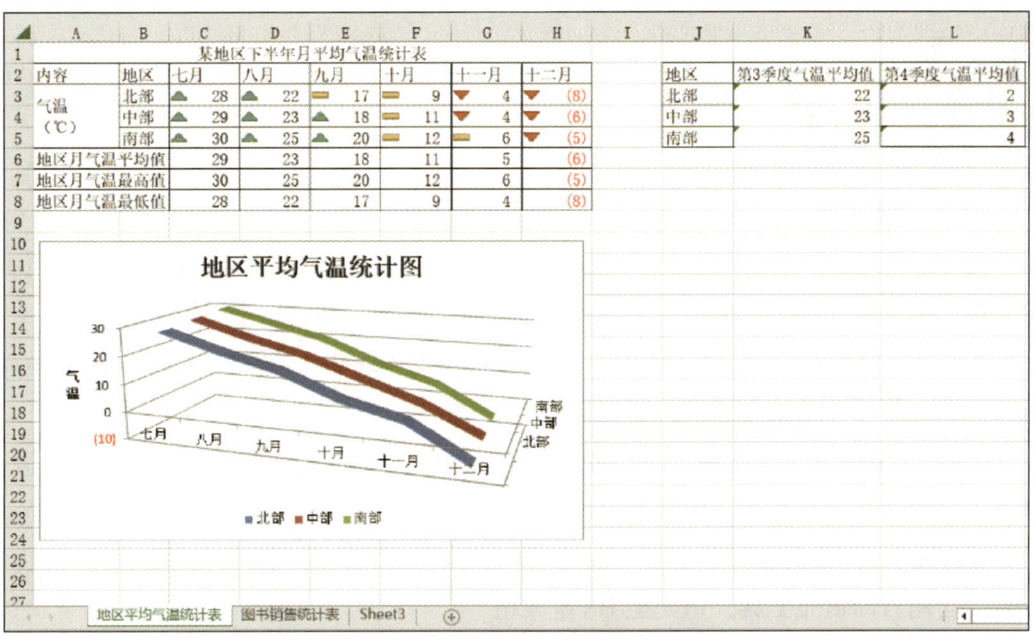

某地区下半年月平均气温统计表							
内容	地区	七月	八月	九月	十月	十一月	十二月
气温（℃）	北部	28	22	17	9	4	(8)
	中部	29	23	18	11	4	(6)
	南部	30	25	20	12	6	(5)
地区月气温平均值		29	23	18	11	5	(6)
地区月气温最高值		30	25	20	12	6	(5)
地区月气温最低值		28	22	17	9	4	(8)

地区	第3季度气温平均值	第4季度气温平均值
北部	22	2
中部	23	3
南部	25	4

a）

求和项:销售额(元)	列标签				
行标签	第1分部	第2分部	第3分部	第4分部	总计
工业技术	80750	40750	44780	63392	229672
交通科学	134065	99422	49241	50747	333475
农业科学	63780	44910	84208	93115	286013
生物科学	88690	62440	58660	100030	309820
总计	**367285**	**247522**	**236889**	**307284**	**1158980**

地区平均气温统计表 | 图书销售统计表 | Sheet3

b）

图 4-11-1 样表

第 1 小题：

步骤 1：打开考生文件夹下的 EXCEL.xlsx 文件，在工作表“Sheet1”中选中 A1:H1 单元格，单击“开始”选项卡下“对齐方式”组中的“合并后居中”按钮。

步骤 2：选中 C6 单元格，在编辑栏中输入公式“=AVERAGE(C3:C5)”，按 Enter 键进行计算。使用自动填充工具，填充至 H6 单元格。

步骤 3：选中 C7 单元格，在编辑栏中输入公式“=MAX(C3:C5)”，按 Enter 键进行计算。使用自动填充工具，填充至 H7 单元格。

步骤 4：选中 C8 单元格，在编辑栏中输入公式“=MIN(C3:C5)”，按 Enter 键进行计算。使用自动填充工具，填充至 H8 单元格。

步骤 5：选中 C6:H8 单元格，单击“开始”选项卡下“数字”组中的扩展按钮，在弹出的“设置单元格格式”对话框中选择“数值”，设置“小数位数”为“0”，单击“确定”按钮。

步骤 6：选中 C2:H8 单元格，在“开始”选项卡下“单元格”组中单击“格式”下拉按钮，选择“列宽”，在弹出的“列宽”对话框中将“列宽”设置为“8”，单击“确定”按钮。

步骤 7：选中 C3:H5 单元格，在“开始”选项卡下“样式”组中单击“条件格式”下拉按钮，选择“图标集”中的“其他规则”，在弹出的“新建格式规则”对话框的“格式样式”中选择“图标集”，在“图标样式”选择“3 个三角形”，单击“确定”按钮。

步骤 8：选中 K3 单元格，在编辑栏中输入公式“=AVERAGE(C3:E3)”，按 Enter 键进行计算。使用自动填充工具，填充至 K5 单元格。

步骤 9：选中 L3 单元格，在编辑栏中输入公式“=AVERAGE(F3:H3)”，按 Enter 键进行计算。使用自动填充工具，填充至 L5 单元格。

第 2 小题：

步骤 1：选中 B2:H5 单元格，在“插入”选项卡下“图表”组中单击“插入折线图或面积图”下拉按钮，选择“三维折线图”。

步骤 2：在“图表工具”|“图表设计”选项卡下“图表布局”组中单击“添加图表元素”下拉按钮，在“图表标题”中选择“图表上方”，修改图表标题为“地区平均

气温统计图”；单击“添加图表元素”下拉按钮，在“坐标轴标题”中选择“主要纵坐标轴”。选中“纵坐标轴标题”后单击鼠标右键，在弹出的快捷菜单中选择“设置坐标轴标题格式”，在弹出的“设置坐标轴标题格式”任务窗格的“大小与属性”选项卡下“对齐方式”中设置“文字方向”为“竖排”，将纵坐标轴标题修改为“气温”，单击“关闭”按钮（图例已经显示在图表底部了，无须设置）。

步骤 3：选中图表，拖动到题面指定的位置，并适当调整图表大小。

步骤 4：双击工作表“Sheet1”标签，输入“地区平均气温统计表”，单击任一单元格完成修改。

第 3 小题：

步骤 1：在工作表“图书销售统计表”中选中 A1 单元格，在“插入”选项卡下“表格”组中单击“数据透视表”下拉按钮，选择“表格和区域”，在弹出的“来自表格或区域的数据透视表”对话框中选择“现有工作表”中的“I5”单元格，单击“确定”按钮。

步骤 2：在右侧“数据透视表字段”任务窗格中将“图书类别”字段拖到“行”区域、“经销部门”字段拖到“列”区域、“销售额（元）”拖到“值”区域，单击“关闭”按钮。

步骤 3：保存并关闭文件。

十二、基本操作 12

打开考生文件夹下的工作簿文件 EXCEL.xlsx，按照下列要求完成对此表格的操作并保存。

1. 将工作表“Sheet1”的 A1:G1 单元格合并为一个单元格，设置内容居中对齐；利用 AVERAGE 函数计算每名学生的平均成绩，置于“平均成绩”列（F3:F32，数值型，保留小数点后 0 位）；利用 IF 函数计算“备注”列（G3:G32），条件为如果学生平均成绩大于或等于 80，填入“A”，否则填入“B”；利用 AVERAGEIF 函数分别计算一班、二班、三班的数学、物理、语文平均成绩（数值型，保留小数点后 0 位），置于 J6:L8 单元格相应位置；利用条件格式将 F3:F32 单元格区域中高于平均成绩的单元格设置为绿填充色深绿色文本、低于平均成绩的单元格设置为浅红色填充，设置 A2:G32 单元格区域套用表格样式为“白色，表样式浅色 8”。

2. 选取工作表“Sheet1”的 I5:L8 单元格建立三维簇状柱形图，设置图表标题为“平均成绩统计图”、位于图表上方，设置图例位置靠上，设置图表背景墙为纯色填充（白色，背景 1，深色 15%），将图表插入到当前工作表的 I10:N25 单元格区域内，将工作表“Sheet1”命名为“平均成绩统计表”。

3. 选择工作表“图书销售统计表”，对该工作表进行高级筛选（在数据清单前插入 4 行，将条件区域设在 A1:G3 单元格区域，请在对应字段列内输入条件），条件是图书类别为“生物科学”或“农业科学”且销售额排名在前 20 名（请用 <=20），保持工作表表名不变，保存 EXCEL.xlsx 文件。

图 4-12-1 是按照上述操作要求制作的样表。

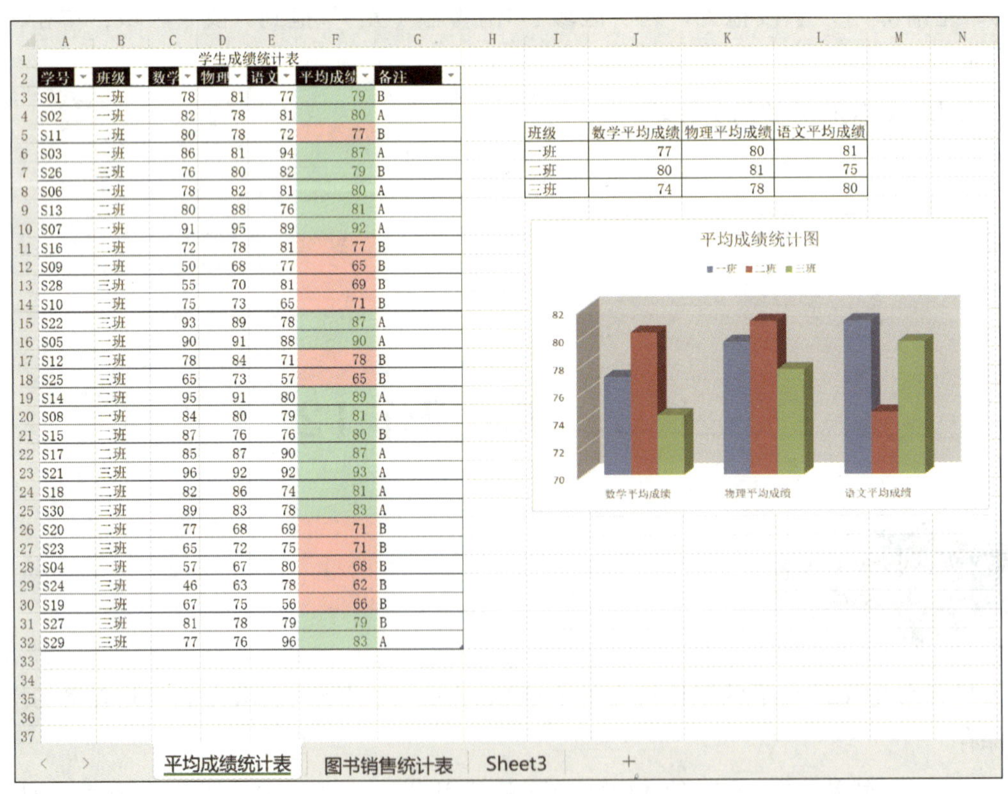

学生成绩统计表

学号	班级	数学	物理	语文	平均成绩	备注
S01	一班	78	81	77	79	B
S02	一班	82	78	81	80	A
S11	二班	80	78	72	77	B
S03	一班	86	81	94	87	A
S26	三班	76	80	82	79	B
S06	一班	78	82	81	80	A
S13	二班	80	88	76	81	A
S07	一班	91	95	89	92	A
S16	二班	72	78	81	77	B
S09	一班	50	68	77	65	B
S28	三班	55	70	81	69	B
S10	一班	75	73	65	71	B
S22	三班	93	89	78	87	A
S05	一班	90	91	88	90	A
S12	二班	78	84	71	78	B
S25	三班	65	73	57	65	B
S14	二班	95	91	80	89	A
S08	一班	84	80	79	81	A
S15	二班	87	76	76	80	B
S17	二班	85	87	90	87	A
S21	三班	96	92	92	93	A
S18	二班	82	86	74	81	A
S30	三班	89	83	78	83	A
S20	二班	77	68	69	71	B
S23	三班	65	72	75	71	B
S04	一班	57	67	80	68	B
S24	三班	46	63	78	62	B
S19	二班	67	75	56	66	B
S27	三班	81	78	79	79	B
S29	三班	77	76	96	83	A

班级	数学平均成绩	物理平均成绩	语文平均成绩
一班	77	80	81
二班	80	81	75
三班	74	78	80

a）

	A	B	C	D	E	F	G
1		图书类别					销售额排名
2		生物科学					<=20
3		农业科学					<=20
4							
5	经销部门	图书类别	季度	销售数量(册)	销售额(元)	销售数量排名	销售额排名
21	第3分部	农业科学	4	432	32960	9	4
28	第3分部	农业科学	1	306	29180	32	9
29	第3分部	生物科学	2	345	24150	20	15
32	第1分部	生物科学	1	345	24150	20	15
34	第1分部	生物科学	2	412	28840	14	10
38	第1分部	农业科学	1	765	22950	1	20
39	第4分部	生物科学	3	378	26460	16	14
42	第4分部	生物科学	2	329	23030	25	19
43	第4分部	生物科学	4	398	27860	15	12
52	第4分部	农业科学	4	421	32534	12	5
67	第4分部	农业科学	3	356	29342	19	8
70							
71							
72							
73							
74							
75							
76							
77							
78							
79							

平均成绩统计表 | 图书销售统计表 | Sheet3

b）

图 4-12-1 样表

第 1 小题：

步骤 1：打开考生文件夹下的 EXCEL.xlsx 文件，在工作表“Sheet1”中选中 A1:G1 单元格，单击“开始”选项卡下“对齐方式”组中的“合并后居中”按钮。

步骤 2：选中 F3 单元格，在编辑栏中输入公式“=AVERAGE(C3:E3)”，按 Enter 键进行计算。使用自动填充工具，填充至 F32 单元格。

步骤 3：选中 F3:F32 单元格，单击“开始”选项卡下“数字”组中的扩展按钮，在弹出的“设置单元格格式”对话框中选择“数值”，设置“小数位数”为“0”，单击“确定”按钮。

步骤 4：选中 G3 单元格，在编辑栏中输入公式“=IF(F3>=80,"A","B")”，按 Enter 键进行计算。使用自动填充工具，填充至 G32 单元格。

步骤 5：选中 J6 单元格，在编辑栏中输入公式“=AVERAGEIF($B$3:$B$32,$I6,C$3:C$32)”，按 Enter 键进行计算。使用自动填充工具，向右、向下填充至 L8 单元格。

步骤 6：选中 J6:L8 单元格，单击“开始”选项卡下“数字”组中的扩展按钮，在弹出的“设置单元格格式”对话框中选择“数值”，设置“小数位数”为“0”，单击“确定”按钮。

步骤 7：选中 F3:F32 单元格，在“开始”选项卡下“样式”组中单击“条件格式”下拉按钮，选择“最前 / 最后规则”中的“高于平均值”，设置为“绿填充色深绿色文本”，单击“确定”按钮；再次单击“条件格式”下拉按钮，选择“最前 / 最后规则”中的“低于平均值”，设置为“浅红色填充”，单击“确定”按钮。

步骤 8：选中 A2:G32 单元格，在“开始”选项卡下“样式”组中单击“套用表格格式”下拉按钮，选择“白色，表样式浅色 8”，在弹出的“创建表”对话框中单击“确定”按钮。

第 2 小题：

步骤 1：选中 I5:L8 单元格，在“插入”选项卡下“图表”组中单击“插入柱形图或条形图”下拉按钮，选择“三维簇状柱形图”。

步骤 2：在“图表工具”|“图表设计”选项卡下“图表布局”组中单击“添加图表元素”下拉按钮，在“图表标题”中选择“图表上方”，修改图表标题为“平均成绩统计图”；在“图例”中选择“顶部”。

步骤 3：在“图表工具”|“格式”选项卡下“当前所选内容”组中单击“图表元素”下拉按钮，选择“背景墙”，单击“设置所选内容格式”按钮，在弹出的“设置背景墙格式”任务窗格的“填充与线条”选项卡下选中“填充”中的“纯色填充”单选框，选择“颜色”中的“白色，背景 1，深色 15%”，单击“关闭”按钮。

步骤 4：选中图表，拖动到题面指定的位置，并适当调整图表大小。

步骤 5：双击工作表“Sheet1”标签，输入“平均成绩统计表”，单击任一单元格完成修改。

第 3 小题：

步骤 1：在工作表“图书销售统计表”中选中第 1 ~ 4 行，在“开始”选项卡下“单元格”组中单击“插入”按钮（可一次性插入 4 行）。

步骤 2：在 B1:B3 单元格依次输入“图书类别”“生物科学”“农业科学”；在 G1:G3 单元格依次输入“销售额排名”“<=20”“<=20”。

步骤 3：选中数据区域任一单元格，例如 B9 单元格，在“数据”选项卡下“排序和筛选”组中单击“高级”按钮，在弹出的“高级筛选”对话框的“条件区域”选择“A1:G3”单元格，直接单击“确定”按钮。

步骤 4：保存并关闭文件。

十三、基本操作 13

打开考生文件夹下的电子表格，按照下列要求完成对表格的操作并保存。

1. 打开工作簿文件 EXCEL.xlsx。

（1）将工作表“Sheet1”的 A1:K1 单元格合并为一个单元格，设置文字居中对齐；利用填充柄将“学号”列填充完整；计算“平均成绩”列（数值型，保留小数点后 2 位）；根据平均成绩，利用 RANK 函数按降序计算“名次”；为数据区域 A2:K44 单元格套用表格格式“蓝色，表样式浅色 13”。

（2）选取“学号”列（B2:B44）和“软件测试技术”列（F2:F44）的单元格内容，建立簇状柱形图，设置图表标题为“软件测试技术成绩统计图”，不显示图例，显示数据标签，将图表插入到当前工作表的 A46:K62 单元格区域内。

（3）利用填充柄将工作表“Sheet2”的“学号”列填充完整，利用公式计算每门课程的“学分”列（数值型，保留小数点后 0 位），条件为该门课程的成绩大于或等于 60 才可以得到相应的学分，否则学分为 0；每门课程对应的学分请参考工作表“课程对应学分”。

（4）计算工作表“Sheet2”的“总学分”列（数值型，保留小数点后 0 位），根据总学分填充“学期评价”列，条件为总学分大于或等于 14 的学期评价为“合格”，总学分小于 14 的学期评价为“不合格”。

图 4–13–1 是按照上述操作要求制作的样表。

2. 打开工作簿文件 EXC.xlsx，根据工作表“销售清单”建立数据透视表，按行标签为销售员、列标签为类别、数值为销售额求和布局，并置于现工作表的 L2:P12 单元格，保持工作表表名不变，保存 EXC.xlsx 文件。

图 4–13–2 是按照上述操作要求制作的样表。

班级课程成绩表

序号	学号	Oracle数据库应用开发	中国特色社会主义体系概论	前端设计与开发	软件测试技术	移动应用开发	职业生涯规划	分布式数据库	平均成绩	名次
1	X1601	53	74	45	60	60	77	29	56.86	32
2	X1602	90	87	91	92	90	90	86	89.43	1
3	X1603	63	76	65	63	60	76	64	66.71	24
4	X1604	60	47	28	60	60	75	24	50.57	37
5	X1605	70	71	70	62	60	76	63	67.43	21
6	X1606	60	80	76	75	60	67	60	68.29	20
7	X1607	65	87	77	63	70	81	70	73.29	16
8	X1608	42	41	38	60	60	60	2	43.29	42
9	X1609	75	74	74	68	70	79	89	75.57	11
10	X1610	90	69	94	53	80	77	63	75.14	13
11	X1611	85	88	84	76	85	80	95	84.71	4
12	X1612	69	75	69	61	60	78	79	70.14	18
13	X1613	72	78	72	67	60	77	89	73.57	15
14	X1614	84	80	62	71	60	84	61	71.71	17
15	X1615	89	78	80	71	85	81	94	82.57	6
16	X1616	71	73	81	61	85	82	85	76.86	9
17	X1617	44	67	15	53	30	83	33	46.43	41
18	X1618	35	64	10	60	30	82	68	49.86	38
19	X1619	93	86	82	76	85	83	84	84.14	5
20	X1620	67	78	39	63	60	65	29	57.29	31
21	X1621	77	81	82	51	60	80	87	74.00	14
22	X1622	85	77	81	60	60	81	93	76.71	10
23	X1623	73	70	60	66	60	77	61	66.71	24
24	X1624	86	81	83	75	60	82	86	79.00	7
25	X1625	87	73	88	71	60	82	66	75.29	12
26	X1626	78	83	62	50	60	80	66	68.43	19
27	X1627	69	78	73	62	60	85	23	64.29	26
28	X1628	61	75	62	50	60	81	18	58.14	30
29	X1629	79	72	60	49	60	78	72	67.14	22
30	X1630	88	86	88	61	65	79	78	77.86	8
31	X1631	97	77	85	76	90	90	86	85.86	3
32	X1632	75	71	30	60	60	65	62	60.43	29
33	X1633	55	68	45	60	60	66	34	55.43	33
34	X1634	47	63	40	48	60	65	7	47.14	40
35	X1635	38	70	28	47	60	75	22	48.57	39
36	X1636	78	61	47	60	60	65	62	61.86	28
37	X1637	91	87	86	92	85	89	88	88.29	2
38	X1638	82	63	69	48	60	82	66	67.14	22
39	X1639	0	55	55	60	60	82	60	53.14	35
40	X1640	69	62	61	50	60	83	60	63.57	27
41	X1641	0	75	54	51	60	60	61	51.57	36
42	X1642	82	0	77	80	65	0	84	55.43	33

a）

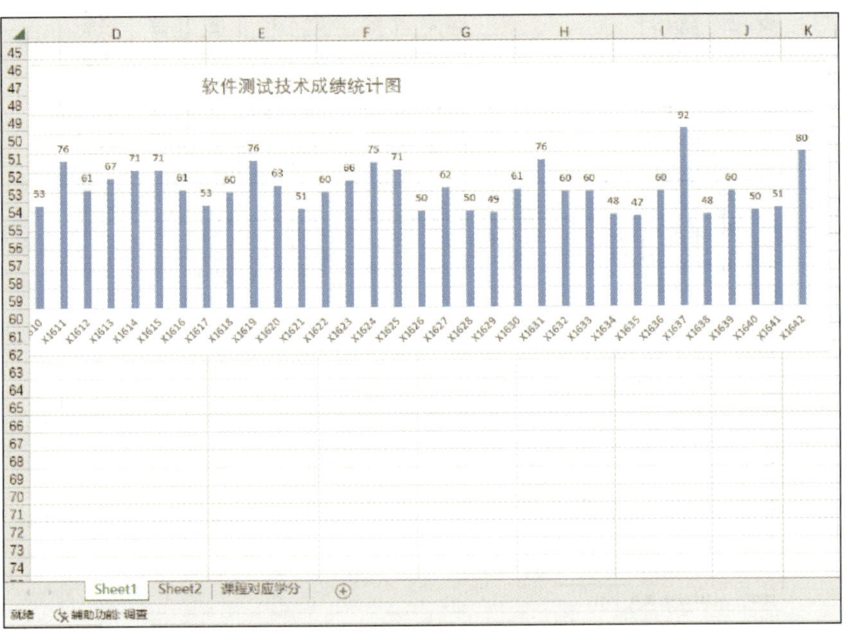

b）

序号	学号	Oracle数据库应用开发 学分	中国特色社会主义体系概论 学分	前端设计与开发 学分	软件测试技术 学分	移动应用开发 学分	职业生涯规划 学分	分布式数据库 学分	总学分	学期评价
1	X1601	0	2	0	4	4	2	0	12	不合格
2	X1602	4	2	4	4	4	2	2	22	合格
3	X1603	4	2	4	4	4	2	2	22	合格
4	X1604	4	0	0	4	4	2	0	14	合格
5	X1605	4	2	4	4	4	2	2	22	合格
6	X1606	4	2	4	4	4	2	2	22	合格
7	X1607	4	2	4	4	4	2	2	22	合格
8	X1608	0	0	0	4	4	2	0	10	不合格
9	X1609	4	2	4	4	4	2	2	22	合格
10	X1610	4	2	4	0	4	2	2	18	合格
11	X1611	4	2	4	4	4	2	2	22	合格
12	X1612	4	2	4	4	4	2	2	22	合格
13	X1613	4	2	4	4	4	2	2	22	合格
14	X1614	4	2	4	4	4	2	2	22	合格
15	X1615	4	2	4	4	4	2	2	22	合格
16	X1616	4	2	4	4	4	2	2	22	合格
17	X1617	0	2	0	0	0	2	0	4	不合格
18	X1618	0	2	0	4	0	2	2	10	不合格
19	X1619	4	2	4	4	4	2	2	22	合格
20	X1620	4	2	0	4	4	2	0	16	合格
21	X1621	4	2	4	0	4	2	2	18	合格
22	X1622	4	2	4	4	4	2	2	22	合格
23	X1623	4	2	4	4	4	2	2	22	合格
24	X1624	4	2	4	4	4	2	2	22	合格
25	X1625	4	2	4	4	4	2	2	22	合格
26	X1626	4	2	4	0	4	2	2	18	合格

Sheet1　Sheet2　课程对应学分

就绪　辅助功能: 调查

	A	B	C	D	E	F	G	H	I	J	K
30	27	X1627	4	2	4	4	4	2	0	20	合格
31	28	X1628	4	2	4	0	4	2	0	16	合格
32	29	X1629	4	2	4	0	4	2	2	18	合格
33	30	X1630	4	2	4	4	4	2	2	22	合格
34	31	X1631	4	2	4	4	4	2	2	22	合格
35	32	X1632	4	2	0	4	4	2	2	18	合格
36	33	X1633	0	2	0	4	4	2	0	12	不合格
37	34	X1634	0	2	0	0	4	2	0	8	不合格
38	35	X1635	0	2	0	0	4	2	0	8	不合格
39	36	X1636	4	2	0	4	4	2	2	18	合格
40	37	X1637	4	2	4	4	4	2	2	22	合格
41	38	X1638	4	2	4	0	4	2	2	18	合格
42	39	X1639	0	0	0	4	4	2	2	12	不合格
43	40	X1640	4	2	4	0	4	2	2	18	合格
44	41	X1641	0	2	0	0	4	2	2	10	不合格
45	42	X1642	4	0	4	4	4	0	2	18	合格
46											
47											
48											
49											
50											
51											
52											
53											
54											
55											
56											
57											
58											
59											
60											

Sheet1　Sheet2　课程对应学分

就绪　辅助功能: 调查

c）

图 4-13-1　样表

	K	L	M	N	O	P
1						
2		求和项:销售额	类别			
3		销售员	冰箱	彩电	空调	总计
4		A1	¥50,976	¥49,056	¥17,328	¥117,360
5		A2	¥35,760			¥35,760
6		A3		¥85,968	¥8,964	¥94,932
7		A4	¥5,664	¥27,832		¥33,496
8		A5		¥179,872		¥179,872
9		A6		¥11,928	¥68,724	¥80,652
10		A7			¥110,556	¥110,556
11		A8			¥101,080	¥101,080
12		**总计**	**¥92,400**	**¥354,656**	**¥306,652**	**¥753,708**
13						
14						
15						
16						
17						
18						
19						
20						
21						
22						
23						
24						
25						
26						
27						
28						
29						
30						

销售清单

就绪　辅助功能: 一切就绪

图 4-13-2　样表

第 1 小题：

步骤 1：打开考生文件夹下的 EXCEL.xlsx 文件，在工作表“Sheet1”中选中 A1:K1 单元格，单击“开始”选项卡下“对齐方式”组中的“合并后居中”按钮。

步骤 2：选中 B3:B4 单元格，在 B4 单元格右下角双击十字光标填充数据。

步骤 3：选中 J3 单元格，在编辑栏中输入公式“=AVERAGE(C3:I3)”，按 Enter 键进行计算。使用自动填充工具，填充至 J44 单元格。

步骤 4：选中 J3:J44 单元格，单击“开始”选项卡下“数字”组中的扩展按钮，在弹出的“设置单元格格式”对话框中选择“数值”，设置“小数位数”为“2”，单击“确定”按钮。

步骤 5：选中 K3 单元格，在编辑栏中输入公式“=RANK(J3,$J$3:$J$44,0)”，按 Enter 键进行计算。使用自动填充工具，填充至 K44 单元格。

步骤 6：选中 A2:K44 单元格，在“开始”选项卡下“样式”组中单击“套用表格格式”下拉按钮，选择“蓝色，表样式浅色 13”，在弹出的“创建表”对话框中单击“确定”按钮。

步骤 7：按住 Ctrl 键，同时选中 B2:B44 和 F2:F44 单元格，在“插入”选项卡下“图表”组中单击“插入柱形图或条形图”下拉按钮，选择“簇状柱形图”。

步骤 8：修改图表标题为“软件测试技术成绩统计图”，在“图表工具”|“图表设计”选项卡下“图表布局”组中单击“添加图表元素”下拉按钮，在“图例”中选择“无”；在“数据标签”中选择“数据标签外”（任意选择一种模式，显示数据标签即可）。

步骤 9：选中图表，拖动到题面指定的位置，并适当调整图表大小。

步骤 10：在工作表“Sheet2”中选中 B4:B5 单元格，在 B5 单元格右下角双击十字光标填充数据。

步骤 11：选中 C4 单元格，在编辑栏中输入公式“=IF(Sheet1!C3>=60,VLOOKUP(C$2,课程对应学分!$A$2:$B$8,2,0),0)”，按 Enter 键进行计算。使用自动填充工具，向下、向右填充至 I45 单元格。

步骤 12：选中 C4:I45 单元格，单击“开始”选项卡下“数字”组中的扩展按钮，在弹出的“设置单元格格式”对话框中选择“数值”，设置“小数位数”为“0”，单击“确定”按钮。

步骤 13：选中 J4 单元格，在编辑栏中输入公式“=SUM(C4:I4)”，按 Enter 键进行计算。使用自动填充工具，填充至 J45 单元格。

步骤 14：选中 J4:J45 单元格，单击“开始”选项卡下“数字”组中的扩展按钮，在弹出的“设置单元格格式”对话框中选择“数值”，设置“小数位数”为“0”，单击“确定”按钮。

步骤 15：选中 K4 单元格，在编辑栏中输入公式“=IF(J4>=14," 合格 "," 不合格 ")”，按 Enter 键进行计算。使用自动填充工具，填充至 K45 单元格。

步骤 16：保存并关闭文件。

第 2 小题：

步骤 1：打开考生文件夹下的 EXC.xlsx 文件，选中数据区域中的任一单元格，在“插入”选项卡下“表格”组中单击“数据透视表”按钮，选择“表格和区域”，在弹出的“来自表格或区域的数据透视表”对话框中选择“现有工作表”的“L2”单元格，单击“确定”按钮。

步骤 2：在右侧“数据透视表字段”对话框中，将“销售员”字段拖到“行”区域、“类别”字段拖到“列”区域、“销售额”字段拖到“值”区域，单击“关闭”按钮。

步骤 3：修改 L3 单元格为“销售员”，M2 单元格为“类别”。

步骤 4：选中 M4:P12 单元格，单击“开始”选项卡下“数字”组中的扩展按钮，在弹出的“设置单元格格式”对话框中选择“货币”，设置“小数位数”为“0”、货币符号为“¥”（人民币，第 2 个），单击“确定”按钮。

步骤 5：保存并关闭文件。

十四、基本操作 14

打开考生文件夹下的工作簿文件 EXCEL.xlsx，按照下列要求完成对此表格的操作

并保存。

1. 选择工作表“Sheet1”，在第 1 行数据前插入一行，在 A1 单元格输入文字“销售订单”，将 A1:J1 单元格合并为一个单元格，设置内容居中对齐；设置合并后的单元格文字字体为隶书、字号为 36、底色填充为浅绿；将工作表“Sheet1”命名为“产品销售表”；利用 VLOOKUP 函数计算出“单价”列；利用公式计算“销售额”列（F3:F72）（货币型，保留小数点后 1 位）；利用 SUM 函数计算数量、销售额的合计，分别置于 D73、F73 单元格内；利用 IF 函数计算出“销售表现”列，条件为如果销售额所占百分比大于 5% 或者数量所占百分比大于 10%，在相应单元格内填入“优”，如果销售额所占百分比小于 0.1%，在相应单元格内填入“差”，否则填入“中等”；利用条件格式修饰单元格 J3:J72 区域，将所有销售表现为“优”的单元格设置为“浅红填充色深红色文本”，所有销售表现为“差”的单元格设置为“绿填充色深绿色文本”。

2. 将工作表“产品销售表”复制为工作表“产品销售表（2）”，对工作表“产品销售表（2）”按主要关键字“供货商”的升序和次要关键字“销售额”的降序进行排序；完成对供货商销售额合计的分类汇总，设置汇总结果显示在数据下方，并且只显示到 2 级，将工作表重命名为“销售统计”，保存 EXCEL.xlsx 文件。

图 4-14-1 是按照上述操作要求制作的样表。

	A	B	C	D	E	F	G	H	I	J
1	销售订单									
2	序号	结算单日期	名称	数量	单价	销售额	供货商	部门	关键字	销售表现
3	1	2017-12-19	金士顿（Kingston）128GB 80MB/s TF Class10 UHS-I高速存储卡	3	438	¥1,314.0	A企业	北京A2大学	金士顿	中等
4	2	2017-12-15	KINGSTON 金士顿 DT 100G3 32GB USB3.0 U盘	48	155	¥7,440.0	B企业	北京A2大学	金士顿	中等
5	3	2017-12-8	惠普 原厂耗材-CE742A	1	1699	¥1,699.0	C企业	北京A21研究所	惠普	中等
6	4	2017-12-6	TP-LINK交换设备TL-SG1008+	2	250	¥500.0	D企业	北京A3大学	TP-LINK	中等
7	5	2017-11-15	希捷（seagate） 6TB3.5寸NAS级SATA	4	2950	¥11,800.0	C企业	北京A5中心	希捷	中等
8	6	2017-11-17	KINGSTON 金士顿 DT 100G3 32GB USB3.0 U盘	5	155	¥775.0	B企业	北京A12学区	金士顿	中等
9	7	2017-11-14	莱盛（laser）LS-88A 硒鼓	2	159	¥318.0	E企业	北京A24学院	莱盛光标	差
10	8	2017-11-13	神龙灭火器-手提式灭火器MFZ/ABC5	30	117	¥3,510.0	D企业	北京A18办公室	神龙	中等
11	9	2017-11-3	西部数据（WD 2TB 2.5英寸 移动硬盘 WDBYFT0020BBK-CESN	2	689	¥1,378.0	C企业	北京A10管理处	西部数据	中等
12	10	2017-11-2	惠普 原厂耗材 78A	4	499	¥1,996.0	A企业	北京A20大队	惠普	中等
13	11	2017-10-17	格力空调KFR-32GW/(32570)Aa-2	3	2880	¥8,640.0	D企业	北京A5中心	格力	中等
14	12	2017-10-10	NPG-51	7	346	¥2,422.0	F企业	北京A22局	佳能	中等
15	13	2017-9-11	旗乐捷印 500张70/80g A4/A3复印纸	500	19	¥9,500.0	G企业	北京A17中心	旗乐	优
16	14	2017-9-11	惠普（HP）CE313A 红色硒鼓 126A	25	335	¥8,375.0	G企业	北京A17中心	惠普	中等
17	15	2017-9-7	硒鼓 318 Y	2	966	¥1,932.0	C企业	北京A11机关	佳能	中等
18	16	2017-9-6	希捷Backup Plus睿品2.5英寸 USB3.0（STDR1000300） 黑色 1T	1	478	¥478.0	C企业	北京A11机关	希捷	中等
19	17	2017-8-30	MFZ/ABC5kg	10	115	¥1,150.0	F企业	北京A13局	神龙	中等
20	18	2017-6-28	微软 surface book I7/16G内存/1TB硬盘/13.5寸触摸屏/GTX965显卡	1	24588	¥24,588.0	C企业	北京A2大学	微软	优
21	19	2017-6-26	惠普 CF300A	1	801	¥801.0	C企业	北京A23办事处	惠普	中等
22	20	2017-6-19	索尼（SONY）ICD-SX2000 数码录音棒	2	1999	¥3,998.0	H企业	北京A12学区	索尼	中等

销售统计　产品销售表　产品价格表

	A	B	C	D	E	F	G	H	I	J
23	21	2017-6-19	五星红鸟 70gA4	125	21	¥2,625.0	C企业	北京A11机关	五星红鸟	中等
24	22	2017-6-16	金旗舰 A3 80g/m^2	50	57.35	¥2,867.5	B企业	北京A19研究院	金旗舰	中等
25	23	2017-6-15	东芝 2050C	2	499	¥998.0	C企业	北京A8学院	东芝	中等
26	24	2017-6-15	闪迪 SANDISK 至尊高速酷豆 CZ43 USB 3.0 U盘 32GB	8	80	¥640.0	H企业	北京A8学院	闪迪	中等
27	25	2017-6-6	aigo爱国者无线移动硬盘 2TB	1	1349	¥1,349.0	C企业	北京A1大学	爱国者	中等
28	26	2017-5-15	针式打印机	2	4888	¥9,776.0	I企业	北京A10管理处	爱普生	中等
29	27	2017-5-9	西部数据 WD ELEMENTS 新元素系列 2.5英寸 USB3.0 500GB	1	389	¥389.0	C企业	北京A6学院	西部数据	差
30	28	2017-3-27	浪潮 NF8465M4 机架式服务器	1	84000	¥84,000.0	A企业	北京A13局	浪潮	优
31	29	2017-3-23	酷刃U盘	10	120	¥1,200.0	I企业	北京A10管理处	闪迪	中等
32	30	2017-2-14	莱盛光标LS-78A	12	164	¥1,968.0	H企业	北京A22局	莱盛光标	中等
33	31	2017-1-12	惠普 原厂耗材 78A	2	499	¥998.0	C企业	北京A6学院	惠普	中等
34	32	2017-12-19	广丰 LED屏播放控制系统	1	12150	¥12,150.0	G企业	北京A23办事处	广丰	中等
35	33	2017-12-15	惠普（HP）CF228A 黑色硒鼓 28A	1	645	¥645.0	G企业	北京A3大学	惠普	中等
36	34	2017-12-13	金士顿U盘DT50 64G USB3.1	20	216	¥4,320.0	D企业	北京A17中心	金士顿	中等
37	35	2017-12-11	复印纸 A3 70G 500张/包	5	51.8	¥259.0	I企业	北京A11机关	金旗舰	差
38	36	2017-12-7	金旗舰 A4 80g/m^2	100	29.1	¥2,910.0	C企业	北京A1大学	金旗舰	中等
39	37	2017-12-4	STDR2000301	3	760	¥2,280.0	F企业	北京A7大学	希捷	中等
40	38	2017-11-24	利市 A3 70g/m^2	60	38.8	¥2,328.0	B企业	北京A21研究所	利市	中等
41	39	2017-11-21	理光 SP 200C黑色硒鼓 Print Cartridge SP 200C	4	602.5	¥2,410.0	G企业	北京A22局	理光	中等
42	40	2017-11-13	闪迪 至尊高速Type-C 64GB USB3.1双接口OTG U盘	4	220	¥880.0	A企业	北京A3大学	闪迪	中等
43	41	2017-11-6	柯尼卡美能达-打印设备-多功能一体机-TMP31	5	320	¥1,600.0	D企业	北京A4大学	柯尼卡美能达	中等

销售统计 产品销售表 产品价格表

	A	B	C	D	E	F	G	H	I	J
44	42	2017-10-24	亿捷（EAGET）U90 U盘64G USB3.0高速全金属防水防震便携款 银色高薄	29	132.17	¥3,832.9	J企业	北京A15小学	亿捷	中等
45	43	2017-10-23	惠普 原厂耗材-Q7516A	5	1119	¥5,595.0	C企业	北京A6学院	惠普	中等
46	44	2017-10-18	富士施乐FujiXerox VC2263/2265彩色复合机	1	25479	¥25,479.0	H企业	北京A10管理处	富士施乐	优
47	45	2017-10-16	惠普（HP）CD973AA 920XL号超高容品红色墨盒	1	95	¥95.0	G企业	北京A10管理处	惠普	差
48	46	2017-10-11	原厂耗材-CE410A	2	479	¥958.0	D企业	北京A26总队	惠普	中等
49	47	2017-9-28	惠普 原厂耗材-Q7516A	1	1119	¥1,119.0	A企业	北京A14中学	惠普	中等
50	48	2017-9-28	得力 A4 70g/m^2	300	17.5	¥5,250.0	C企业	北京A25医院	得力	优
51	49	2017-9-28	希捷（Seagate） 1TB USB3.0 2.5英寸 移动硬盘 (STDR1000300)	6	438	¥2,628.0	G企业	北京A13局	希捷	中等
52	50	2017-9-21	索尼（SONY）ICD-UX565F 数码录音棒	50	1299	¥64,950.0	H企业	北京A13局	索尼	优
53	51	2017-8-28	惠普（HP）LaserJet C7115A黑色硒鼓 15A	6	734	¥4,404.0	G企业	北京A19研究院	惠普	中等
54	52	2017-7-21	闪迪 CZ50 16G U盘	95	37	¥3,515.0	A企业	北京A16办公室	闪迪	中等
55	53	2017-7-4	Lowepro-BP250摄影包	2	1078	¥2,156.0	C企业	北京A24学院	佳能	中等
56	54	2017-6-30	盈佳 YJ-3119	1	135	¥135.0	C企业	北京A6学院	盈佳	差
57	55	2017-5-23	佳信捷 管理平台系统-JXJ-VN5000	1	11500	¥11,500.0	A企业	北京A16办公室	佳信捷	中等
58	56	2017-5-19	惠普 原厂耗材-CE742A	1	1699	¥1,699.0	A企业	北京A26总队	惠普	中等
59	57	2017-5-16	亿捷 EAGET U90 USB3.0极速防水防尘防静电全金属刀锋U盘 16g 银色	10	62.6	¥626.0	C企业	北京A8学院	亿捷	中等
60	58	2017-5-9	惠普 78A	1	465	¥465.0	C企业	北京A22局	惠普	中等
61	59	2017-5-5	联想 F309 1T 移动硬盘	5	460	¥2,300.0	A企业	北京A3大学	联想	中等
62	60	2017-5-2	金旗舰 A3 80g/m^3	50	57.35	¥2,867.5	B企业	北京A8学院	金旗舰	中等
63	61	2017-4-11	兄弟 HL-3150CDN 激光打印机	1	2480	¥2,480.0	A企业	北京A13局	兄弟	中等
64	62	2017-2-6	得力电子密码防盗保险箱3617	1	2754	¥2,754.0	G企业	北京A16办公室	得力	中等

销售统计 产品销售表 产品价格表

	A	B	C	D	E	F	G	H	I	J
65	63	2017-12-20	铁三角 T-VGA	15	135	¥2,025.0	C企业	北京A6学院	铁三角	中等
66	64	2017-12-14	盈佳 YJ-CE310A K	2	135	¥270.0	C企业	北京A6学院	盈佳	差
67	65	2017-12-11	东芝 DP-2802AF 数码复合机	1	5799	¥5,799.0	C企业	北京A16办公室	东芝	中等
68	66	2017-12-7	西部数据（WD）2.5英寸 USB3.0 移动硬盘 1TB（WDBUZG0010BBK）	1	418	¥418.0	G企业	北京A14中学	西部数据	中等
69	67	2017-12-7	闪迪 高速金属迷你优盘 3.0高速版(64GB)	1	179	¥179.0	D企业	北京A21研究所	闪迪	差
70	68	2017-11-28	金士顿（Kingston） DT 100G3 128GB USB3.0 U盘	6	358	¥2,148.0	B企业	北京A7大学	金士顿	中等
71	69	2017-11-27	金旗舰 B5 70g/m^2	5	19.1	¥95.5	C企业	北京A1大学	金旗舰	差
72	70	2017-11-24	惠普 HP Color LaserJet Pro MFP M477fdwA4	1	7999	¥7,999.0	A企业	北京A16办公室	惠普	中等
73			合计	1671		¥392,948.4				

a）

	A	B	C	D	E	F	G	H	I	J
1	销售订单									
2	序号	结算单日期	名称	数量	单价	销售额	供货商	部门	关键字	销售表现
14						¥118, 802. 0	A企业 汇总			
21						¥18, 426. 0	B企业 汇总			
45						¥74, 361. 5	C企业 汇总			
53						¥19, 707. 0	D企业 汇总			
55						¥318. 0	E企业 汇总			
59						¥5, 852. 0	F企业 汇总			
70						¥43, 879. 0	G企业 汇总			
76						¥97, 035. 0	H企业 汇总			
80						¥11, 235. 0	I企业 汇总			
82						¥3, 832. 9	J企业 汇总			
83	合计			1671		¥782, 063. 9				
84						¥1, 175, 012. 4	总计			

销售统计　产品销售表　产品价格表

b）

图 4-14-1　样表

第 1 小题：

步骤 1：打开考生文件夹下的 EXCEL.xlsx 文件，在工作表“Sheet1”中选中第 1 行后单击鼠标右键，在弹出的快捷菜单中选择“插入”，在 A1 单元格输入文字“销售订单”。

步骤 2：选中 A1:J1 单元格，单击“开始”选项卡下“对齐方式”组中的“合并后居中”按钮，在“开始”选项卡下“字体”组中设置“字体”为“隶书”、“字号”为“36”、“填充颜色”为“标准色”中的“浅绿”。

步骤 3：双击工作表“Sheet1”标签，输入“产品销售表”。

步骤 4：选中 E3 单元格，在编辑栏中输入公式“=VLOOKUP(C3, 产品价格表 !$A$2:$B$70,2,1)”，按 Enter 键进行计算。使用自动填充工具，填充至 E72 单元格。

步骤 5：选中 F3 单元格，在编辑栏中输入公式“=D3*E3”，按 Enter 键进行计算。使用自动填充工具，填充至 F72 单元格。

步骤 6：选中 F3:F72 单元格，单击“开始”选项卡下“数字”组中的扩展按钮，在弹出的“设置单元格格式”对话框中选择“货币”，设置“小数位数”为“1”，单击“确定”按钮。

步骤 7：选中 D73 单元格，在编辑栏中输入公式“=SUM(D3:D72)”，按 Enter 键进行计算。

步骤 8：选中 F73 单元格，在编辑栏中输入公式“=SUM(F3:F72)”，按 Enter 键进行计算。

步骤 9：选中 J3 单元格，在编辑栏中输入公式“=IF(OR(F3/$F$73>5%,D3/$D$73>10%)," 优 ",IF(F3/$F$73<0.1%," 差 "," 中等 "))”，按 Enter 键进行计算。使用自动填充工具，填充至 J72 单元格。

步骤 10：选中 J3:J72 单元格，在“开始”选项卡下“样式”组中单击“条件格式”下拉按钮，选择“突出显示单元格规则”中的“文本包含”，在弹出的“文本中包含”对话框中输入“优”，在“设置为”中选择“浅红填充色深红色文本”，单击“确定”即可。

步骤 11：选中 J3:J72 单元格，在“开始”选项卡下“样式”组中单击“条件格式”下拉按钮，选择“突出显示单元格规则”中的“文本包含”，在弹出的“文本中包含”对话框中输入“差”，在“设置为”中选择“绿填充色深绿色文本”，单击“确定”即可。

第 2 小题：

步骤 1：在工作表“产品销售表”标签上单击鼠标右键，在弹出的快捷菜单中选择“移动或复制”，在弹出的“移动或复制工作表”对话框中勾选“建立副本”复选框，单击“确定”按钮。

步骤 2：在工作表“产品销售表（2）”中选中任一数据单元格，在“数据”选项卡下“排序和筛选”组中单击“排序”按钮，在弹出的“排序”对话框的“主要关键字”中选择“供货商”，在“次序”中选择“升序”。单击“添加条件”按钮，在“次要关键字”中选择“销售额”，在“次序”选择“降序”，单击“确定”按钮。

步骤 3：在“数据”选项卡下“分级显示”组中单击“分类汇总”，在弹出的“分类汇总”对话框的“分类字段”中选择“供货商”，在“汇总方式”中选择“求和”，在“选定汇总项”中取消勾选“销售表现”复选框，勾选“销售额”复选框，单击“确定”按钮。

步骤 4：在工作表的左上角单击“2”按钮，就只显示到 2 级。

步骤 5：双击工作表“产品销售表（2）”标签，输入“销售统计”，单击任一单元格完成修改。

步骤 6：保存并关闭文件。

十五、基本操作 15

打开考生文件夹下的工作簿文件 EXCEL.xlsx，按照下列要求完成对此表格的操作并保存。

1. 选择工作表“Sheet1”，在第 1 列数据前插入两列，在 A1 和 B1 单元格分别输入文字“年份”和“月份”；将工作表“Sheet1”命名为“每日门店销售”；利用“日期”列的数值和 TEXT 函数，计算出“年份”列（将年显示为千位数字）和“月份”列（将月显示为不带前导零的数字）；利用 IF 函数计算出“业绩表现”列，条件为如果收入大于 500，在相应单元格内填入“业绩优”，如果收入大于 300 同时又小于或等于 500，在相应单元格内填入“业绩良好”，如果收入大于 200 同时又小于或等于 300，在相应单元格内填入“业绩合格”，否则在相应单元格内填入“业绩差”；利用条件格式修饰单元格 M2:M358 区域，将单元格设置为实心填充和浅蓝色数据条；为数据区域（A1:N358）套用表格格式“蓝色，表样式中等深浅 2”。

2. 选择工作表“按年统计”，利用工作表“每日门店销售”的“收入”列的数值和 SUMIF 函数，计算出工作表“按年统计”中 C3 和 C4 单元格数值（货币型，保留小数点后 2 位）；选择工作表“按月统计”，利用“年份”“月份”和“销售统计”列（B2:D26）数据区域建立带数据标记的折线图，设置图表标题为“销售统计图”，删除图例，设置纵坐标标题为“月收入”且文字横排；设置绘图区填充效果为软木塞的纹理填充；将图表插入到工作表“按月统计”的 E2:P26 单元格区域内。

3. 选择工作表“销售清单”，对该工作表按主要关键字“类别”的降序和次要关键字“销售额”的升序进行排序；对排序后的数据进行筛选，条件为 A1 销售员销售出去的空调和冰箱，保存 EXCEL.xlxs 文件。

图 4-15-1 是按照上述操作要求制作的样表。

第 1 小题：

步骤 1：打开考生文件夹下的 EXCEL.xlsx 文件，在工作表“Sheet1”中选中 A、B

两列后单击鼠标右键，在弹出的快捷菜单中选择“插入”，在 A1 和 B1 单元格分别输入文字“年份”和“月份”。

步骤 2：双击工作表“Sheet1”标签，输入“每日门店销售”。

步骤 3：选中 A2 单元格，在编辑栏中输入公式“=YEAR(C2)”，按 Enter 键进行计算。使用自动填充工具，填充至 A358 单元格。

步骤 4：选中 B2 单元格，在编辑栏中输入公式“=MONTH(C2)”，按 Enter 键进行计算。使用自动填充工具，填充至 B358 单元格。

	A	B	C	D	E	F	G	H	I	J	K	L	M	N
1	年份	月份	日期	订单号	商品	区域	门店	品类	收入	数量	销售单价	成本	毛利	业绩表
2	2017	6	2017/6/5	103046	神奇伸缩带柄滴水篮/沥	辽宁	大西街店	置物	175.23	3	58.41	88	87.23	业绩差
3	2017	9	2017/9/6	103544	新款日式整理鞋架	辽宁	大西街店	置物	203.48	4	50.87	100	103.48	业绩合格
4	2017	6	2017/6/28	103216	小精灵布艺纸巾抽（黄色	辽宁	大西街店	纸巾抽	197	10	19.7	98	99	业绩差
5	2017	10	2017/10/30	102960	FFXS时尚红酒伞(鸟语花	辽宁	大西街店	雨伞	61.31	1	61.31	30	31.31	业绩差
6	2017	9	2017/9/1	102690	立体时钟12音	辽宁	大西街店	益智玩具	37.1	1	37.1	19	18.1	业绩差
7	2017	4	2017/4/20	103328	大脚丫敲琴 脚丫子五音	辽宁	大西街店	益智玩具	38.98	1	38.98	19	19.98	业绩差
8	2017	1	2017/1/19	103618	MR.P套套表情牙签筒-哭	辽宁	大西街店	牙签盒	194.56	8	24.32	97	97.56	业绩差
9	2017	8	2017/8/5	103244	强力银河老品牌 毛球修	辽宁	大西街店	卫浴清洁	98.16	2	49.08	49	49.16	业绩差
10	2017	5	2017/5/22	103263	长方形超大双面吸盘-白	辽宁	大西街店	卫浴清洁	44.32	8	5.54	22	22.32	业绩差
11	2017	7	2017/7/10	103358	新款一次性手套(150只装	辽宁	大西街店	卫浴清洁	156	2	78	78	78	业绩差
12	2017	11	2017/11/30	103401	好神/真神/好憨拖专用拖	辽宁	大西街店	卫浴清洁	172.1	10	17.21	86	86.1	业绩差
13	2017	1	2017/1/17	103545	简装爱心超强双面吸盘贴	辽宁	大西街店	卫浴清洁	380.94	6	63.49	190	190.94	业绩良好
14	2017	10	2017/10/28	102654	方形测紫外线手机链	辽宁	大西街店	手机周边	166.96	8	20.87	83	83.96	业绩差
15	2017	7	2017/7/16	102746	新款七彩月亮小人灯	辽宁	大西街店	发光玩具	868.41	9	96.49	434	434.41	业绩优
16	2017	11	2017/11/14	103499	浪漫满屋声控蜡烛灯(七	辽宁	大西街店	发光玩具	163.6	8	20.45	81	82.6	业绩差
17	2016	11	2016/11/5	100186	ROCKY镶钻款手表	山西	铁西分店	钟表	447.95	5	89.59	223	224.95	业绩良好
18	2016	4	2016/4/26	100507	炫彩四面钟	山西	太平分店	钟表	52.9	2	26.45	26	26.9	业绩差
19	2017	1	2017/1/18	102751	2011年最新 DIY墙贴画钟	山西	铁西分店	钟表	19.54	1	19.54	9	10.54	业绩差
20	2017	1	2017/1/30	102818	自然声音乐吧焕彩球闹钟	山西	太平分店	钟表	215.44	4	53.86	107	108.44	业绩合格
21	2017	11	2017/11/13	103008	FIYKL款手表	山西	铜锣湾店	钟表	65.9	5	13.18	32	33.9	业绩差
22	2017	2	2017/2/16	103055	自然声音乐吧焕彩球闹钟	山西	铜锣湾店	钟表	253.19	7	36.17	126	127.19	业绩合格
23	2017	8	2017/8/18	103094	进口机芯 韩版街头潮女	山西	太平分店	钟表	37.35	5	7.47	18	19.35	业绩差
24	2017	8	2017/8/9	103603	韩国潮人街女式手表	山西	太平分店	钟表	368.32	8	46.04	184	184.32	业绩良好
25	2016	6	2016/6/7	100052	Z形鞋架	山西	铁西分店	置物	351.28	8	43.91	175	176.28	业绩良好
26	2016	11	2016/11/29	100193	信和多功能组合式大碗盘	山西	铁西分店	置物	241.71	3	80.57	120	121.71	业绩合格
27	2016	7	2016/7/5	100259	创意油漆滴落挂钩	山西	太平分店	置物	181.5	6	30.25	90	91.5	业绩差
28	2016	2	2016/2/11	100351	高品质彩色旅行折叠衣架	山西	铁西分店	置物	3.12	8	0.39	1	2.12	业绩差
29	2016	2	2016/2/18	100510	信和多功能组合式大碗盘	山西	铁西分店	置物	419.93	7	59.99	209	210.93	业绩良好

每日门店销售 | 按年统计 | 按月统计 | 销售清单

a）

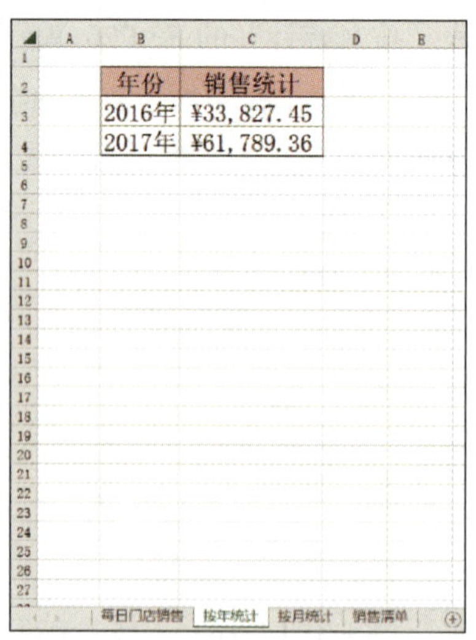

年份	销售统计
2016年	¥33,827.45
2017年	¥61,789.36

b）

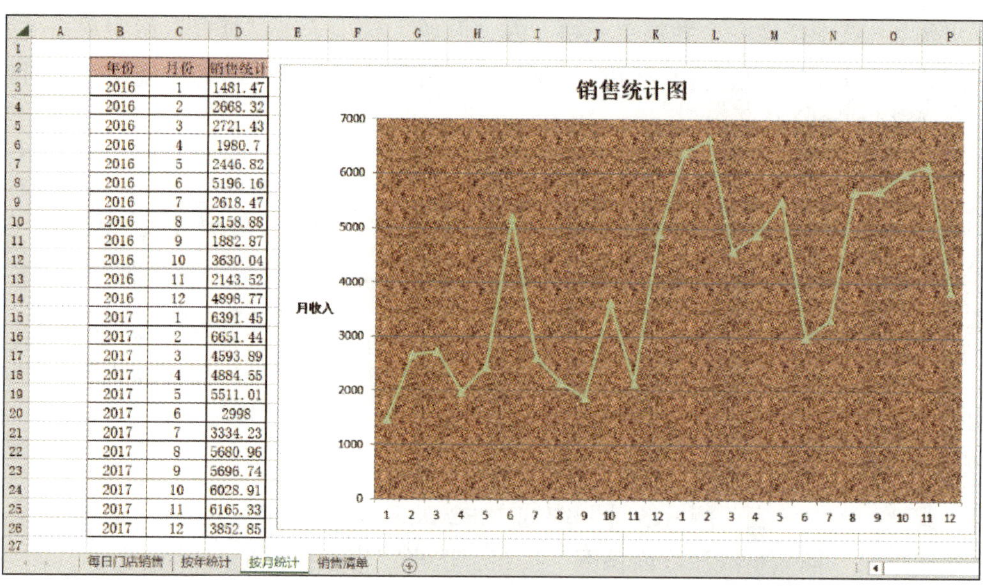

年份	月份	销售统计
2016	1	1481.47
2016	2	2668.32
2016	3	2721.43
2016	4	1980.7
2016	5	2446.82
2016	6	5196.16
2016	7	2618.47
2016	8	2158.88
2016	9	1882.87
2016	10	3630.04
2016	11	2143.52
2016	12	4898.77
2017	1	6391.45
2017	2	6651.44
2017	3	4593.89
2017	4	4884.55
2017	5	5511.01
2017	6	2998
2017	7	3334.23
2017	8	5680.96
2017	9	5696.74
2017	10	6028.91
2017	11	6165.33
2017	12	3852.85

c）

	日期	类别	商品型	市场定	促销方	成交单	降价幅	数量	销售额	销售
15	2006/5/2	空调	美的3110	¥3,188.00	降价	¥2,888.00	9.41%	6	¥17,328.00	A1
50	2006/5/6	冰箱	海尔T1017	¥2,088.00	降价	¥1,888.00	9.58%	2	¥3,776.00	A1
51	2006/5/7	冰箱	海尔T1017	¥2,088.00	降价	¥1,888.00	9.58%	2	¥3,776.00	A1
52	2006/5/1	冰箱	海尔T1017	¥2,088.00	降价	¥1,888.00	9.58%	3	¥5,664.00	A1
54	2006/5/5	冰箱	海尔T1017	¥2,088.00	降价	¥1,888.00	9.58%	4	¥7,552.00	A1
56	2006/5/4	冰箱	海尔T1017	¥2,088.00	降价	¥1,888.00	9.58%	6	¥11,328.00	A1
58	2006/5/3	冰箱	海尔T1017	¥2,088.00	降价	¥1,888.00	9.58%	10	¥18,880.00	A1

每日门店销售　按年统计　按月统计　销售清单

d）

图 4-15-1　样表

步骤 5：选中 N2 单元格，在编辑栏中输入公式“=IF(I2>500," 业绩优 ",IF(I2>300, " 业绩良好 ",IF(I2>200," 业绩合格 "," 业绩差 ")))”，按 Enter 键进行计算。使用自动填充工具，填充至 N358 单元格。

步骤 6：选中 M2:M358 单元格，在“开始”选项卡下“样式”组中单击“条件格式”下拉按钮，选择“数据条”中的“实心填充”下的“浅蓝色数据条”。

步骤 7：选中任意一个数据单元格，在“开始”选项卡下“样式”组中单击“套用表格格式”下拉按钮，选择“蓝色，表样式中等深浅 2”，在弹出的“创建表”对话框中单击“确定”按钮。

第 2 小题：

步骤 1：在工作表“按年统计”中选中 C3 单元格，在编辑栏中输入公式“=SUMIF(表 1[年份],LEFT(B3,4), 表 1[收入])”，按 Enter 键进行计算。使用自动填充工具，填充至 C4 单元格。

步骤 2：选中 C3:C4 单元格，单击“开始”选项卡下“数字”组中的扩展按钮，在弹出的“设置单元格格式”对话框中选择“货币”，设置“小数位数”为“2”，单击“确定”按钮。

步骤 3：在工作表“按月统计”中选中 B2:D26 单元格，在“插入”选项卡下“图表”组中单击“插入折线图或面积图”按钮，选择“带数据标记的折线图”。

步骤 4：选中图表后单击鼠标右键，在弹出的快捷菜单中选择“选择数据”，在“图例项（系列）”中删除“年份”和“月份”，在“水平（分类）轴标签”中单击“编辑”按钮，选择“$C$3:$C$26”单元格，单击两次“确定”按钮。

步骤 5：在“图表工具”|“图表设计”选项卡下“图表布局”组中单击“添加图表元素”下拉按钮，在“图例”中选择“无”，并修改图表标题为“销售统计图”（图表已经在上方，无须设置）；在“坐标轴标题”中选择“主要纵坐标轴”，用鼠标右键单击纵坐标轴标题处，在弹出的快捷菜单中选择“设置坐标轴标题格式”，在弹出的“设置坐标轴标题格式”任务窗格中单击“文本选项”，在“文本框”选项卡下“文字方向”中选择“横排”，并设置标题为“月收入”。

步骤 6：在“图表工具”|“格式”选项卡下“当前所选内容”组中单击“图表元素”下拉按钮，选择“绘图区”，单击“设置所选内容格式”按钮，在弹出的“设置绘图区格式”任务窗格中的“填充”选项下选中“图片或纹理填充”单选框，单击“纹理”下拉按钮，选择“软木塞”，单击“关闭”按钮。

步骤 7：选中图表，拖动到题面指定的位置，并适当调整图表大小。

第 3 小题：

步骤 1：在工作表“销售清单”中选中任意一个数据单元格，在“数据”选项卡下“排序和筛选”组中单击“排序”按钮，在弹出的“排序”对话框的“主要关键字”中选择“类别”，在“次序”中选择“降序”。单击“添加条件”按钮，在“次要关键字”中选择“销售额”，在“次序”中选择“升序”，单击“确定”按钮。

步骤 2：在“数据”选项卡下“排序和筛选”组中单击“筛选”按钮，单击 J1 单元格右侧的下拉按钮，取消勾选“全选”复选框，只勾选“A1”复选框，单击“确定”

按钮；单击 B1 单元格右侧的下拉按钮，取消勾选“全选”复选框，只勾选“空调”复选框和“冰箱”复选框，单击“确定”按钮。

步骤 3：保存并关闭文件。

十六、基本操作 16

打开考生文件夹下的工作簿文件 EXCEL.xlsx，按照下列要求完成对此表格的操作并保存。

1. 选择工作表“Sheet1”，将 A1:G1 单元格合并为一个单元格，设置文字居中对齐；计算每个员工 A、B、C 三种产品的销售额（每种产品的单价见工作表“Sheet1”I3:J6 单元格），置于“销售额（万元）”列的 E3:E12 单元格区域（数值型，保留小数点后 1 位）；利用 RANK.EQ 函数计算每个员工的销售排名，置于 F3:F12 单元格区域；根据销售额计算每个员工的销售提成，置于 G3:G12 单元格区域（数值型，保留小数点后 2 位，要求利用 IF 函数完成，销售提成比例见工作表“Sheet1”的 I9:J12 单元格区域）。

2. 选取工作表“Sheet1”的“员工号”列（A2:A12）、“销售额（万元）”列（E2:E12）、“销售提成（万元）”列（G2:G12）建立三维簇状条形图，设置图表标题为“产品销售统计图”、位于图表上方；设置图例位于图表上方；设置图表数据系列格式中“销售额（万元）”列为纯色填充（橄榄色，个性色 3，深色 50%）；将图表插入到当前工作表的 A14:F34 单元格区域内，并将工作表“Sheet1”重命名为“产品销售统计表”。

3. 选择工作表“图书销售统计表”，对该工作表按主要关键字“经销部门”的升序和次要关键字“图书类别”的降序进行排序；完成对各经销部门销售额平均值的分类汇总，将汇总结果显示在数据下方，保持工作表表名不变，保存 EXCEL.xlsx 文件。

图 4-16-1 是按照上述操作要求制作的样表。

某公司员工销售业绩情况表						
员工号	A产品销售数量	B产品销售数量	C产品销售数量	销售额(万元)	销售排名	销售提成(万元)
H01	34	56	45	59.7	10	8.96
H02	67	23	54	63.9	9	9.59
H03	45	58	79	91.6	2	18.32
H04	62	109	39	73.3	6	10.99
H05	89	91	65	95.4	1	19.07
H06	112	45	59	81.4	3	16.28
H07	28	63	56	70.2	7	10.53
H08	52	72	57	77.4	4	11.60
H09	59	51	59	74.5	5	11.18
H10	46	32	61	69.1	8	10.36

产品单品价格表

产品名称	单价(万元)
A产品	0.16
B产品	0.27
C产品	0.87

销售提成比例

销售额范围	提成比例
销售额<50万	10%
50万≤销售额<80万	15%
80万≤销售额	20%

产品销售统计图

■销售提成(万元) ■销售额(万元)

H10 H09 H08 H07 H06 H05 H04 H03 H02 H01

0.0 10.0 20.0 30.0 40.0 50.0 60.0 70.0 80.0 90.0 100.0

产品销售统计表 | 图书销售统计表 | Sheet3

a)

经销部门	图书类别	季度	销售数量(册)	销售额(元)	销售数量排名	销售额排名
第1分部	生物科学	4	187	13090	54	41
第1分部	生物科学	3	323	22610	28	23
第1分部	生物科学	1	345	24150	20	15
第1分部	生物科学	2	412	28840	14	10
第1分部	农业科学	4	342	10260	22	53
第1分部	农业科学	3	365	10950	17	47
第1分部	农业科学	2	654	19620	2	27
第1分部	农业科学	1	765	22950	1	21
第1分部	交通科学	1	436	35648	7	3
第1分部	交通科学	3	231	23217	40	18
第1分部	交通科学	4	365	29879	17	7
第1分部	交通科学	2	654	45321	2	1
第1分部	工业技术	2	435	21750	8	24
第1分部	工业技术	3	324	16200	26	32
第1分部	工业技术	4	287	14350	34	38
第1分部	工业技术	1	569	28450	4	11
第1分部 平均值				22955.3125		
第2分部	生物科学	2	256	17920	36	29
第2分部	生物科学	4	196	13720	52	40
第2分部	生物科学	3	234	16380	37	30
第2分部	生物科学	1	206	14420	50	37
第2分部	农业科学	1	221	6630	41	67
第2分部	农业科学	2	312	9360	31	59
第2分部	农业科学	4	421	12630	12	43
第2分部	农业科学	3	543	16290	5	31

产品销售统计表 | 图书销售统计表 | Sheet3

	A	B	C	D	E	F	G
27	第2分部	交通科学	1	123	7685	62	66
28	第2分部	交通科学	2	342	23718	22	17
29	第2分部	交通科学	4	341	26785	24	13
30	第2分部	交通科学	3	542	41234	6	2
31	第2分部	工业技术	1	167	8350	55	64
32	第2分部	工业技术	4	219	10950	42	47
33	第2分部	工业技术	2	211	10550	49	52
34	第2分部	工业技术	3	218	10900	44	49
35	**第2分部 平均值**				15470.125		
36	第3分部	生物科学	3	124	8680	61	63
37	第3分部	生物科学	4	157	10990	57	46
38	第3分部	生物科学	2	345	24150	20	15
39	第3分部	生物科学	1	212	14840	48	35
40	第3分部	农业科学	4	432	32960	9	4
41	第3分部	农业科学	1	306	29180	32	9
42	第3分部	农业科学	3	219	12990	42	42
43	第3分部	农业科学	2	148	9078	59	60
44	第3分部	交通科学	1	166	8765	56	62
45	第3分部	交通科学	3	216	10238	46	54
46	第3分部	交通科学	4	432	20563	9	25
47	第3分部	交通科学	2	199	9675	51	55
48	第3分部	工业技术	2	321	9630	29	57
49	第3分部	工业技术	4	213	10650	47	51
50	第3分部	工业技术	3	189	9450	53	58
51	第3分部	工业技术	1	301	15050	33	34
52	**第3分部 平均值**				14805.5625		
53	第4分部	生物科学	3	378	26460	16	14
54	第4分部	生物科学	1	324	22680	26	22
55	第4分部	生物科学	2	329	23030	25	19
56	第4分部	生物科学	4	398	27860	15	12
57	第4分部	农业科学	4	421	32534	12	5
58	第4分部	农业科学	2	217	20453	45	26
59	第4分部	农业科学	1	156	10786	58	50

产品销售统计表 图书销售统计表 Sheet3

	A	B	C	D	E	F	G
60	第4分部	农业科学	3	356	29342	19	8
61	第4分部	交通科学	3	232	11298	39	45
62	第4分部	交通科学	1	321	18976	29	28
63	第4分部	交通科学	2	112	8798	63	61
64	第4分部	交通科学	4	261	11675	35	44
65	第4分部	工业技术	1	234	14321	37	39
66	第4分部	工业技术	3	129	9637	60	56
67	第4分部	工业技术	2	432	31256	9	6
68	第4分部	工业技术	4	112	8178	63	65
69	**第4分部 平均值**				19205.25		
70	**总计平均值**				18109.0625		
71							
72							
73							
74							
75							
76							
77							
78							
79							
80							
81							
82							
83							
84							
85							
86							
87							

产品销售统计表 图书销售统计表 Sheet3

b）

图 4-16-1 样表

第 1 小题：

步骤 1：打开考生文件夹下的 EXCEL.xlsx 文件，在工作表“Sheet1”中选中 A1:G1 单元格，单击“开始”选项卡下“对齐方式”组中的“合并后居中”按钮。

步骤 2：选中 E3 单元格，在编辑栏中输入公式“=B3*$J$4+C3*$J$5+D3*$J$6”，按 Enter 键进行计算。使用自动填充工具，填充至 E12 单元格。

步骤 3：选中 E3:E12 单元格，单击“开始”选项卡下“数字”组中的扩展按钮，在弹出的“设置单元格格式”对话框中选择“数值”，设置“小数位数”为“1”，单击“确定”按钮。

步骤 4：选中 F3 单元格，在编辑栏中输入公式“=RANK.EQ(E3,$E$3:$E$12,0)”，按 Enter 键进行计算。使用自动填充工具，填充至 F12 单元格。

步骤 5：选中 G3 单元格，在编辑栏中输入公式“=IF(E3>=80,E3*0.2,IF(E3<50,E3*0.1,E3*0.15))”，按 Enter 键进行计算。使用自动填充工具，填充至 G12 单元格。

步骤 6：选中 G3:G12 单元格，单击“开始”选项卡下“数字”组中的扩展按钮，在弹出的“设置单元格格式”对话框中选择“数值”，设置“小数位数”为“2”，单击“确定”按钮。

第 2 小题：

步骤 1：选中 A2:A12 单元格，按住 Ctrl 键，同时选中 E2:E12、G2:G12 单元格，在“插入”选项卡下“图表”组中单击“插入柱形图或条形图”按钮，选择“三维簇状条形图”。

步骤 2：在“图表工具”|“图表设计”选项卡下“图表布局”组中单击“添加图表元素”下拉按钮，在“图表标题”中选择“图表上方”，并修改图表标题为“产品销售统计图”；再次单击“添加图表元素”下拉按钮，在“图例”中选择“更多图例选项”，在弹出的“设置图例格式”任务窗格中选中“靠上”单选框，单击“关闭”按钮。

步骤 3：在“图表工具”|“格式”选项卡下“当前所选内容”组中单击“图表元素”下拉按钮，选择“系列‘销售额（万元）’”，单击“设置所选内容格式”，在弹出的“设置数据系列格式”任务窗格中切换到“填充与线条”选项卡下，在“填充”中选中“纯色填充”单选框，在“颜色”中选择“橄榄色，个性色 3，深色 50%”，单击“关闭”按钮。

步骤 4：选中图表，拖动到题面指定的位置，并适当调整图表大小。

步骤 5：双击工作表“Sheet1”标签，输入“产品销售统计表”。

第 3 小题：

步骤 1：在工作表“图书销售统计表”中选中任一数据单元格，在“数据”选项卡下“排序和筛选”组中单击“排序”按钮，在弹出的“排序”对话框的“主要关键字”中选择“经销部门”，在“次序”中选择“升序”。单击“添加条件”按钮，在“次要关键字”中选择“图书类别”，在“次序”中选择“降序”，单击“确定”按钮。

步骤 2：在“数据”选项卡下“分级显示”组中单击“分类汇总”按钮，在弹出的“分类汇总”对话框的“分类字段”中选择“经销部门”，在“汇总方式”中选择“平均值”，在“选定汇总项”中取消勾选“销售额排名”复选框，勾选“销售额（元）”复选框，单击“确定”按钮。

步骤 3：保存并关闭文件。

课题五
PowerPoint 2016 基本操作

一、基本操作 1

打开考生文件夹下的演示文稿 yswg.pptx，按照下列要求完成对此文稿的修饰并保存。

1. 为整个演示文稿应用“切片”主题。

2. 将第 2 张幻灯片的版式改为“两栏内容”，将考生文件夹下的图片 PPT1.png 插入左侧内容区，将考生文件夹下的图片 PPT3.png 插入右侧内容区。为左侧图片设置动画“进入”中的“翻转式由远及近”。为右侧图片设置动画“进入”中的“轮子”，效果选项选择“4 轮辐图案”。将动画顺序设置为先右侧图片后左侧图片。将第 3 张幻灯片的版式改为“图片与标题”，将考生文件夹中的图片 PPT2.png 插入图片区，设置其标题为“Open-loop Control”、字体为“Arial Black”、字体样式为“加粗”、字体大小为“40”，文字颜色为蓝色（RGB 颜色模式：红色 0，绿色 0，蓝色 230）。在第 1 张幻灯片前插入版式为空白的新幻灯片，并在指定位置（水平位置：2.1 厘米，从：左上角；垂直位置：8.24 厘米，从：左上角）插入艺术字“Introduction to Feedback Control”，设置艺术字宽度为 21.75 厘米。将艺术字文本效果设置为“转换”菜单中“弯曲”中的“双波形：下上”，将动画效果设置为“强调”中的“波浪形”。将第 1 张幻灯片的背景设置为“水滴纹理”。移动第 3 张幻灯片，使它成为第 4 张幻灯片，并删除第 2 张幻灯片。

3. 设置全部幻灯片切换方案为“百叶窗”、效果选项为“水平”、放映方式为“观众自行浏览”。

图 5-1-1 是按照上述操作要求制作的样稿。

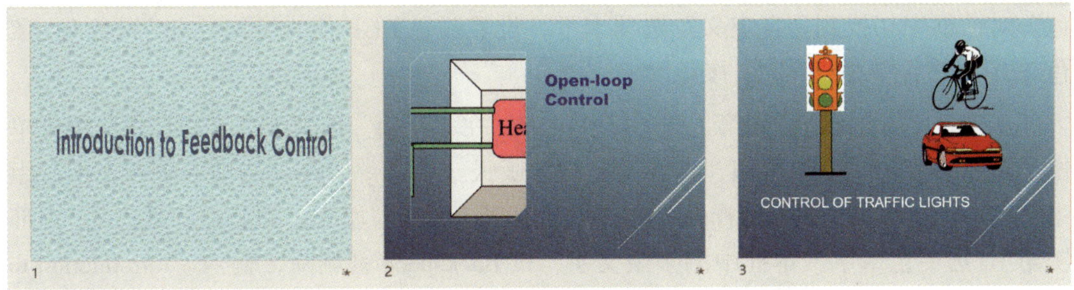

图 5-1-1 样稿

第 1 小题：

步骤：打开考生文件夹下的演示文稿 yswg.pptx，单击“设计”选项卡下“主题”组中的“其他”下拉按钮，选择“切片”主题。

第 2 小题：

步骤 1：选中第 2 张幻灯片，单击“开始”选项卡下“幻灯片”组中的“版式”下拉按钮，选择“两栏内容”。

步骤 2：单击第 2 张幻灯片左侧内容文本框中的“图片”按钮，选择考生文件夹下的图片 PPT1.png，单击“插入”按钮。单击右侧内容文本框中的“图片”按钮，选择考生文件夹下的图片 PPT3.png，单击“插入”按钮。

步骤 3：选中左侧图片，单击“动画”选项卡下“动画”组中的“其他”下拉按钮，选择“进入”中的“翻转式由远及近”。选中右侧图片，单击“动画”选项卡下“动画”组中的“其他”下拉按钮，选择“进入”中的“轮子”。单击“动画”组中的“效果选项”下拉按钮，选择“4 轮辐图案”。单击“计时”组中的“向前移动”按钮，调整动画顺序为先右侧图片后左侧图片。

步骤 4：选中第 3 张幻灯片，单击“开始”选项卡下“幻灯片”组中的“版式”下拉按钮，选择“图片与标题”。

步骤 5：单击图片文本框中的“图片”按钮，选择考生文件夹下的图片 PPT2.png，单击“插入”按钮。选中标题内容，按 Backspace 键删除，输入“Open-loop

Control”。选中标题内容，单击“开始”选项卡下“字体”组中的“字体”下拉按钮，选择“Arial Black”。单击“字体”组中的“加粗”按钮将字体加粗。单击“字号”下拉按钮，选择“40”，单击“字体颜色”下拉按钮，选择“其他颜色”，在弹出的“颜色”对话框中切换到“自定义”选项卡下，设置颜色 RGB 值为“红色 0，绿色 0，蓝色 230”，然后单击“确定”按钮。

步骤 6：将光标定位到第 1 张幻灯片上方，在“开始”选项卡下“幻灯片”组中单击“新建幻灯片”下拉按钮，选择“空白”版式。单击“插入”选项卡下“文本”组中“艺术字”下拉按钮，选择任一样式的艺术字，例如“填充：深蓝，背景色 2；内部阴影”。选中艺术字文本框中的多余文字，按 Backspace 键删除，输入“Introduction to Feedback Control”。选中艺术字文本框，单击鼠标右键，在弹出的快捷菜单中选择“大小和位置”，在弹出的“设置形状格式”任务窗格中，设置“宽度”为“21.75 厘米”，单击“位置”，设置“水平位置”为“2.1 厘米”，设置“垂直位置”为“8.24 厘米”，设置“从”为“左上角”，单击“关闭”按钮。单击“绘图工具”|“形状格式”选项卡下“艺术字样式”组中的“文本效果”下拉按钮，选择“转换”菜单中“弯曲”下的“双波形：下上”。单击“动画”选项卡下“动画”组中的“其他”下拉按钮，选择“强调”下的“波浪形”。

步骤 7：单击“设计”选项卡下“自定义”组中的“设置背景格式”按钮，在弹出的“设置背景格式”任务窗格中选中“填充”下的“图片或纹理填充”单选框，单击“纹理”下拉按钮，选择“水滴”，然后单击“关闭”按钮。

步骤 8：选中第 3 张幻灯片，按住鼠标左键，将第 3 张幻灯片拖动到第 4 张幻灯片后。

步骤 9：选中第 2 张幻灯片后单击鼠标右键，在弹出的快捷菜单中选择“删除幻灯片”，将第 2 张幻灯片删除。

第 3 小题：

步骤 1：选中第 1 张幻灯片，单击“切换”选项卡下“切换到此幻灯片”组中的“其他”下拉按钮，选择“华丽”中的“百叶窗”。单击“效果选项”下拉按钮，选择“水平”。单击“计时”组中的“应用到全部”按钮。单击“幻灯片放映”选项卡下“设置”组中的“设置幻灯片放映”按钮，在弹出的“设置放映方式”对话框中选中“观众自行浏览（窗口）”单选框，然后单击“确定”按钮。

步骤 2：保存并关闭文件。

二、基本操作 2

打开考生文件夹下的演示文稿 yswg.pptx，按照下列要求完成对此文稿的修饰并保存。

1. 为整个演示文稿应用“环保”主题，设置全部幻灯片的切换方式为“涡流”，设置效果选项为“自右侧”，设置放映方式为“观众自行浏览”。

2. 在第 1 张幻灯片前插入版式为“标题和内容”的新幻灯片，修改标题为“圆明园名字的来历”，在内容区插入一个 3 行 2 列表格，设置表格样式为深色样式 2，第 1 行第 1、2 列内容依次为“说法”和“具体内容”，第 1 列第 2、3 行文字依次为“‘圆明’文字含义”和“佛号”，参考第 2 张幻灯片的内容，将适当内容填入表格第 2 列第 2、3 行单元格，将表格中的文字字号全部设置为“35”。将第 3 张幻灯片版式改为“两栏内容”，将考生文件夹下的图片文件 pptl.jpeg 插入到第 3 张幻灯片右侧的内容区，设置图片样式为“圆形对角，白色”、图片效果为“棱台”中的“棱纹”。为图片设置动画“强调”中的“陀螺旋”，设置效果选项为旋转两周。为左侧文字设置动画“进入”中的“空翻”。设置动画顺序为先文字后图片。调整幻灯片顺序，使第 3 张幻灯片成为第 1 张幻灯片，然后删除第 3 张幻灯片。

图 5-2-1 是按照上述操作要求制作的样稿。

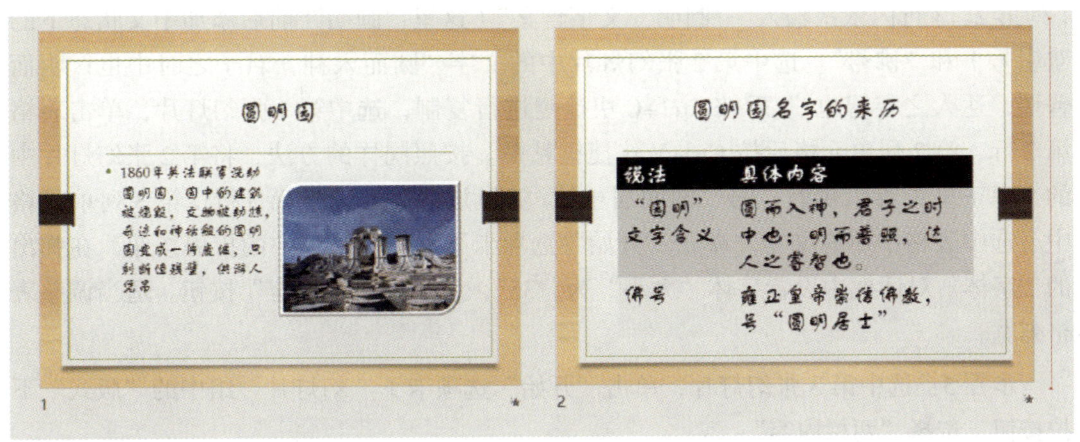

图 5-2-1 样稿

第 1 小题：

步骤 1：打开考生文件夹下的演示文稿 yswg.pptx，单击“设计”选项卡下“主题”组中的“其他”下拉按钮，选择“环保”主题。

步骤 2：选中第 1 张幻灯片，单击“切换”选项卡下“切换到此幻灯片”组中的“其他”按钮，选择“华丽”中的“涡流”。单击“效果选项”下拉按钮，选择“自右侧”，单击“计时”组中的“应用到全部”按钮。单击“幻灯片放映”选项卡下“设置”组中的“设置幻灯片放映”按钮，在弹出的“设置放映方式”对话框中选中“观众自行浏览（窗口）”单选框，单击“确定”按钮。

第 2 小题：

步骤 1：将光标定位到第 1 张幻灯片上方，单击“开始”选项卡下“幻灯片”组中的“新建幻灯片”下拉按钮，选择“标题和内容”。

步骤 2：在“标题”文本框内输入“圆明园名字的来历”。单击“内容”文本框内的“插入表格”按钮，在弹出的“插入表格”对话框中设置“列数”为“2”，“行数”为“3”，然后单击“确定”按钮。

步骤 3：单击“表格工具”|“表设计”选项卡下“表格样式”组中的“其他”按钮，选择“深色样式 2”。

步骤 4：在表格第 1 行第 1、2 列内依次输入“说法”和“具体内容”。在表格第 1 列第 2、3 行内依次输入““圆明’文字含义”（这里“圆明”前后添加中文状态下的双引号）和“佛号”。选中第 2 张幻灯片中的文字“圆而入神，君子之时中也；明而普照，达人之睿智也。”后按 Ctrl+C 快捷键进行复制，选中第 1 张幻灯片，单击表格第 2 行、第 2 列单元格后按 Ctrl+V 快捷键粘贴。按照同样的方法，将第 2 张幻灯片中的“雍正皇帝崇信佛教，号‘圆明居士’”复制并粘贴到表格第 3 行、第 3 列单元格中。选中表格中所有文字，单击“开始”选项卡下“字体”组中的扩展按钮，在弹出的“字体”对话框中设置字体“大小”为“35”，然后单击“确定”按钮。适当调整表格列宽。

步骤 5：选中第 3 张幻灯片，单击“开始”选项卡下“幻灯片”组中的“版式”下拉按钮，选择“两栏内容”。

步骤 6：单击第 3 张幻灯片右侧内容文本框中的“图片”按钮，在弹出的“插入图片”对话框中选择考生文件夹下的图片 ppt1.jpeg，然后单击“插入”按钮。单击“图

片工具”|“图片格式”选项卡下“图片样式”组中的“其他”下拉按钮，选择“圆形对角，白色”。单击“图片样式”组中的“图片效果”下拉按钮，选择“棱台”菜单中的“棱纹”。单击“动画”选项卡下“动画”组中的“其他”下拉按钮，选择“强调”中的“陀螺旋”，单击“效果选项”下拉按钮，选择“旋转两周”。

步骤 7：选中第 3 张幻灯片中的左侧文本框，单击“动画”组中的“其他”下拉按钮，选择“更多进入效果”，在弹出的“更改进入效果”对话框中选择“华丽”中的“空翻”，然后单击“确定”按钮。单击“动画”选项卡下“计时”组中的“向前移动”按钮，设置动画顺序为先文字后图片。

步骤 8：选中第 3 张幻灯片，按住鼠标左键不放，拖动第 3 张幻灯片到第 1 张幻灯片前。选中此时新的第 3 张幻灯片，并单击鼠标右键，在弹出的快捷菜单中选择“删除幻灯片”。

步骤 9：保存并关闭文件。

三、基本操作 3

打开考生文件夹下的演示文稿 yswg.pptx，按照下列要求完成对此文稿的修饰并保存。

1. 为整个演示文稿应用“丝状”主题，将全部幻灯片切换方案设置为“缩放”，将效果选项设置为“切出”。

2. 在第 2 张幻灯片前插入版式为“仅标题”的新幻灯片，将标题设置为“财务通计费系统的特点”，并自左至右插入 7 个“垂直卷形”形状，设置其中最左侧和最右侧的卷形的形状轮廓为“6 磅”粗细，且形状填充为“胡桃”纹理，其余卷形的形状样式为“细微效果 – 橄榄色，强调颜色 4”。将第 1 张幻灯片文本内容以从上到下的顺序依次从左至右地填写到第 2 张幻灯片的 7 个卷形中。然后将 7 个卷形组合成一个形状，并设置其位置（水平位置：0.4 厘米，从：左上角；垂直位置：6.45 厘米，从：左上角）。将第 1 张幻灯片的版式改为“两栏内容”，将考生文件夹下的图片 ppt1.jpeg 插入到第 1 张幻灯片右侧内容文本框中，将图片动画设置为“进入”中的“旋转”，将左侧文本动画设置为“进入”中的“曲线向上”。设置动画顺序为先文本后图片。将第 3 张幻灯片的版式改为“标题幻灯片”，将标题设置为“财务通计费系统”；将副标题设置为“成功推出一套专业计费解决方案”；将标题字体设置为“黑体”、字号设置为“58”，将副标题字号设置为“30”；将第 3 张幻灯片的背景设置为“渐变填充”的“中等渐变 - 个性色 5”预设渐变、类型为“标题的阴影”。调整幻灯片的顺序，使第 3 张幻灯片成为第 1 张幻灯片。

图 5-3-1 是按照上述操作要求制作的样稿。

图 5-3-1　样稿

第 1 小题：

步骤 1：打开考生文件夹下的演示文稿 yswg.pptx，单击“设计”选项卡下“主题”组中的“其他”下拉按钮，选择“丝状”主题。

步骤 2：单击“切换”选项卡下“切换到此幻灯片”组中的“其他”下拉按钮，选择“华丽”中的“缩放”。单击“效果选项”下拉按钮，选择“切出”。单击“计时”组中“应用到全部”按钮。

第 2 小题：

步骤 1：将光标定位到第 2 张幻灯片上方，单击“开始”选项卡下“幻灯片”组中的“新建幻灯片”下拉按钮，选择“仅标题”版式。在该新建幻灯片的标题文本框内输入“财务通计费系统的特点”。

步骤 2：单击“插入”选项卡下“插图”组中的“形状”下拉按钮，选择“星与旗帜”下的“卷形：垂直”，此时光标变为十字形，按住鼠标左键不放，在幻灯片中绘制卷形。按照同样的方法绘制剩余 6 个卷形（或复制 6 个卷形）。

步骤 3：选中第 1 个卷形，按住 Ctrl 键后再选中第 7 个卷形，单击“绘图工具”|“形状格式”选项卡下“形状样式”组中的“形状轮廓”下拉按钮，选择“粗细”菜单中的“6 磅”。单击“形状填充”下拉按钮，选择“纹理”菜单中的“胡桃”纹理。在幻灯片空白处单击鼠标左键取消选中第 1 个和第 7 个卷形。按住 Ctrl 键，依次选中第 2 个到第 6 个卷形，单击“绘图工具”|“形状格式”选项卡下“形状样式”组中的“其他”下拉按钮，选择主题样式中的“细微效果 – 橄榄色，强调颜色 4”。

步骤 4：选中第 1 张幻灯片中的文字“先进性”，按 Ctrl+C 快捷键进行复制，选中第 2 张幻灯片中的第 1 个卷形，按 Ctrl+V 快捷键进行粘贴。按照同样的方法将第 1 张幻灯片中剩余的文本内容以从上到下的顺序依次从左至右地填写到第 2 张幻灯片的 6 个垂直卷形中。

步骤 5：按住 Ctrl 键，依次选中这 7 个卷形，单击“图片工具”|“图片格式”选项卡下“排列”组中的“组合”下拉按钮，选择“组合”。选中组合成的形状，单击鼠标右键，在弹出的快捷菜单中选择“大小和位置”，在弹出的“设置图片格式”任务窗格中单击“位置”，设置“水平位置”为“0.4 厘米”，设置“从”为“左上角”。设置“垂直位置”为“6.45 厘米”，设置“从”为“左上角”，单击“关闭”按钮。

步骤 6：选中第 1 张幻灯片，单击“开始”选项卡下“幻灯片”组中的“版式”下拉按钮，选择“两栏内容”。

步骤 7：单击第 1 张幻灯片右侧内容文本框中的“图片”按钮，在弹出的“插入图片”对话框中选择考生文件夹下的图片 ppt1.jpeg，单击“插入”按钮。单击“动画”选项卡下“动画”组中的“其他”下拉按钮，选择“进入”中的“旋转”。选择左侧内容区，单击“动画”组中的“其他”下拉按钮，选择“更多进入效果”，在弹出的“更改进入效果”对话框中选择“华丽”中的“曲线向上”，单击“确定”按钮。单击“动画”选项卡下“计时”组中的“向前移动”按钮，设置动画顺序为先文本后图片。

步骤 8：选中第 3 张幻灯片，单击“开始”选项卡下“幻灯片”组中的“版式”下拉按钮，选择“标题幻灯片”。选中标题内文字，按 Backspace 键删除，输入“财务通计费系统”，在副标题文本框内输入“成功推出一套专业计费解决方案”。选中主标题文字，单击“开始”选项卡下“字体”组中的“字体”下拉按钮，选择“黑体”，在“字号”输入框内输入“58”，单击幻灯片空白处完成修改。按照同样的方法设置副标题字号为 30。

步骤 9：单击“设计”选项卡下“自定义”组中的“设置背景格式”按钮，在弹出的“设置背景格式”任务窗格中选中“渐变填充”单选框，单击“预设渐变”下拉按钮，选择“中等渐变 – 个性色 5”，单击“类型”下拉按钮，选择“标题的阴影”，单击“关闭”按钮。

步骤 10：选中第 3 张幻灯片，按住鼠标左键不放，拖动第 3 张幻灯片到第 1 张幻灯片前。

步骤 11：保存并关闭文件。

四、基本操作 4

打开考生文件夹下的演示文稿 yswg.pptx，按照下列要求完成对此文稿的修饰并保存。

1. 为整个演示文稿应用“平面”主题，将全部幻灯片的切换方式设置为“碎片”，将效果选项设置为“粒子输入”，将放映方式设置为“观众自行浏览”。

2. 在第 1 张幻灯片前插入版式为“标题幻灯片”的新幻灯片，设置标题为“热门城市房价地图”、副标题为“2016 年 11 月版”；设置标题字体为华文新魏，字号为“62”，副标题字号为“31”；将第 1 张幻灯片的背景设置为“渐变填充”的“中等渐变个性色 3”预设渐变，类型为“路径”。

3. 将第 4 张幻灯片的版式改为“两栏内容”，将考生文件夹下的图片 ppt1.jpg 插入到第 4 张幻灯片右侧内容文本框中，设置图片样式为“棱台形椭圆，黑色”，设置图片效果为“棱台”中的“斜面”。设置图片动画为“强调”中的“放大 / 缩小”，设置效果选项为“份量”中的“巨大”。为左侧文字设置动画“进入”中的“空翻”，设置动画顺序为先文字后图片。

4. 在第 4 张幻灯片前插入版式为“标题和内容”的新幻灯片，设置标题为“热门城市新房与房价对比表”，在内容区插入一个 11 行 3 列的表格，设置表格样式为“深色样式 2”，在第 1 行第 1、2、3 列依次输入“城市”“新房房价（元 /m^2）”和“二手房房价（元 /m^2）”。参考第 2 张幻灯片的内容，按二手房房价从高到低的顺序将适当内容填入表格其余 10 行，将表格中的文字全部设置为字号为“21”、文字居中、数字右对齐。

5. 将第 3 张幻灯片版式改为“空白”，并使之成为最后一张幻灯片。

6. 使第 4 张幻灯片成为第 2 张幻灯片，并删除第 3 张幻灯片。

图 5-4-1 是按照上述操作要求制作的样稿。

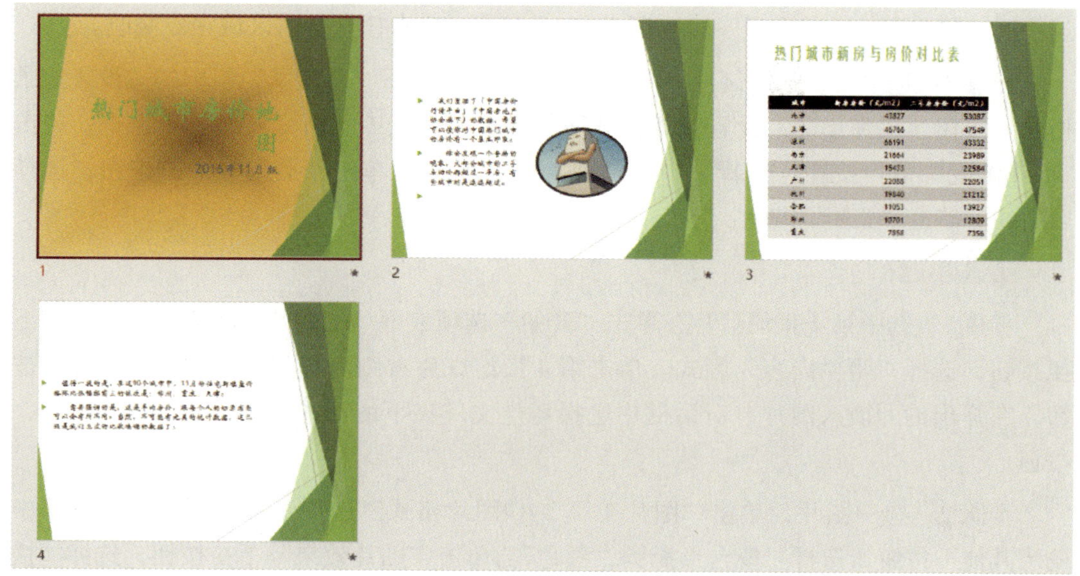

图 5-4-1　样稿

第 1 小题：

步骤 1：打开考生文件夹下的演示文稿 yswg.pptx，单击“设计”选项卡下“主题”组中的“其他”下拉按钮，选择“平面”。

步骤 2：单击“切换”选项卡下“切换到此幻灯片”组中的“其他”下拉按钮，选择“华丽”中的“碎片”。单击“效果选项”下拉按钮，选择“粒子输入”。单击“计时”组中的“应用到全部”按钮。

步骤 3：单击“幻灯片放映”选项卡下“设置”组中的“设置幻灯片放映”按钮，在弹出的“设置放映方式”对话框中选中“观众自行浏览（窗口）”单选框，单击“确定”按钮。

第 2 小题：

步骤 1：将光标定位到第 1 张幻灯片前，单击“开始”选项卡下“幻灯片”组中的

“新建幻灯片”下拉按钮，选择“标题幻灯片”版式。在标题中输入“热门城市房价地图”，在副标题中输入“2016 年 11 月版”。

步骤 2：选中标题文字，单击“开始”选项卡下“字体”组中的“字体”下拉按钮，选择“华文新魏”。在“字号”输入框中输入“62”，单击任意空白区域完成修改。选中副标题文字，在“字号”输入框中输入“31”，单击任意空白区域完成修改。

步骤 3：选中第 1 张幻灯片，单击“设计”选项卡下“自定义”组中的“设置背景格式”按钮，在弹出的“设置背景格式”任务窗格中选中“渐变填充”单选框，单击“预设渐变”下拉按钮，选择“中等渐变 – 个性色 3”。单击“类型”下拉按钮，选择“路径”。单击“关闭”按钮。

第 3 小题：

步骤 1：选中第 4 张幻灯片，单击“开始”选项卡下“幻灯片”组中的“版式”下拉按钮，选择“两栏内容”版式。单击第 4 张幻灯片右侧内容文本框中的“图片”按钮，在弹出的“插入图片”对话框中选择考生文件夹下的图片 ppt1.jpg，单击“插入”按钮。

步骤 2：选中图片，单击“图片工具”|“图片格式”选项卡下“图片样式”组中的“其他”按钮，选择“棱台形椭圆，黑色”。单击“图片效果”下拉按钮，选择“棱台”中的“斜面”。

步骤 3：选中图片，单击“动画”选项卡下“动画”组中的“其他”按钮，选择“强调”下的“放大 / 缩小”。单击“效果选项”下拉按钮，选择“份量”中的“巨大”。将光标定位到左侧文字处，单击“动画”选项卡下“动画”组中的“其他”按钮，选择“更多进入效果”，在弹出的“更改进入效果”对话框中选择“华丽”中的“空翻”，单击“确定”按钮。单击“动画”选项卡下“计时”组中的“向前移动”按钮，设置动画顺序为先文字后图片。

第 4 小题：

步骤 1：将光标定位到第 4 张幻灯片上方，单击“开始”选项卡下“幻灯片”组中的“新建幻灯片”下拉按钮，选择“标题和内容”版式，在标题处输入“热门城市新房与房价对比表”。

步骤 2：单击内容文本框内的“插入表格”按钮，弹出“插入表格”对话框，设置“列数”为“3”、“行数”为“11”，单击“确定”按钮。选中表格，单击“表格工具”|“表设计”选项卡下“表格样式”组中的“其他”下拉按钮，选择“深色样式 2”。在第 1 行第 1、2、3 列单元格内依次输入“城市”“新房房价（元 /m^2）”和“二手房房价（元 /m^2）”。在第 2 行第 1、2、3 列单元格内依次输入“北京”“43827”和“53087”。参考第 2 张幻灯片的内容，按二手房房价从高到低的顺序将适当内容填入表

格其余 9 行中。

步骤 3：选中整个表格，在“开始”选项卡下“字体”组中的“字号”输入框内输入“21”，单击任意空白区域完成修改。选中第 1 行，单击“段落”组中的“居中”按钮，按照同样的方法设置表格的文字居中、数字右对齐。

第 5 小题：

步骤：选中第 3 张幻灯片，单击“开始”选项卡下“幻灯片”组中的“版式”下拉按钮，选择“空白”版式。选中第 3 张幻灯片，按住鼠标左键后直接将其拖动到最后一张幻灯片下方。

第 6 小题：

步骤 1：选中第 4 张幻灯片，按住鼠标左键直接将其拖动到第 1 张幻灯片下方。选择第 3 张幻灯片，单击鼠标右键，在弹出的快捷菜单中选择“删除幻灯片”。

步骤 2：保存并关闭文件。

五、基本操作 5

打开考生文件夹下的演示文稿 yswg.pptx，按照下列要求完成对此文稿的修饰并保存。

1. 为整个演示文稿应用“离子”主题，设置全部幻灯片切换方式为“门”、效果选项为“水平”，设置放映方式为“在展台浏览”。

2. 在第 2 张幻灯片前插入版式为“两栏内容”的新幻灯片，设置该幻灯片标题为“京津冀地区遭遇严重污染的雾霾天气”。将考生文件夹下的图片 ppt1.jpg 插入到第 2 张幻灯片右侧内容文本框中，将第 1 张幻灯片的第 1 段文本和第 3 张幻灯片的第 2 段文本依次移到第 2 张幻灯片左侧内容文本框中。设置图片样式为“金属椭圆”、图片效果为“三维旋转”下“倾斜”中的“倾斜：右上”。为图片设置动画为“强调”中的“陀螺旋”、效果选项为“旋转两周”。为左侧文字设置动画“进入”中的“空翻”。设置动画顺序为先文字后图片。在第 2 张幻灯片中插入备注“京津冀等地空气出现严重污染，多地 PM2.5 浓度超过 500 微克 / 立方米。”

3. 将第 1 张幻灯片的版式改为“比较”，设置标题为“雾霾对交通影响明显”，将考生文件夹下的图片 PPT2.jpg 插入到右侧内容文本框中。

4. 在第 1 张幻灯片前插入一张版式为“空白”的新幻灯片，并在指定位置（水平位置：2.1 厘米，从：左上角；垂直位置：8.24 厘米，从：左上角）插入艺术字“重霾天气笼罩京津冀地区”，设置艺术字宽度为 24 厘米。设置艺术字文字效果为“转换”中的“弯曲：双波形下上”。为艺术字设置动画“强调”中的“波浪形”，设置效果选项为“按段落”。将第 1 张幻灯片的背景设置为“胡桃”纹理。

5. 使第 2 张幻灯片成为第 3 张幻灯片，并删除第 4 张幻灯片。

图 5–5–1 是按照上述操作要求制作的样稿。

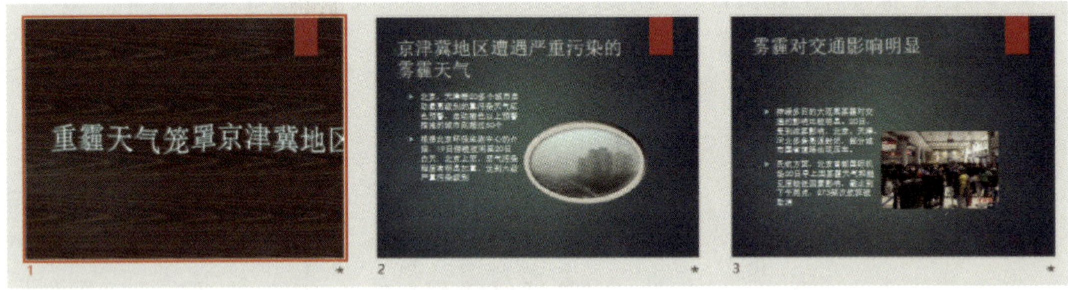

图 5–5–1　样稿

第 1 小题：

步骤 1：打开考生文件夹下的演示文稿 yswg.pptx，单击“设计”选项卡下“主题”组中的“其他”下拉按钮，选择“离子”主题。单击“切换”选项卡下“切换到此幻灯片”组中的“其他”下拉按钮，选择“华丽”下的“门”，单击“效果选项”下拉按钮，选择“水平”。单击“计时”组中的“应用到全部”按钮。

步骤 2：单击“幻灯片放映”选项卡下“设置”组中的“设置幻灯片放映”按钮，在弹出的“设置放映方式”对话框中选中“在展台浏览（全屏幕）”单选框，单击“确定”按钮。

第 2 小题：

步骤 1：将光标定位到第 2 张幻灯片上方，单击“开始”选项卡下“幻灯片”组中的“新建幻灯片”下拉按钮，选择“两栏内容”版式。在该插入的新幻灯片标题中输入“京津冀地区遭遇严重污染的雾霾天气”。

步骤 2：单击右侧内容文本框内的“图片”按钮，在弹出“插入图片”对话框中选择考生文件夹下的图片 ppt1.jpg，单击“插入”按钮。

步骤 3：单击第 1 张幻灯片，选中内容文本框内的第 1 段文本，按 Ctr1+X 快捷键剪切，单击第 2 张幻灯片，将光标定位到左侧内容文本框，按 Ctr1+V 快捷键粘贴，删除多余空行。单击第 3 张幻灯片，选中内容的文本框内的第 2 段文字，按 Ctr1+X 快捷键剪切，单击第 2 张幻灯片，将光标定位到左侧内容文本框文字“50 个”后，按 Enter 键，然后按 Ctr1+V 快捷键粘贴，删除多余空行和空格。

步骤 4：选中右侧图片，单击“图片工具”|“图片格式”选项卡下“图片样式”组中的“其他”下拉按钮，选择“金属椭圆”。单击“图片效果”下拉按钮，选择“三维旋转”，然后选择“倾斜”中的“倾斜：右上”。

步骤 5：选中图片，单击“动画”选项卡下“动画”组中的“其他”下拉按钮，选择“强调”中的“陀螺旋”。单击“效果选项”下拉按钮，选择“旋转两周”。将光标定位到左侧文字处，单击“动画”选项卡下“动画”组中的“其他”下拉按钮，选择“更多进入效果”。在弹出的“更改进入效果”对话框中选择“华丽”下的“空翻”，单击“确定”按钮。单击“动画”选项卡下“计时”组中的“向前移动”按钮，设置动画顺序为先文字后图片。将光标定位到幻灯片下方的备注区，输入“京津冀等地空气出现严重污染，多地 PM2.5 浓度超过 500 微克 / 立方米。”

第 3 小题：

步骤 1：选中第 1 张幻灯片，单击“开始”选项卡下“幻灯片”组中的“版式”下拉按钮，选择“比较”。在标题中输入“雾霾对交通影响明显”。

步骤 2：单击右侧内容文本框内的“图片”按钮，在弹出的“插入图片”对话框中选择考生文件夹下的图片 PPT2.jpg，单击“插入”按钮。

第 4 小题：

步骤 1：将光标定位到第 1 张幻灯片上方，单击“开始”选项卡下“幻灯片”组中的“新建幻灯片”下拉按钮，选择“空白”版式。

步骤 2：单击“插入”选项卡下“文本”组中的“艺术字”下拉按钮，选择任意样式的艺术字，例如“填充：白色，文本色 1；阴影”。在文本框中输入“重霾天气笼罩京津冀地区”。选中艺术字文本框，单击“绘图工具”|“形状格式”选项卡下“大小”组中的扩展按钮，在弹出的“设置形状格式”任务窗格中设置“宽度”为“24 厘米”。切换到“位置”下，设置“水平位置”为“2.1 厘米”，“从”为“左上角”；“垂直位置”为“8.24 厘米”，“从”为“左上角”，单击“关闭”按钮。单击“艺术字样式”组中的

“文本效果”下拉按钮，选择“转换”，然后选择“弯曲”下的“双波形下上”。

步骤 3：将光标定位到艺术字处，单击“动画”选项卡下“动画”组中的“其他”下拉按钮，选择“强调”中的“波浪形”。单击“效果选项”下拉按钮，选择“按段落”。

步骤 4：选中第 1 张幻灯片，单击“设计”选项卡下“自定义”组中的“设置背景格式”按钮，在弹出的“设置背景格式”任务窗格中选中“图片或纹理填充”单选框，单击“纹理”下拉按钮，选择“胡桃”，单击“关闭”按钮。

第 5 小题：

步骤 1：选中第 2 张幻灯片，按住鼠标左键直接将其拖动到第 3 张幻灯片下方，使之成为新的第 3 张幻灯片。选中第 4 张幻灯片后单击鼠标右键，在弹出的快捷菜单中选择“删除幻灯片”。

步骤 2：保存并关闭文件。

六、基本操作 6

打开考生文件夹下的演示文稿 yswg.pptx，按照下列要求完成对此文稿的修饰并保存。

1. 为整个演示文稿应用“积分”主题，设置全部幻灯片的切换方式为“旋转”、效果选项为“自底部”、放映方式为“观众自行浏览”。

2. 将第 2 张幻灯片版式改为“两栏内容”，设置标题为“烹调鸡蛋的常见错误”，将考生文件夹下的图片 ppt1.jpg 插入到第 2 张幻灯片右侧的内容区，设置图片样式为“金属椭圆”、图片效果为“三维旋转”的“倾斜”中的“倾斜：右上”。设置图片动画为“强调”中的“陀螺旋”、效果选项为“逆时针”。设置左侧文字动画为“进入”中的“玩具风车”、动画顺序为先文字后图片。

3. 在第 3 张幻灯片前插入版式为“两栏内容”的新幻灯片，设置标题为“错误的鸡蛋剥壳方法”。将第 1 张幻灯片的第 7 段文本移到第 3 张幻灯片左侧内容文本框中。将考生文件夹下的图片 ppt3.jpg 插入到第 3 张幻灯片右侧内容文本框中。

4. 将第 4 张幻灯片的版式改为“比较”，设置标题为“错误的敲破鸡蛋方法”，将考生文件夹下的图片 ppt2.jpg 插入到右侧内容文本框中。

5. 在第 1 张幻灯片前插入版式为“空白”的新幻灯片，在指定位置（水平位置：2.3 厘米，从：左上角；垂直位置：6 厘米，从：左上角）插入形状“星与旗帜”中的“卷形：垂直”、形状填充为“紫色（标准色）”、高度为 8.6 厘米、宽度为 3 厘米。然后从左至右再插入与第一个卷形格式以及大小完全相同的 5 个卷形，并参考第 2 张幻灯片的内容，按段落顺序依次将烹调鸡蛋的常见错误从左至右分别插入各卷形中，如在从左边数第 2 个卷形中插入文本“大火炒鸡蛋”。将 6 个卷形的动画都设置为“进入”中的“螺旋飞入”。除左边第一个卷形外，将其他卷形动画的“开始”均设置为“上一动画之后”，“持续时间”均设置为“2”。

6. 在备注区插入备注“烹调鸡蛋的其他常见错误”。

7. 将第 3 张幻灯片的背景设置为“花束”纹理，并使之成为第 1 张幻灯片，然后删除第 3 张幻灯片。

8. 使第 2 张幻灯片成为最后一张幻灯片。

图 5-6-1 是按照上述操作要求制作的样稿。

图 5-6-1　样稿

第 1 小题：

步骤 1：打开考生文件夹下的文件 yswg.pptx，单击“设计”选项卡下“主题”组中的“其他”下拉按钮，选择“积分”。单击“切换”选项卡下“切换到此幻灯片”组中的“其他”下拉按钮，选择“动态内容”下的“旋转”。单击“效果选项”下拉按钮，选择“自底部”。单击“计时”组中“应用到全部”按钮。

步骤 2：单击“幻灯片放映”选项卡下“设置”组中的“设置幻灯片放映”按钮，在弹出的“设置放映方式”对话框中选中“观众自行浏览（窗口）”单选框，单击“确定”按钮。

第 2 小题：

步骤 1：选中第 2 张幻灯片，单击“开始”选项卡下“幻灯片”组中的“版式”下拉按钮，选择“两栏内容”版式。在该幻灯片标题处输入“烹调鸡蛋的常见错误”。

步骤 2：单击该幻灯片右侧内容文本框内的“图片”按钮，在弹出的“插入图片”对话框中选择考生文件夹下的图片 ppt1.jpg，单击“插入”按钮。

步骤 3：选中图片，单击“图片工具”|“图片格式”选项卡下“图片样式”组中的“其他”下拉按钮，选择“金属椭圆”。单击“图片效果”下拉按钮，选择“三维旋转”，然后选择“倾斜”中的“倾斜：右上”。

步骤 4：选中图片，单击“动画”选项卡下“动画”组中的“其他”下拉按钮，选择“强调”中的“陀螺旋”。单击“效果选项”下拉按钮，选择“逆时针”。将光标定位到左侧文字处，单击“动画”选项卡下“动画”组中的“其他”下拉按钮，选择“进入”中的“玩具风车”，单击“确定”按钮。在“动画”选项卡下“计时”组中单击“向前移动”按钮，设置动画顺序为先文字后图片。

第 3 小题：

步骤 1：将光标定位到第 3 张幻灯片上方，单击“开始”选项卡下“幻灯片”组中的“新建幻灯片”下拉按钮，选择“两栏内容”版式。在该新插入的幻灯片标题中输入“错误的鸡蛋剥壳方法”。

步骤 2：单击第 1 张幻灯片，选中第 7 段文本，按 Ctrl+X 快捷键剪切（注意：剪切时段落前的空格不需要选中，直接选中文字部分）。单击第 3 张幻灯片，将光标定位到左侧文本框内，按 Ctrl+V 快捷键粘贴，并删除多余空格。单击右侧内容文本框内的“图片”按钮，选择考生文件夹下的图片 ppt3.jpg，单击“插入”按钮。

第 4 小题:

步骤 1：选中第 4 张幻灯片，单击“开始”选项卡下“幻灯片”组中的“版式”下拉按钮，选择“比较”版式，在标题中输入“错误的敲破鸡蛋方法”。

步骤 2：单击右侧内容文本框中的“图片”按钮，在弹出的“插入图片”对话框中选择考生文件夹下的图片 ppt2.jpg，单击“插入”按钮。

第 5 小题:

步骤 1：将光标定位到第 1 张幻灯片上方，单击“开始”选项卡下“幻灯片”组中的“新建幻灯片”下拉按钮，选择“空白”版式。

步骤 2：单击“插入”选项卡下“插图”组中的“形状”下拉按钮，选择“星与旗帜”下的“卷形：垂直”。按住鼠标左键绘制形状。选中绘制的卷形，单击“绘图工具”|“形状格式”选项卡下“大小”组中的扩展按钮，在弹出的“设置形状格式”任务窗格中设置“高度”为“8.6 厘米，“宽度”为“3 厘米”。切换到“位置”下，设置“水平位置：2.3 厘米，从：左上角；垂直位置：6 厘米，从：左上角”，单击“关闭”按钮。选中卷形，单击“绘图工具”|“形状格式”选项卡下“形状样式”组中的“形状填充”下拉按钮，选择“标准色”中的“紫色”。选中卷形，按 Ctrl+C 快捷键复制，然后按 Ctrl+V 快捷键 5 次，这样就会插入与第一个卷形格式以及大小完全相同的 5 个卷形。依次拖动新粘贴的 5 个卷形，使其与第 1 个卷形从左到右依次排列。

步骤 3：选中第 1 个卷形，单击鼠标右键，在弹出的快捷菜单中选择“编辑文字”，输入“沸水煮鸡蛋”。按照同样的方法，在剩余卷形中依次输入“大火炒鸡蛋”“煎蛋饼前使劲搅蛋液”“煮荷包蛋时加盐”“使用铁锅”“用鸡蛋做菜时，最后才放调料”。选中第 1 个卷形的边框，按住 Ctrl 键，同时选中剩余卷形，单击“动画”选项卡下“动画”组中的“其他”下拉按钮，选择“进入”中的“螺旋飞入”，单击“确定”按钮。选中第 2 个到第 6 个卷形，单击“动画”选项卡下“计时”组中的“开始”下拉按钮，选择“上一动画之后”，在“持续时间”中输入“02.00”。

第 6 小题:

步骤：将光标定位到第 1 张幻灯片下方的备注区，输入“烹调鸡蛋的其他常见错误”。

第 7 小题:

步骤 1：选中第 3 张幻灯片，单击“设计”选项卡下“自定义”组中的“设置背景格式”按钮，在弹出的“设置背景格式”任务窗格选中“图片或纹理填充”单选框，单击“纹理”下拉按钮，选择“花束”，单击“关闭”按钮。

步骤 2：选中第 3 张幻灯片，按住鼠标左键直接将该幻灯片拖动到第 1 张幻灯片之前。选中新的第 3 张幻灯片，单击鼠标右键，在弹出的快捷菜单中选择“删除幻灯片”。

第 8 小题：

步骤 1：选中第 2 张幻灯片，按住鼠标左键直接将其拖动到最后一张幻灯片下方。

步骤 2：保存并关闭文件。

七、基本操作 7

打开考生文件夹下的演示文稿 yswg.pptx，按照下列要求完成对此文稿的修饰并保存。

1. 为整个演示文稿应用“离子会议室”主题，设置全部幻灯片的切换方式为“框”、效果选项为“自左侧”、放映方式为“观众自行浏览”。

2. 将第 3 张幻灯片的版式改为“两栏内容”、标题为“健康饮水”。将考生文件夹下的图片 PPT2.jpg 插入到第 3 张幻灯片右侧内容文本框中，设置图片样式为“旋转，白色”、图片效果为“发光：11 磅；红色，主题色 2”。设置图片动画为“进入”中的“基本旋转”、效果选项为“垂直”。设置左侧文字动画为“退出”中的“十字形扩展”。设置动画顺序为先文字后图片。

3. 将第 5 张幻灯片版式改为“两栏内容”、标题为“腹部按摩”。将考生文件夹下的图片 PPT1.jpg 插入到第 5 张幻灯片右侧内容文本框中。

4. 在第 5 张幻灯片前插入版式为“标题和内容”的新幻灯片，设置标题为“其他养胃的方法列表”，在内容区插入 7 行 2 列的表格，设置表格样式为“浅色样式 2– 强调 3”，设置第 1 行第 1、2 列内容依次为“方法”和“备注”，参考第 1、2、4 张幻灯片的内容，按细嚼、少吃寒食、运动、保暖、卫生和心态的顺序将适当内容填入表格其余 6 行，将表格第 1 行和第 1 列文字全部设置为“居中”和“垂直居中”对齐方式。设置表格动画为“强调”中的“陀螺旋”、效果选项为“旋转两周”，设置动画“开始”为“上一动画之后”。

5. 在第 1 张幻灯片前插入版式为“标题幻灯片”的新幻灯片，设置标题为“好胃是这样养出来的”、副标题为“养胃的方法”；设置标题字体为华文彩云、字号为 47，设置副标题字号为 23；将此幻灯片的背景样式设置为“样式 4”。

6. 使第 7 张幻灯片成为第 2 张幻灯片，并删除第 3、4、6 张幻灯片。

图 5-7-1 是按照上述操作要求制作的样稿。

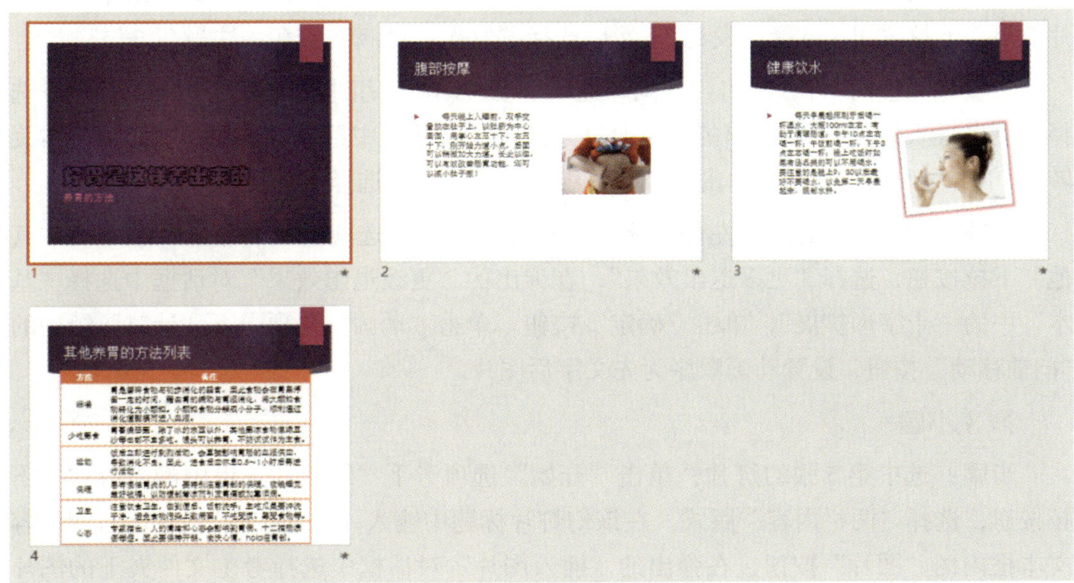

图 5-7-1　样稿

第 1 小题：

步骤 1：打开考生文件夹下的文件 yswg.pptx，单击“设计”选项卡下“主题”组中的“其他”下拉按钮，选择“离子会议室”。

步骤 2：单击“切换”选项卡下“切换到此幻灯片”组中的“其他”下拉按钮，选择“华丽”中的“框”。单击“效果选项”下拉按钮，选择“自左侧”。单击“计时”组中的“应用到全部”按钮。

步骤 3：单击“幻灯片放映”选项卡下“设置”组中的“设置幻灯片放映”按钮，在弹出的“设置放映方式”对话框中选中“观众自行浏览（窗口）”单选框，单击“确定”按钮。

第 2 小题：

步骤 1：选中第 3 张幻灯片，单击“开始”选项卡下“幻灯片”组中的“版式”下拉按钮，选择“两栏内容”版式，在标题中输入“健康饮水”。

步骤 2：单击右侧内容文本框中的“图片”按钮，选择考生文件夹下的图片 PPT2.jpg，单击“插入”按钮。选中图片，单击“图片工具”|“图片格式”选项卡下“图片样式”组中的“其他”下拉按钮，选择“旋转，白色”。单击“图片样式”组中的“图片效果”下拉按钮，选择“发光”，然后选择“发光：11 磅；红色，主题色 2”。

步骤 3：选中图片，单击“动画”选项卡下“动画”组中的“其他”下拉按钮，选择“更多进入效果”，在弹出的“更改进入效果”对话框中选择“华丽”中的“基本旋转”，单击“确定”按钮。单击“效果选项”下拉按钮，选择“垂直”。

步骤 4：将光标定位到左侧文字处，单击“动画”选项卡下“动画”组中的“其他”下拉按钮，选择“更多退出效果”，在弹出的“更改退出效果”对话框中选择“基本”中的“十字形扩展”，单击“确定”按钮。单击“动画”选项卡下“计时”组中的“向前移动”按钮，设置动画顺序为先文字后图片。

第 3 小题：

步骤：选中第 5 张幻灯片，单击“开始”选项卡下“幻灯片”组中的“版式”下拉按钮，选择“两栏内容”版式。在该幻灯片标题中输入“腹部按摩”。单击右侧内容文本框内的“图片”按钮，在弹出的“插入图片”对话框中选择考生文件夹下的图片 PPT1.jpg，单击“插入”按钮。

第 4 小题：

步骤 1：将光标定位到第 5 张幻灯片上方，单击“开始”选项卡下“幻灯片”组中的“新建幻灯片”下拉按钮，选择“标题和内容”版式。在标题中输入“其他养胃的方法列表”。单击内容文本框内的“插入表格”按钮，在弹出的“插入表格”对话框中设置“列数”为“2”，“行数”为“7”，单击“确定”按钮。

步骤 2：选中整个表格，单击“表格工具”|“表设计”选项卡下“表格样式”组中的“其他”下拉按钮，选择“浅色样式 2- 强调 3”。在第 1 行第 1、2 列单元格内依次输入“方法”和“备注”。在第 1 列的第 2、3、4、5、6、7 行单元格内依次输入“细嚼”“少吃寒食”“运动”“保暖”“卫生”“心态”。选中第 1 张幻灯片，选中文字“注意饮食卫生……霉变食物等。”，按 Ctrl+C 快捷键复制，单击第 5 张幻灯片，将光标定位到第 6 行第 2 列中，单击鼠标右键，在弹出的快捷菜单中选择“粘贴选项”下的“只保留文本”。按照同样的方法，参考第 1、2、4 张幻灯片的内容，将适当内容填入对应单元格中。删除多余空行，适当调整表格列宽、行高。

步骤 3：选中表格第 1 行，单击“表格工具”|“布局”选项卡下“对齐方式”组

中的“居中”按钮，然后单击“对齐方式”组中的“垂直居中”按钮。按照同样方法设置表格第 1 列。

步骤 4：选中表格，单击“动画”选项卡下“动画”组中的“其他”下拉按钮，选择“强调”中的“陀螺旋”。单击“效果选项”下拉按钮，选择“旋转两周”。在“计时”组中单击“开始”下拉按钮，选择“上一动画之后”。

第 5 小题：

步骤 1：将光标定位到第 1 张幻灯片上方，单击“开始”选项卡下“幻灯片”组中的“新建幻灯片”下拉按钮，选择“标题幻灯片”版式。在标题中输入“好胃是这样养出来的”，在副标题中输入“养胃的方法”。

步骤 2：选中标题文字，单击“开始”选项卡下“字体”组中的“字体”下拉按钮，在弹出的“字体”对话框中选择“华文彩云”。在“字号”输入框内输入“47”，单击任意空白区域完成修改。选中副标题文字，在“字号”输入框内输入“23”，单击任意空白区域完成修改。单击第 1 张幻灯片，单击“设计”选项卡下“变体”组中的“其他”下拉按钮，选择“背景样式”，将光标移动到“样式 4”上，单击鼠标右键，在弹出的快捷菜单中选择“应用于所选幻灯片”。

第 6 小题：

步骤 1：选中第 7 张幻灯片，按住鼠标左键直接将其拖动到第 1 张幻灯片下方。选中第 3 张幻灯片，在按住 Ctrl 键的同时选中第 4、6 张幻灯片，单击鼠标右键，在弹出的快捷菜单中选择“删除幻灯片”。

步骤 2：保存并关闭文件。

八、基本操作 8

打开考生文件夹下的演示文稿 yswg.pptx，按照下列要求完成对此文稿的修饰并保存。

1. 在演示文稿的开始处插入一张幻灯片，设置版式为“标题幻灯片”，作为本演示文稿的第 1 张幻灯片，在标题中输入文字“产品策划书”，在副标题中输入文字“晶泰来水晶吊坠”，并设置副标题的字体为楷体、加粗，字号为 34，为副标题设置“飞入”的动画效果，设置效果选项为“自右侧”。

2. 为演示文稿应用设计模板“环保”；在第 1 张幻灯片中插入一张图片，图片为素材文件 shuijing1.jpg，设置图片高度为 7 厘米并锁定纵横比，设置图片位置为水平 0.2 厘米、垂直 2 厘米，均为从“左上角”，并为图片设置“退出”中的“淡化”的动画效果，开始条件为“上一动画之后”。

3. 将第 2 张幻灯片文本框中的文字字体设置为微软雅黑，字体样式设置为加粗，字号为 28，文字颜色设置成深蓝色（RGB 颜色模式：红色 0，绿色 20，蓝色 60），设置行距为 1.5 倍，设置幻灯片背景为“羊皮纸”纹理。

4. 移动第 5 张幻灯片，使其成为第 3 张幻灯片，并将该幻灯片的背景设置为“粉色面巾纸”纹理。

5. 将第 4 张幻灯片的版式改为“两栏内容”，在该幻灯片右侧栏中插入一张图片，图片为素材文件 shuijing2.jpg，设置图片高度为 8 厘米并锁定纵横比，设置图片位置为水平 13 厘米、垂直 6 厘米，均为从“左上角”，并为图片设置动画效果“浮入”、效果选项为“下浮”。

6. 将第 5 张幻灯片文本框中的文字转换为“垂直项目符号列表”的 SmartArt 图形，并设置其动画效果为“飞入”、效果选项的方向为“自左侧”、序列为“逐个”。

7. 为所有幻灯片设置切换效果为“细微”中的“揭开”、效果选项为“从右下部”。

图 5-8-1 是按照上述操作要求制作的样稿。

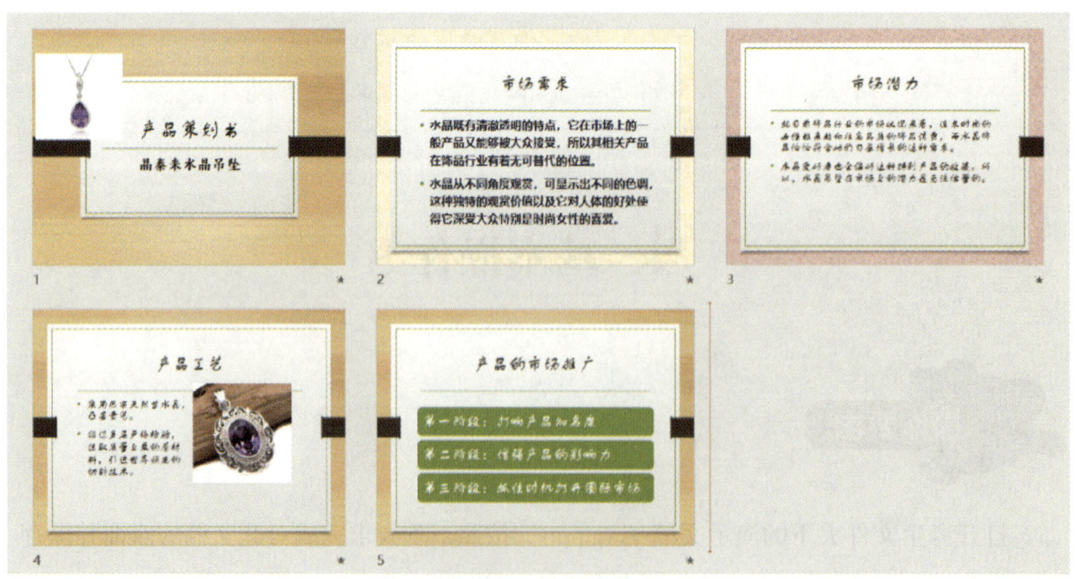

图 5-8-1　样稿

第 1 小题：

步骤 1：打开考生文件夹下的文件 yswg.pptx，将光标定位到第 1 张幻灯片上方，单击“开始”选项卡下“幻灯片”组中的“新建幻灯片”下拉按钮，选择“标题幻灯片”版式。

步骤 2：在标题文本框中输入“产品策划书”，在副标题文本框中输入“晶泰来水晶吊坠”。选中副标题文字，单击“开始”选项卡下“字体”组中的“字体”下拉按钮，选择“楷体”。在“字体”组中的“字号”输入框内输入“34”，单击任意空白区域完成修改。单击“字体”组中的“加粗”按钮。

步骤 3：将光标定位到副标题文本框内，单击“动画”选项卡下“动画”组中的“其他”下拉按钮，选择“进入”中的“飞入”，单击“效果选项”下拉按钮，选择“自右侧”。

第 2 小题：

步骤 1：选中第 1 张幻灯片，单击“设计”选项卡下“主题”组中的“其他”下拉按钮，选择“环保”。

步骤 2：选中第 1 张幻灯片，单击“插入”选项卡下“图像”组中的“图片”按钮，在下拉列表中选择“此设备”，在弹出的“插入图片”对话框中选择考生文件夹下的图片 shuijingl.jpg，单击“插入”按钮。选中图片，单击“图片工具”|“图片格式”选项卡下“大小”组中的扩展按钮，在弹出的“设置图片格式”任务窗格中的“高度”输入框内输入“7 厘米”，此时“锁定纵横比”复选框已经勾选。选择“位置”，设置“水平位置”为“0.2 厘米”、“垂直位置”为“2 厘米”。单击“关闭”按钮。

步骤 3：选中图片，单击“动画”选项卡下“动画”组中的“其他”下拉按钮，选择“退出”中的“淡化”。在“计时”组中，单击“开始”下拉按钮，选择“上一动画之后”。

第 3 小题：

步骤 1：选中第 2 张幻灯片内容文本框中的文字，单击“开始”选项卡下“字体”组中的“字体”下拉按钮，选择“微软雅黑”，单击“加粗”按钮，在字体输入框中输入“28”，单击任意空白区域完成修改。单击“字体”组中的“字体颜色”下拉按钮，选择“其他颜色”，在弹出的“颜色”对话框中切换到“自定义”选项卡下，设置“红色 0，绿色 20，蓝色 60”，单击“确定”按钮。

步骤 2：选中第 2 张幻灯片内容文本框中的文字，单击“开始”选项卡下“段落”组中的扩展按钮，在弹出的“段落”对话框中单击“行距”下拉按钮，选择“1.5 倍行距”，单击“确定”按钮。

步骤 3：选中第 2 张幻灯片，单击“设计”选项卡下“自定义”组中的“设置背景格式”按钮，在弹出的“设置背景格式”任务窗格中选中“图片或纹理填充”单选框，单击“纹理”下拉按钮，选择“羊皮纸”，单击“关闭”按钮。

第 4 小题：

步骤：选中第 5 张幻灯片，按住鼠标左键，直接将其拖动到第 2 张幻灯片下方。此时该幻灯片处于被选中状态，单击“设计”选项卡下“自定义”组中的“设置背景格式”按钮，在弹出的“设置背景格式”任务窗格中选中“图片或纹理填充”单选框，单击“纹理”下拉按钮，选择“粉色面巾纸”，单击“关闭”按钮。

第 5 小题：

步骤 1：选中第 4 张幻灯片，单击“开始”选项卡下“幻灯片”组中的“版式”下拉按钮，选择“两栏内容”版式。

步骤 2：单击右侧内容文本框内的“图片”按钮，在弹出的“插入图片”对话框中选择考生文件夹下的图片 shuijing2.jpg，单击“插入”按钮。

步骤 3：选中新插入的图片，单击“图片工具”|“图片格式”选项卡下“大小”组中的扩展按钮，在弹出的“设置图片格式”任务窗格中设置“高度”为“8 厘米”，并确认“锁定纵横比”复选框已经勾选。选择“位置”，设置“水平位置”为“13 厘米”、“垂直位置”为“6 厘米”，单击“关闭”按钮。

步骤 4：选中图片，单击“动画”选项卡下“动画”组中的“其他”下拉按钮，选择“进入”中的“浮入”。单击“效果选项”下拉按钮，选择“下浮”。

第 6 小题：

步骤 1：选中第 5 张幻灯片内容文本框中的文字，单击鼠标右键，在弹出的快捷菜单中选择“转换为 SmartArt”，选择“其他 SmartArt 图形”。在弹出的“选择 SmartArt 图形”对话框中选择“列表”下的“垂直项目符号列表”，单击“确定”按钮。

步骤 2：选中整个 SmartArt 图形，单击“动画”选项卡下“动画”组中的“其他”下拉按钮，选择“进入”中的“飞入”。单击“效果选项”下拉按钮，选择“方向”中的“自左侧”，再次单击“效果选项”下拉按钮，选择“序列”中的“逐个”。

第 7 小题：

步骤 1：选中第 1 张幻灯片，单击“切换”选项卡下“切换到此幻灯片”组中的“其他”下拉按钮，选择“细微”中的“揭开”。单击“效果选项”下拉按钮，选择“从右下部”，单击“计时”组中的“应用到全部”按钮。

步骤 2：保存并关闭文件。

九、基本操作 9

打开考生文件夹下的演示文稿 yswg.pptx，按照下列要求完成对此文稿的修饰并保存。

1. 为整个演示文稿应用“回顾”主题；设置全部幻灯片的切换方式为“覆盖”、效果选项为“从左上部”，设置每张幻灯片的自动切换时间为 5 秒；设置幻灯片的大小为“全屏显示（16：9）”；设置放映方式为“观众自行浏览（窗口）”。

2. 将第 2 张幻灯片文本框中的文字字体设置为微软雅黑、加粗、字号为 15，将文字颜色设置为深蓝色（标准色），将行距设置为 1.5 倍行距。

3. 在第 1 张幻灯片后面插入一张版式为“标题和内容”的新幻灯片，在标题处输入文字“目录”，在文本框中按顺序输入第 3 张至第 8 张幻灯片的标题，并添加相应幻灯片的超链接。

4. 将第 7 张幻灯片的版式改为“两栏内容”，在右侧栏中插入一个组织结构图（见图 5–9–1），设置该组织结构图的颜色为“彩色轮廓 – 个性色 1”。

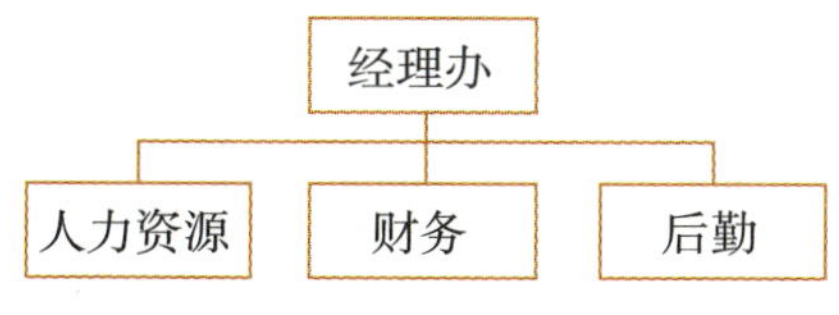

图 5–9–1 组织结构图

5. 为第 7 张幻灯片的组织结构图设置动画“进入”中的“浮入”、效果选项为“下浮”、序列为“逐个级别”；为左侧文字设置动画“进入”中的“出现”、动画顺序为先文字后组织结构图。

6. 在第 8 张幻灯片中插入图片 ppt1.png，设置图片高度为 7 厘米并锁定纵横比，将图片位置设置为“水平位置：13 厘米，从：左上角；垂直位置：4 厘米，从：左上角”；并为图片设置动画“强调”中的“跷跷板”。

7. 在最后一张幻灯片后面添加一张新幻灯片，设置版式为“空白”，并设置该幻灯片的背景填充为“羊皮纸”；在该新幻灯片中插入艺术字“谢谢观看”，设置文字字号为 80、文本效果为“半映像：4 磅 偏移量”，并设置为“水平居中”和“垂直居中”。

图 5-9-2 是按照上述操作要求制作的样稿。

图 5-9-2 样稿

第 1 小题：

步骤 1：打开考生文件夹下的文件 yswg.pptx，单击“设计”选项卡下“主题”组中的“其他”下拉按钮，选择主题“回顾”。

步骤 2：选中一张幻灯片，单击“切换”选项卡下“切换到此幻灯片”组中的“其他”下拉按钮，选择“细微”中的“覆盖”。单击“效果选项”下拉按钮，选择“从左上部”，在“计时”组中勾选“设置自动换片时间”复选框，设置为 5 秒（00：05.00），并单击“应用到全部”按钮。

步骤 3：单击“设计”选项卡下“自定义”组中的“幻灯片大小”下拉按钮，选择“自定义幻灯片大小”，在弹出的“幻灯片大小”对话框的“幻灯片大小”中选择“全屏显示（16：9）”，单击“确定”按钮，单击“确保适合”按钮。

步骤 4：单击“幻灯片放映”选项卡下“设置”组中的“设置幻灯片放映”按钮，弹出“设置放映方式”对话框，选中“观众自行浏览（窗口）”单选框，单击“确定”按钮。

第 2 小题：

步骤：选中第 2 张幻灯片中的内容文本框，在“开始”选项卡下“字体”组中设置“字体”为“微软雅黑”、“字号”为“15”，单击“加粗”按钮。设置“字体颜色”，选择“标准色”中的“深蓝色”，单击“段落”组中的扩展按钮，在弹出的“段落”对话框中设置“行距”为“1.5 倍行距”，单击“确定”按钮。

第 3 小题：

步骤 1：选中第 1 张幻灯片，单击“开始”选项卡下“幻灯片”组中的“新建幻灯片”下拉按钮，选择“标题和内容”版式。

步骤 2：选中第 2 张幻灯片，在标题文本框中输入“目录”，选中并复制第 3 张幻灯片标题文本框中的文字，回到第 2 张幻灯片，在内容区单击鼠标右键，选择“粘贴选项”中的“只保留文本”。按照同样的方法进行操作，将其他幻灯片标题粘贴到第 2 张幻灯片的内容区（注意换行）。

步骤 3：选中内容区的文字“培训目的”，单击“插入”选项卡下“链接”组中的“链接”按钮，在弹出的“插入超链接”对话框中选择“本文档中的位置”，选择“幻灯片标题”下的“3. 培训目的”，单击“确定”按钮。按照相同的操作方法插入其余超链接。

第 4 小题：

步骤 1：选中第 7 张幻灯片，单击“开始”选项卡下“幻灯片”组中的“版式”下拉按钮，选择“两栏内容”。单击右侧内容区的“插入 SmartArt 图形”按钮，在弹出的“选择 SmartArt 图形”对话框中选择“层次结构”中的“组织结构图”，单击“确定”按钮。

步骤 2：选中 SmartArt 图形中的第 2 个图形（从上往下数），按 Delete 键删除。在图形中按要求依次输入文本“经理办”“人力资源”“财务”“后勤”。

步骤 3：选中 SmartArt 图形，单击“SmartArt 工具”|“SmartArt 设计”选项卡下“SmartArt 样式”组中的“更改颜色”下拉按钮，选择“彩色轮廓 – 个性色 1”。

第 5 小题：

步骤 1：选中第 7 张幻灯片右侧的 SmartArt 图形，单击“动画”选项卡下“动画”组中的“其他”下拉按钮，选择“进入”中的“浮入”。单击“效果选项”下拉按钮，选择“方向”下的“下浮”。再次单击“效果选项”下拉按钮，选择“序列”下的“逐个级别”。

步骤 2：选中左侧的内容区，单击“动画”组中的“其他”下拉按钮，选择“进入”中的“出现”。单击“计时”组中的“向前移动”按钮，设置动画顺序为先文本后组织结构图。

第 6 小题：

步骤 1：选中第 8 张幻灯片，单击“插入”选项卡下“图像”组中的“图片”按钮，在下拉列表中选择“此设备”，在弹出的“插入图片”对话框中选择考生文件夹下的图片 ppt1.png，单击“插入”按钮。

步骤 2：选中插入的图片后单击鼠标右键，在弹出的快捷菜单中选择“大小和位置”，在弹出的“设置图片格式”任务窗格中切换到“大小”选项，设置“高度”为“7 厘米”，勾选“锁定纵横比”复选框，切换到“位置”选项，设置“水平位置”为“13 厘米”、“垂直位置”设置为“4 厘米”，均设置“从”为“左上角”，单击“关闭”按钮。

步骤 3：单击“动画”选项卡下“动画”组中的“其他”下拉按钮，选择“强调”下的“跷跷板”。

第 7 小题：

步骤 1：选中第 8 张幻灯片，单击“开始”选项卡下“幻灯片”组中的“新建幻灯片”下拉按钮，选择“空白”版式。

步骤 2：在第 9 张幻灯片上单击鼠标右键，在弹出的快捷菜单中选择“设置背景格式”，在弹出的“设置背景格式”任务窗格的“填充”下选中“图片或纹理填充”单选框，选择“纹理”中的“羊皮纸”，单击“关闭”按钮。

步骤 3：单击“插入”选项卡下“文本”组中的“艺术字”下拉按钮，选择任意样式的艺术字，比如“渐变填充：茶色，主题色 5；映像”，输入文字“谢谢观看”。选中艺术字文本框，在“开始”选项卡下“字体”组中设置“字号”为“80”。单击“绘图工具”|“形状格式”选项卡下“艺术字样式”组中的“文本效果”下拉按钮，选择“映像”，再选择“映像变体”中的“半映像：4 磅 偏移量”。单击“排列”组中的“对齐”下拉按钮，选择“水平居中”。再次单击“对齐”下拉按钮，选择“垂直居中”。

步骤 4：保存并关闭文件。

十、基本操作 10

打开考生文件夹下的演示文稿 yswg.pptx，按照下列要求完成对此文稿的修饰并保存。

1. 为整个演示文稿应用“离子”主题；设置全部幻灯片的切换方式为“擦除”、效果选项为“从右上部”；设置幻灯片的大小为“全屏显示（16∶9）”；设置放映方式为“观众自行浏览（窗口）”。

2. 为第 1 张幻灯片添加副标题“觅寻国际 2016 年度总结报告会”，设置字体为微软雅黑、字号为 32；将标题的文字字号设置为 66、文字颜色设置为红色（RGB 颜色模式：红色 255，绿色 0，蓝色 0）。

3. 在第 6 张幻灯片后添加一张版式为“两栏内容”的新幻灯片，设置标题为“收入组成”，在左侧栏中插入一个 6 行 3 列的表格，内容见表 5–10–1；设置表格高度为 8 厘米、宽度为 8 厘米。

表 5–10–1

名称	2016 年	百分比
烟酒	201 万元	26.9%
旅游	156 万元	20.9%
农产品	124 万元	16.6%
直销	105 万元	14.1%
其他	160 万元	21.4%

4. 在第 7 张幻灯片中根据左侧表格中“名称”和“百分比”两列的内容，在右侧栏中插入一个“三维饼图”，设置图表标题为“收入组成”、图表标签显示“类别名称”和“值”、不显示图例，设置图表样式为“样式 6”，设置图表高度为 10 厘米、宽度为 12 厘米。

5. 将第 2 张幻灯片中文本框的文字转换成 SmartArt 图形“垂直曲形列表”，并为每个项目添加相应幻灯片的超链接。

6. 将第 3 张幻灯片中的“良好态势”和“不足弊端”这两项内容的列表级别降低

一个等级（即增大缩进级别），将第 5 张幻灯片中的所有对象（幻灯片标题除外）组合成一个图形对象，并为这个组合对象设置动画“强调”中的“跷跷板”；将第 6 张幻灯片中的表格内所有文字字号设置为 32，设置表格样式为“主题样式 2- 强调 2”、所有单元格的对齐方式为“垂直居中”。

7. 在最后一张幻灯片中插入艺术字“感谢大家的支持与付出”，设置艺术字的文本填充为预设颜色的“中等渐变 - 个性色 4”；为艺术字设置动画“进入”中的“形状”、效果选项为“菱形”；为标题设置动画“强调”中的“放大 / 缩小”、效果选项为“水平”“巨大”、持续时间为 3 秒；设置动画顺序为先标题后艺术字。

图 5-10-1 是按照上述操作要求制作的样稿。

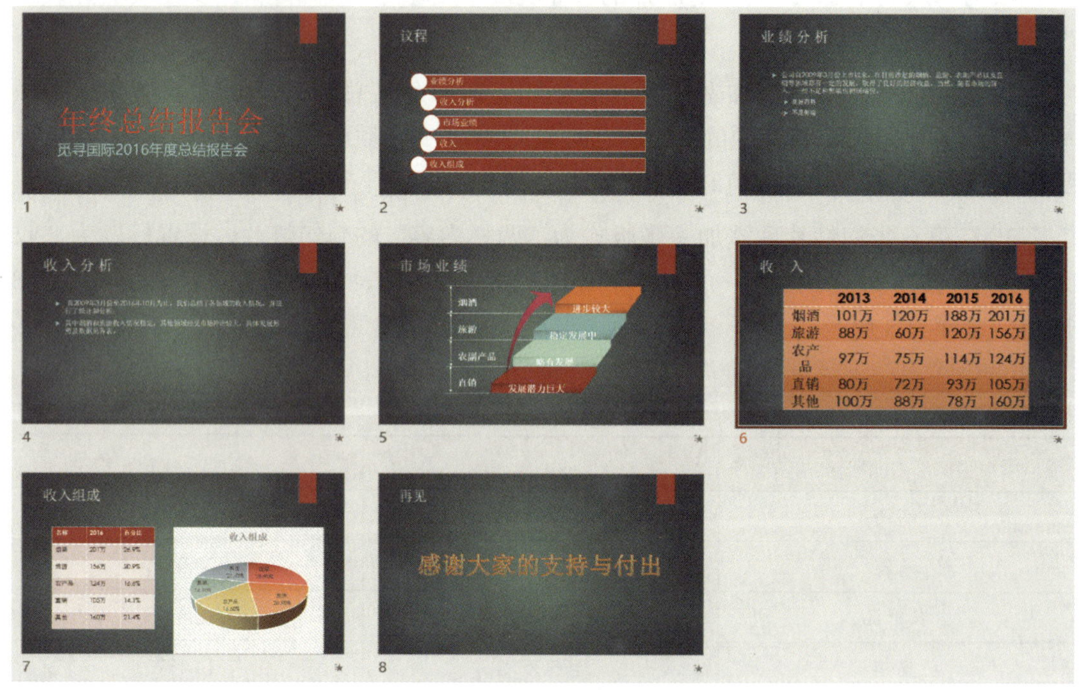

图 5-10-1　样稿

第 1 小题：

步骤 1：打开考生文件夹下的文件 yswg.pptx，单击“设计”选项卡下“主题”组中的“其他”下拉按钮，选择“离子”主题。

步骤 2：选中一张幻灯片，单击“切换”选项卡下“切换到此幻灯片”组中的“其他”下拉按钮，选择“细微”中的“擦除”。单击“效果选项”下拉按钮，选择“从右上部”，在“计时”组中单击“应用到全部”按钮。

步骤 3：单击“设计”选项卡下“自定义”组中的“幻灯片大小”下拉按钮，选择“自定义幻灯片大小”，在弹出的“幻灯片大小”对话框的“幻灯片大小”中选择“全屏显示（16∶9）”，单击“确定”按钮，单击“确保适合”按钮。

步骤 4：单击“幻灯片放映”选项卡下“设置”组中的“设置幻灯片放映”按钮，弹出“设置放映方式”对话框，选中“观众自行浏览（窗口）”单选框，单击“确定”按钮。

第 2 小题：

步骤 1：选中第 1 张幻灯片，在副标题文本框中输入“觅寻国际 2016 年度总结报告会”，选中副标题文本框，在“开始”选项卡下“字体”组中设置字体为微软雅黑、字号为 32。

步骤 2：选中标题文本框，在“字体”组中设置字号为 66，单击“字体颜色”下拉按钮，选择“其他颜色”，在弹出的“颜色”对话框中切换到“自定义”选项卡下，设置“颜色模式”为“RGB”（红色：255，绿色：0，蓝色：0），单击“确定”按钮。

第 3 小题：

步骤 1：选中第 6 张幻灯片，单击“开始”选项卡下“幻灯片”组中的“新建幻灯片”下拉按钮，选择“两栏内容”。

步骤 2：在标题文本框中输入“收入组成”，在左侧内容文本框中单击“插入表格”按钮，在弹出的“插入表格”对话框中输入“列数”为“3”，“行数”为“6”，单击“确定”按钮。在表格中输入题面要求的内容。

步骤 3：选中表格，在“表格工具”|“布局”选项卡下“表格尺寸”组中设置“高度”与“宽度”均为“8 厘米”。

第 4 小题：

步骤 1：选中第 7 张幻灯片，单击右侧内容文本框中的“插入图表”按钮，在弹出的“插入图表”对话框中选择“饼图”中的“三维饼图”，单击“确定”按钮。启动 Excel，将幻灯片左侧表格中的第 1 列和第 3 列内容分别复制到 Excel 中 A1∶B6 单元格区域，关闭 Excel。

步骤 2：将图表标题“百分比”修改为“收入组成”。选中图表，在“图表工具”|“图表设计”选项卡下“图表布局”组中单击“添加图表元素”下拉按钮，选择“数据标签”下的“其他数据标签选项”，在弹出的“设置数据标签格式”任务窗格中切换到“标签选项”，勾选“类别名称”复选框，单击“关闭”按钮；再次单击“添加图表元素”下拉按钮，选择“图例”下的“无”。

步骤 3：单击“图表工具”|“图表设计”选项卡下“图表样式”组中的“其他”下拉按钮，选择“样式 6”（注：样式 6 有图例，需再次单击“图表布局”组中的“添加图表元素”下拉按钮，选择“图例”下的“无”）。

步骤 4：选中图表，在“图表工具”|“格式”选项卡下“大小”组中设置“高度”和“宽度”分别为“10 厘米”和“12 厘米”。

第 5 小题：

步骤 1：在第 2 张幻灯片中选中内容文本框中的文字，之后单击鼠标右键，在弹出的快捷菜单中选择“转换为 SmartArt”中的“其他 SmartArt 图形”，在弹出的“选择 SmartArt 图形”对话框中选择“列表”中的“垂直曲形列表”，单击“确定”按钮。

步骤 2：选中垂直曲形列表中带有文字的第一个形状，单击“插入”选项卡下“链接”组中的“超链接”按钮，弹出“插入超链接”对话框，选择“本文档中的位置”，选择“幻灯片标题”下的“3. 业绩分析”，单击“确定”按钮。其他超链接按照相同的方法添加。

第 6 小题：

步骤 1：在第 3 张幻灯片中选中内容文本框中的文字“良好态势”和“不足弊端”，单击“开始”选项卡下“段落”组中的“提高列表级别”按钮。

步骤 2：在第 5 张幻灯片中，按 Ctr1+A 快捷键全选后，按住 Ctr1 键，取消选中标题文本框，单击“绘图工具”|“形状格式”选项卡下“排列”组中的“组合”下拉按钮，选择“组合”。选中组合后的图形，单击“动画”选项卡下“动画”组中的“其他”下拉按钮，选择“强调”中的“跷跷板”。

步骤 3：选中第 6 张幻灯片中的表格，在“开始”选项卡下“字体”组中设置其字号为 32。单击“表格工具”|“表设计”选项卡下“表格样式”组中的“其他”下拉按钮，选择“主题样式 2- 强调 2”；单击“表格工具”|“布局”选项卡下“对齐方式”组中的“垂直居中”按钮。适当调整列宽。

第 7 小题：

步骤 1：在最后一张幻灯片中单击“插入”选项卡下“文本”组中的“艺术字”下拉按钮，选择一种样式的艺术字，比如“填充：橙色，主题色 2；边框：橙色，主题色 2”，输入文字“感谢大家的支持与付出”。选中艺术字的文本框，单击“绘图工具”|“形状格式”选项卡下“艺术字样式”组中的“文本填充”下拉按钮，选择“渐变”中的“其他渐变”（或选择“纹理”中的“其他纹理”），弹出“设置形状格式”任务窗格，在“文本填充”中选中“渐变填充”单选框，在“预设渐变”中选择“中等渐变 – 个性色 4”，单击“关闭”按钮。单击“动画”选项卡下“动画”组中的“其他”下拉按钮，选择“进入”中的“形状”。单击“效果选项”下拉按钮，选择“形状”下

的“菱形”。

步骤 2：选中标题文本框，单击“动画”选项卡下“高级动画”组中的“添加动画”下拉按钮，选择“强调”中的“放大/缩小”。单击“效果选项”下拉按钮，选择“方向”下的“水平”。再次单击“效果选项”下拉按钮，选择“份量”下的“巨大”。设置“计时”组中的“持续时间”为“3 秒（03.00）”，单击“对动画重新排序”下方的“向前移动”按钮，将动画顺序设置为先标题后艺术字。

步骤 3：保存并关闭文件。

十一、基本操作 11

1. 新建演示文稿 yswg.pptx，添加 4 张幻灯片，在每张幻灯片的页脚插入与其幻灯片编号相同的数字，如第 4 张幻灯片的页脚为“4”。

2. 为整个演示文稿应用“平面”主题，设置放映方式为“观众自行浏览（窗口）”。按各幻灯片页脚从大到小重排幻灯片的顺序。

3. 设置第 1 张幻灯片版式为“标题幻灯片”，设置标题为“冰箱不是食品的‘保险箱’”、副标题为“不适合放入冰箱的食物”；设置标题文字字体为黑体、字号为 53，设置副标题文字字号为 25；将第 1 张幻灯片的背景填充设置为“斜纹布”纹理。

4. 设置第 2 张幻灯片版式为“两栏内容”、标题为“冰箱不是万能的”。将考生文件夹下的图片 PPT1.jpg 插入到第 2 张幻灯片右侧内容文本框中，设置图片样式为“复杂框架，黑色”、图片效果为“发光：11 磅；褐色，主题色 6”。设置图片动画为“强调”中的“跷跷板”。将考生文件夹中的 sc.docx 文档的第 1 段文本插入到左侧内容文本框中，为文本设置动画为“退出”中的“擦除”。设置动画顺序为先文本后图片。

5. 设置第 3 张幻灯片版式为“两栏内容”、标题为“冰箱不适合储存巧克力”，将考生文件夹下的图片 PPT2.jpg 插入到第 3 张幻灯片右侧内容文本框中。将考生文件夹中的 sc.docx 文档的第 2、3 段文本插入到左侧内容文本框中。

6. 设置第 4 张幻灯片版式为“标题和内容”、标题为“不该存放在冰箱中的 8 种食物表”，在内容文本框中插入一个 9 行 2 列的表格，设置表格样式为“中度样式 4”、第 1 列列宽为 4.23 厘米。在第 1 行第 1、2 列依次输入文字“种类”和“不宜存放的原因”，参考考生文件夹下的 sc.docx 文档的内容，按淀粉类、鱼、荔枝、草莓、香蕉、西红柿、叶菜及黄瓜青椒的顺序从上到下将适当内容填入表格其余 8 行，将表格第 1 行和第 1 列文字全部设置为“居中”和“垂直居中”对齐方式。

7. 设置页脚为奇数的幻灯片的切换方式为“碎片”、效果选项为“向外条纹”。设置页脚为偶数的幻灯片的切换方式为“飞过”、效果选项为“弹跳切出”。

图 5-11-1 为按照上述操作要求制作的样稿。

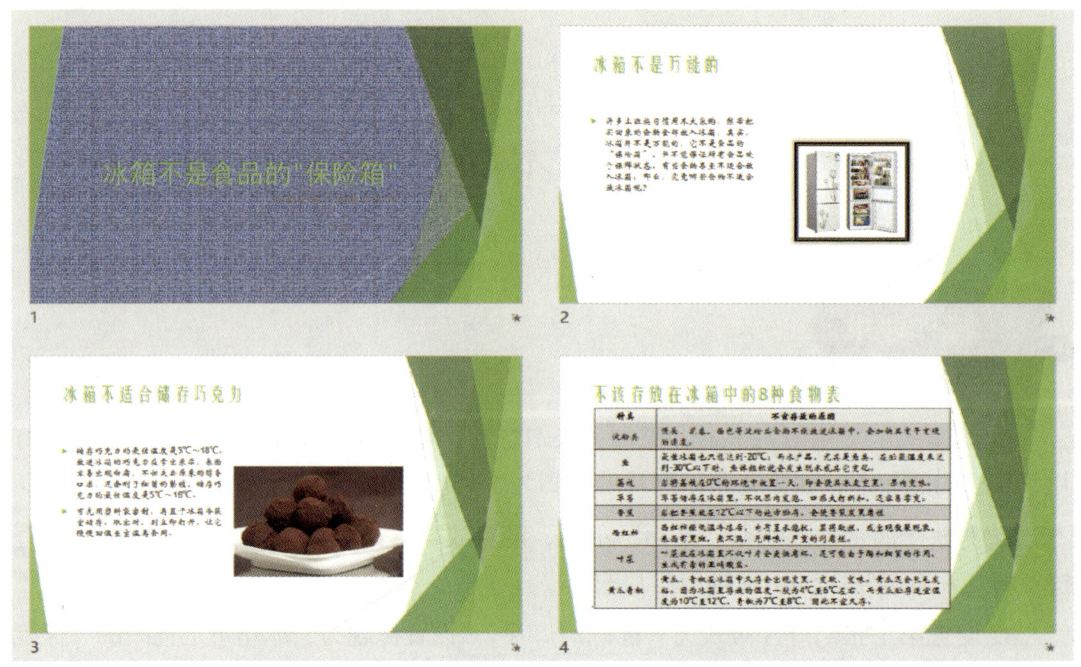

图 5-11-1　样稿

第 1 小题：

步骤 1：在考生文件夹下单击鼠标右键，选择“新建”中的“Microsoft PowerPoint 演示文稿”，并将其重命名为“yswg.pptx”。

步骤 2：打开 yswg.pptx 文件，单击“开始”选项卡下“幻灯片”组中的“新建幻灯片”下拉按钮，选择任意版式幻灯片，如“标题和内容”。按照类似的方法创建其他3 张幻灯片。

步骤 3：选中第 1 张幻灯片，单击“插入”选项卡下“文本”组中的“页眉和页脚”按钮，在弹出的“页眉和页脚”对话框中勾选“页脚”复选框，在下方文本框中输入“1”，单击“应用”按钮。按照类似的方法为其他 3 张幻灯片插入页脚，分别是“2”“3”“4”。

第 2 小题：

步骤 1：单击“设计”选项卡下“主题”组中的“其他”下拉按钮，选择“平面”主题。

步骤 2：单击“幻灯片放映”选项卡下“设置”组中的“设置幻灯片放映”按钮，在弹出的“设置放映方式”对话框中勾选“观众自行浏览（窗口）”复选框，单击“确定”按钮。

步骤 3：选中第 1 张幻灯片后按住鼠标左键，将其拖动到第 4 张幻灯片之后。按照类似的方法进行操作，使第 1 张幻灯片的页脚为“4”、第 2 张幻灯片的页脚为“3”、第 3 张幻灯片的页脚为“2”、第 4 张幻灯片的页脚为“1”。

第 3 小题：

步骤 1：选中第 1 张幻灯片，单击“开始”选项卡下“幻灯片”组中的“版式”下拉按钮，选择“标题幻灯片”，在标题文本框中输入“冰箱不是食品的‘保险箱’”，在副标题文本框中输入“不适合放入冰箱的食物”。

步骤 2：选中标题文本框，在“开始”选项卡下“字体”组中设置字体为黑体，字号为 53。选中副标题文本框，在“字体”组中设置字号为 25。

步骤 3：单击“设计”选项卡下“自定义”组中的“设置背景格式”按钮，弹出“设置背景格式”任务窗格，在“填充”选项下选中“图片或纹理填充”单选框，设置“纹理”为“斜纹布”，单击“关闭”按钮。

第 4 小题：

步骤 1：选中第 2 张幻灯片，单击“开始”选项卡下“幻灯片”组中的“版式”下拉按钮，选择“两栏内容”，在标题文本框中输入“冰箱不是万能的”。

步骤 2：单击右侧内容文本框中的“图片”按钮，弹出“插入图片”对话框，在考生文件夹下选中图片 PPT1.jpg，单击“插入”按钮。单击“图片工具”|“图片格式”选项卡下“图片样式”组中的“其他”下拉按钮，选择“复杂框架，黑色”，单击“图片效果”下拉按钮，选择“发光”，选择“发光变体”中的“发光：11 磅；褐色，主题色 6”。

步骤 3：单击“动画”选项卡下“动画”组中的“其他”下拉按钮，选择“强调”中的“跷跷板”。

步骤 4：打开考生文件夹下的 sc.docx 文档，复制其中的第 1 段文本，在幻灯片左侧内容文本框中单击鼠标右键，选择“粘贴选项”中的“只保留文本”，删除多余的空格。选中左侧内容文本框，单击“动画”组中的“其他”下拉按钮，选择“退出”下的“擦除”，单击“确定”按钮。单击“计时”组中的“向前移动”按钮，使动画顺序为先文本后图片。

第 5 小题：

步骤 1：选中第 3 张幻灯片，参考“第 4 小题”中的“步骤 1”进行操作，在标题文本框中输入“冰箱不适合储存巧克力”。

步骤 2：单击右侧内容文本框中的“图片”按钮，弹出“插入图片”对话框，在考生文件夹下选中图片 PPT2.jpg，单击“插入”按钮。

步骤 3：复制 sc.docx 文档中的第 2 ~ 3 段文本，在幻灯片左侧内容文本框中单击鼠标右键，选择“粘贴选项”中的“只保留文本”，删除多余的空格。

第 6 小题：

步骤 1：选中第 4 张幻灯片，参考“第 4 小题”的“步骤 1”进行操作，设置版式为“标题和内容”，在标题中输入“不该存放在冰箱中的 8 种食物表”。

步骤 2：单击内容文本框中的“插入表格”按钮，弹出“插入表格”对话框，将“列数”设为“2”、“行数”设为“9”，单击“确定”按钮。单击“表格工具”|“表设计”选项卡下“表格样式”组中的“其他”下拉按钮，选择“中等色”中的“中度样式 4”。选中表格的第 1 列，在“表格工具”|“布局”选项卡下“单元格大小”组中设置“宽度”为“4.23 厘米”。

步骤 3：在表格第 1 行的第 1、2 列依次输入“种类”和“不宜存放的原因”。在表格第 1 列中的第 2 行至第 9 行依次输入“淀粉类”“鱼”“荔枝”“草莓”“香蕉”“西红柿”“叶菜”“黄瓜青椒”，第 2 列中的第 2 行至第 9 行内容则根据第 1 列和 sc.docx 文档中的内容进行复制粘贴（只保留文本），之后关闭 sc.docx 文档。

步骤 4：选中表格的第 1 行，在“表格工具”|“布局”选项卡下“对齐方式”组中单击“居中”和“垂直居中”按钮。按照类似的方法设置表格第 1 列的对齐方式。适当调整列宽。

第 7 小题：

步骤 1：在按住 Ctrl 键的同时选中页脚为“1”和“3”的幻灯片，单击“切换”选项卡下“切换到此幻灯片”组中的“其他”下拉按钮，选择“华丽”下的“碎片”。单击“效果选项”下拉按钮，选择“向外条纹”。

步骤 2：按照类似的方法设置页脚为偶数的幻灯片的切换方式。

步骤 3：保存并关闭文件。

十二、基本操作 12

打开考生文件夹下的演示文稿 yswg.pptx，按照下列要求完成对此文稿的修饰并保存。

1. 在第 1 张幻灯片前插入 4 张新幻灯片，设置第 1 张幻灯片的页脚为“D”、第 2 张幻灯片的页脚为“C”、第 3 张幻灯片的页脚为“B”、第 4 张幻灯片的页脚为“A”。

2. 为整个演示文稿应用“丝状”主题，设置放映方式为“观众自行浏览”。设置幻灯片大小为“A3 纸张（297 毫米 ×420 毫米）”。按各幻灯片页脚的字母顺序重排所有幻灯片的顺序。

3. 设置第 1 张幻灯片的版式为“空白”，并在位置（水平：4.58 厘米，从：左上角；垂直：11.54 厘米，从：左上角）插入艺术字“紫洋葱拌花生米”。设置艺术字宽度为 27.2 厘米、高度为 3.57 厘米。设置艺术字文字效果为“转换 – 弯曲 –V 形：倒”。设置艺术字动画为“强调”中的“陀螺旋”、效果选项为“旋转两周”。设置第 1 张幻灯片的背景样式为“样式 4”。

4. 设置第 2 张幻灯片版式为“比较”，标题为“洋葱和花生是良好的搭配”，将考生文件夹中的 SC.docx 文档第 4 段文本插入到左侧内容文本框中，将考生文件夹下的图片 PPT3.jpg 插入到右侧内容文本框中。

5. 设置第 3 张幻灯片版式为“图片与标题”，设置标题为“花生利于补充抗氧化物质”，将第 5 张幻灯片左侧内容文本框中的全部文本移到第 3 张幻灯片标题区下的文本区。将考生文件夹下的图片 PPT2.jpg 插入到图片文本框中。

6. 设置第 4 张幻灯片版式为“两栏内容”，设置标题为“洋葱营养丰富”，将考生文件夹下的图片 PPT1.jpg 插入到右侧内容文本框中，将考生文件夹中的 SC.docx 文档第

1 段和第 2 段文本插入到左侧内容文本框中。设置图片样式为“棱台透视”、图片效果为“棱台”的“柔圆”。设置图片动画为“强调”中的“跷跷板”。设置左侧文字动画为“进入”中的“曲线向上”。设置动画顺序为先文字后图片。

7. 设置第 5 张幻灯片版式为“标题和内容”，设置标题为“‘紫洋葱拌花生米’的制作方法”、标题字号为 53。将考生文件夹中的 SC.docx 文档最后 3 段文本插入到内容文本框中，在备注区域插入备注“本款小菜适用于高血脂、高血压、动脉硬化、冠心病、糖尿病患者及亚健康人士食用。”。

8. 设置第 1 张幻灯片的切换方式为“缩放”、效果选项为“切出”，设置其余幻灯片的切换方式为“库”、效果选项为“自左侧”。

图 5-12-1 是按照上述操作要求制作的样稿。

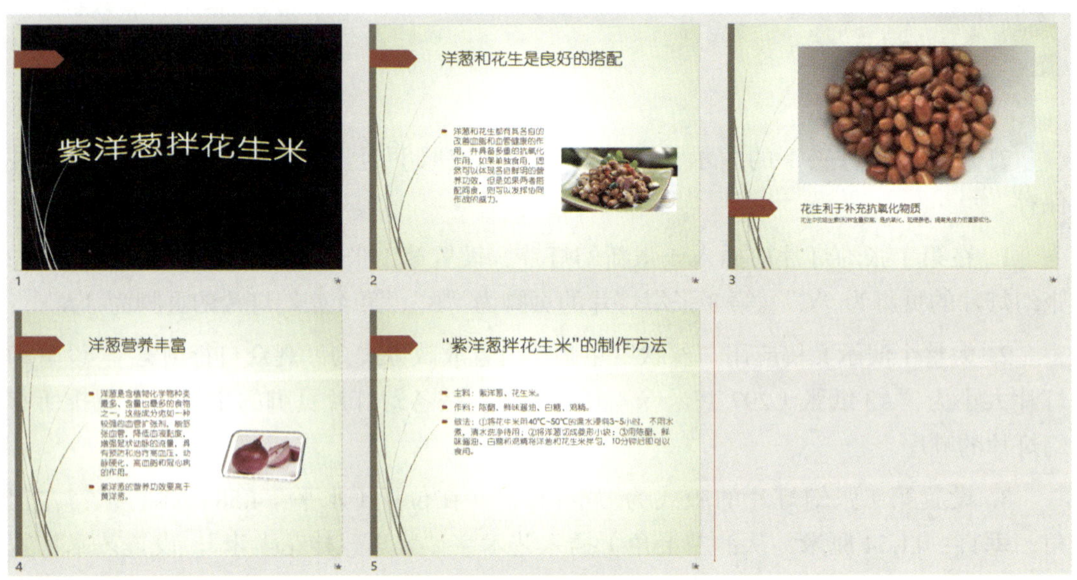

图 5-12-1　样稿

第 1 小题：

步骤 1：打开考生文件夹下的文件 yswg.pptx，将光标定位到第 1 张幻灯片上方，单击“开始”选项卡下“幻灯片”组中的“新建幻灯片”下拉按钮，选择任意幻灯片版式，如“标题幻灯片”版式。按照类似的方法创建其余 3 张幻灯片。

步骤 2：选中第 1 张幻灯片，单击“插入”选项卡下“文本”组中的“页眉和页脚”按钮，在弹出的“页眉和页脚”对话框中勾选“页脚”复选框，在下方的文本框中输入大写字母“D”，单击“应用”按钮。按照相同的方法设置第 2 张幻灯片至第 4 张幻灯片的页脚分别为“C”“B”“A”。

第 2 小题：

步骤 1：单击“设计”选项卡下“主题”组中的“其他”下拉按钮，选择“丝状”主题。单击“自定义”组中的“幻灯片大小”下拉按钮，选择“自定义幻灯片大小”，在弹出的“幻灯片大小”对话框的“幻灯片大小”中选择“A3 纸张（297 毫米 ×420 毫米）”，单击“确定”按钮。

步骤 2：单击“幻灯片放映”选项卡下“设置”组中的“设置幻灯片放映”按钮，弹出“设置放映方式”对话框，选中“观众自行浏览（窗口）”单选框，单击“确定”按钮。

步骤 3：选中第 1 张幻灯片后按住鼠标左键将其拖动到第 4 张幻灯片之后，按照类似的方法进行操作，使幻灯片页脚字母顺序为“A”→“D”。

第 3 小题：

步骤 1：选中第 1 张幻灯片，单击“开始”选项卡下“幻灯片”组中的“版式”下拉按钮，选择“空白”版式。

步骤 2：单击“插入”选项卡下“文本”组中的“艺术字”下拉按钮，选择一种样式的艺术字，如“填充：白色；轮廓：蓝色，主题色 5；阴影”，输入“紫洋葱拌花生米”。选中艺术字文本框后单击鼠标右键，在弹出的快捷菜单中选择“大小和位置”，弹出“设置形状格式”任务窗格，切换到“大小”选项，设置艺术字的宽度为 27.2 厘米、高度为 3.57 厘米。切换到“位置”选项，设置“水平位置”为 4.58 厘米、“从”为“左上角”；设置“垂直位置”为“11.54 厘米”、“从”为“左上角”，单击“关闭”按钮。

步骤 3：单击“绘图工具”|“形状格式”选项卡下“艺术字样式”组中的“文本效果”下拉按钮，选择“转换”，再选择“弯曲”中的“V 形：倒”。

步骤 4：单击“动画”选项卡下“动画”组中的“其他”下拉按钮，选择动画“强调”中的“陀螺旋”。单击“效果选项”下拉按钮，选择“旋转两周”。

步骤 5：单击“设计”选项卡下“变体”组中的“其他”下拉按钮，选择“背景样式”，选择“样式 4”后单击鼠标右键，在弹出的快捷菜单中选择“应用于所选幻灯片”。

第 4 小题：

步骤 1：选中第 2 张幻灯片，参考“第 3 小题”的“步骤 1”进行操作，设置版式为“比较”。

步骤 2：在标题文本框中输入“洋葱和花生是良好的搭配”。打开考生文件夹下的 SC.docx 文档，复制其中的第 4 段文本，在幻灯片左侧内容文本框中单击鼠标右键，选择“粘贴选项”中的“只保留文本”，删除多余的空格。单击幻灯片右侧内容文本框中的“图片”按钮，弹出“插入图片”对话框，选中考生文件夹下的图片 PPT3.jpg，单击“插入”按钮。

第 5 小题：

步骤 1：选中第 3 张幻灯片，参考“第 3 小题”的“步骤 1”进行操作，设置版式为“图片与标题”。

步骤 2：在标题文本框中输入“花生利于补充抗氧化物质”。剪切第 5 张幻灯片中左侧内容文本框中的文字后定位到第 3 张幻灯片，在标题区下方的文本区单击鼠标右键，选择“粘贴选项”中的“只保留文本”，删除多余的空格。

步骤 3：单击幻灯片中的“图片”按钮，弹出“插入图片”对话框，选中考生文件夹下的图片 PPT2.jpg，单击“插入”按钮。

第 6 小题：

步骤 1：选中第 4 张幻灯片，参考“第 3 小题”的“步骤 1”进行操作，设置版式为“两栏内容”。

步骤 2：在标题文本框中输入“洋葱营养丰富”。单击幻灯片右侧内容文本框中的“图片”按钮，在弹出的“插入图片”对话框中选中考生文件夹下的图片 PPT1.jpg，单击“插入”按钮。

步骤 3：在 SC.docx 文档中复制第 1 段和第 2 段文本，定位到第 4 张幻灯片，在幻灯片左侧内容文本框中单击鼠标右键，选择“粘贴选项”中的“只保留文本”，删除多余的空格。

步骤 4：选中幻灯片右侧的图片，单击“图片工具”|“图片格式”选项卡下“图片样式”组中的“其他”下拉按钮，选择“棱台透视”，单击“图片效果”下拉按钮，选择“棱台”中的“柔圆”。单击“动画”选项卡下“动画”组中的“其他”下拉按钮，选择“强调”中的“跷跷板”。

步骤 5：选中幻灯片左侧内容文本框，单击“动画”组中的“其他”下拉按钮，选择“进入”中的“曲线向上”，单击“确定”接扭。单击“计时”组中“向前移动”按钮，使动画顺序为先文字后图片。

第 7 小题：

步骤 1：选中第 5 张幻灯片，参考“第 3 小题”的“步骤 1”进行操作，设置版式为“标题和内容”。

步骤 2：在标题文本框中输入“‘紫洋葱拌花生米’的制作方法”（双引号为全角符

号），选中标题文本框，在“开始”选项卡下“字体”组中设置字号为53。

步骤3：复制SC.docx文档中的最后3段文本，定位到第5张幻灯片，在内容文本框中单击鼠标右键，选择“粘贴选项”中的“只保留文本”，删除多余的空格。

步骤4：在幻灯片下方的备注区域输入“本款小菜适用于高血脂、高血压、动脉硬化、冠心病、糖尿病患者及亚健康人士食用。”

步骤5：关闭SC.docx文档。

第8小题：

步骤1：选中第1张幻灯片，单击“切换”选项卡下“切换到此幻灯片”组中的“其他”下拉按钮，选择“华丽”中的“缩放”，单击“效果选项”下拉按钮，选择“切出”。

步骤2：按照类似的方法设置其余幻灯片的切换方式。

步骤3：保存并关闭。

十三、基本操作13

打开考生文件夹下的演示文稿yswg.pptx，按照下列要求完成对此文稿的修饰并保存。

1. 为整个演示文稿应用“回顾”主题，设置放映方式为“观众自行浏览”。

2. 在第1张幻灯片前插入版式为“两栏内容”的新幻灯片，设置标题为“长寿秘密——豆腐海带味噌汤”，将考生文件夹下的SC.docx文档的第1、2段文本插入到左侧内容文本框中。将考生文件夹下的图片ppt1.jpg插入到幻灯片右侧内容文本框中，设置图片样式为“棱台透视”、图片效果为“棱台”中的“斜面”。设置图片动画为“进入”中的“轮子”、效果选项为“3轮辐图案”、幻灯片的页脚为“2”。

3. 将第2张幻灯片的版式改为“标题和内容”，设置标题为“海带和豆腐的功效表”，在内容区插入一个 10 行 2 列的表格，设置表格样式为“浅色样式 3– 强调 1”，设置表格第 1、2 列宽度依次为 2.8 厘米和 19.5 厘米。在第 1 行第 1、2 列中依次输入“食材”和“功效”，将第 1 列的第 2 ~ 5 行合并成一个单元格，并在其中输入“豆腐”。将第 1 列的第 6 ~ 10 行合并成一个单元格，并在其中输入“海带”。参考考生文件夹下的 SC.docx 文档的相关内容，按原有顺序将适当内容填入表格第 2 列，将表格第 1 行和第 1 列文字全部设置为“居中”和“垂直居中”对齐方式。设置幻灯片的页脚为“3”。

4. 在第 2 张幻灯片后插入版式为“标题和内容”的新幻灯片，设置标题为“豆腐海带味噌汤做法”。在内容区插入考生文件夹下的 SC.docx 文档的相关内容，设置幻灯片的页脚为“4”。

5. 在第 1 张幻灯片前插入版式为“标题幻灯片”的新幻灯片，设置标题为“豆腐海带味噌汤”、副标题为“长寿秘密”；设置标题文字字体为黑体、字号为 49，设置副标题字号为 22，幻灯片的页脚为“1”。

6. 在第 4 张幻灯片后插入版式为“空白”的新幻灯片，在位置（水平位置：2.3 厘米，从：左上角；垂直位置：6 厘米，从：左上角）插入“星与旗帜”中的“卷形：垂直”形状，设置形状效果为“发光：18 磅；橙色，主题色 2”，设置其高度为 8.6 厘米、宽度为 3.1 厘米。然后按照从左至右的顺序再插入与第一个卷形格式及大小完全相同的 5 个卷形，并参考考生文件夹的 SC.docx 文档的相关内容，按段落顺序依次将烹调海带豆腐汤的建议从左至右分别插入各卷形，例如，在从右边数第二个卷形中插入文本“甲亢患者不宜食海带”。将 6 个卷形的动画都设置为“进入”中的“翻转式由远及近”。除左边第一个卷形外，将其他卷形动画的“开始”均设置为“上一动画之后”，“持续时间”均设置为“2”，幻灯片的页脚设置为“5”。

7. 将页脚为奇数的幻灯片的切换方式设置为“传送带”、效果选项为“自左侧”；将页脚为偶数的幻灯片的切换方式设置为“飞过”、效果选项为“弹跳切出”。

图 5–13–1 是按照上述操作要求制作的样稿。

第 1 小题：

步骤 1：打开考生文件夹下的文件 yswg.pptx，单击“设计”选项卡下“主题”组中的“其他”下拉按钮，选择“回顾”主题。

步骤 2：单击“幻灯片放映”选项卡下“设置”组中的“设置幻灯片放映”按钮，弹出“设置放映方式”对话框，选中“观众自行浏览（窗口）”单选框，单击“确定”按钮。

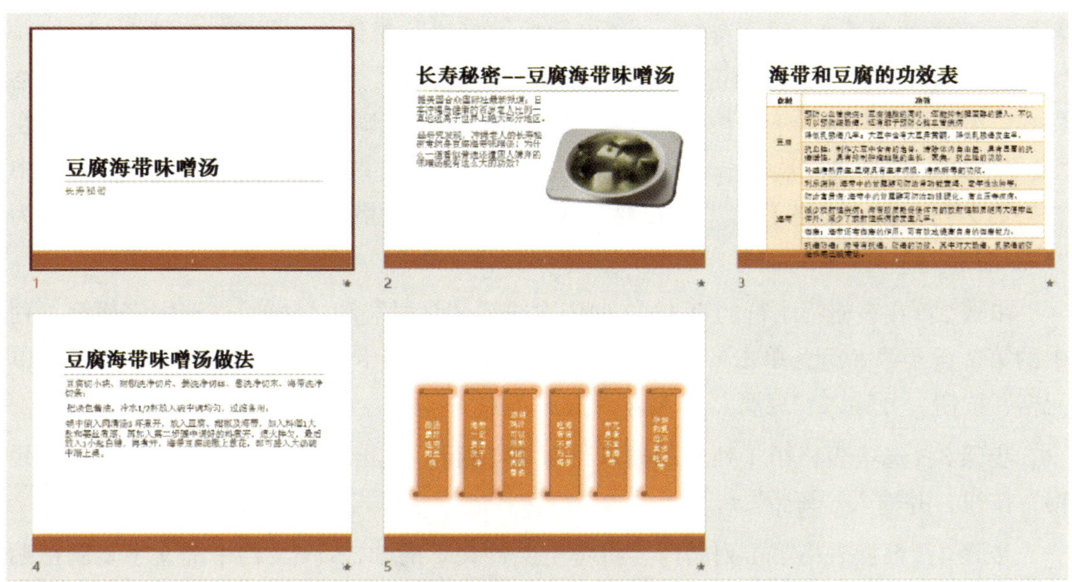

图 5-13-1　样稿

第 2 小题：

步骤 1：将光标定位在第 1 张幻灯片的上方，单击“开始”选项卡下“幻灯片”组中的“新建幻灯片”下拉按钮，选择“两栏内容”。在标题文本框中输入“长寿秘密——豆腐海带味噌汤”。

步骤 2：打开考生文件夹下的 SC.docx 文档，复制其中的第 1 段和第 2 段文字，定位到第 1 张幻灯片，在幻灯片左侧内容文本框中单击鼠标右键，选择“粘贴选项”中的“只保留文本”，删除多余的空格。

步骤 3：单击右侧内容文本框中的“图片”按钮，弹出“插入图片”对话框，选中考生文件夹下的图片 ppt1.jpg，单击“插入”按钮。单击“图片工具”|“图片格式”选项卡下“图片样式”组中的“其他”下拉按钮，选择“棱台透视”。单击“图片效果”下拉按钮，选择“棱台”中的“斜面”。

步骤 4：单击“动画”选项卡下“动画”组中的“其他”下拉按钮，选择“进入”中的“轮子”。单击“效果选项”下拉按钮，选择“3 轮辐图案”。

步骤 5：单击“插入”选项卡下“文本”组中的“页眉和页脚”按钮，弹出“页眉和页脚”对话框，勾选“页脚”复选框，在下方文本框中输入“2”，单击“应用”按钮。

第 3 小题：

步骤 1：选中第 2 张幻灯片，单击“开始”选项卡下“幻灯片”组中的“版式”下拉按钮，选择“标题和内容”。在标题文本框中输入“海带和豆腐的功效表”，单击内

容文本框中的“插入表格”按钮，弹出“插入表格”对话框，设置“列数”为“2”、“行数”为“10”，单击“确定”按钮。单击“表格工具”|“表设计”选项卡下“表格样式”组中的“其他”下拉按钮，选择“浅色样式 3- 强调 1”。选中表格的第 1 列，在“表格工具”|“布局”选项卡下“单元格大小”组中设置“宽度”为“2.8 厘米”。选中表格第 2 列，在“表格工具”|“布局”选项卡下“单元格大小”组中设置“宽度”为“19.5 厘米”。

步骤 2：在表格第 1 行的第 1、2 列依次输入“食材”和“功效”。选中表格第 1 列中的第 2 行至第 5 行，单击“表格工具”|“布局”选项卡下“合并”组中的“合并单元格”按钮，并输入“豆腐”。

步骤 3：选中表格第 1 列中的第 6 行至第 10 行，单击“合并”组中的“合并单元格”按钮，并输入“海带”。

步骤 4：根据表格第 1 列的内容将考生文件夹下的 SC.docx 文档中的文字复制粘贴到表格第 2 列（只保留文本）。

步骤 5：选中表格第 1 行，单击“表格工具”|“布局”选项卡下“对齐方式”组中的“居中”按钮，再单击“垂直居中”按钮。按照相同的方式设置表格第 1 列的对齐方式。

步骤 6：单击“插入”选项卡下“文本”组中的“页眉和页脚”按钮，弹出“页眉和页脚”对话框，勾选“页脚”复选框，在下方文本框中输入“3”，单击“应用”按钮。

第 4 小题：

步骤 1：选中第 2 张幻灯片，单击“开始”选项卡下“幻灯片”组中的“新建幻灯片”下拉按钮，选择“标题和内容”。在标题文本框中输入“豆腐海带味噌汤做法”。

步骤 2：复制 SC.docx 文档中的最后 3 段文字，定位到第 3 张幻灯片，在内容文本框中单击鼠标右键，选择“粘贴选项”中的“只保留文本”，删除多余的空格。

步骤 3：单击“插入”选项卡下“文本”组中的“页眉和页脚”按钮，弹出“页眉和页脚”对话框，勾选“页脚”复选框，在下方文本框中输入“4”，单击“应用”按钮。

第 5 小题：

步骤 1：将光标定位在第 1 张幻灯片的上方，单击“开始”选项卡下“幻灯片”组中的“新建幻灯片”下拉按钮，选择“标题幻灯片”。在标题文本框中输入“豆腐海带味噌汤”，在副标题文本框中输入“长寿秘密”。选中标题文本框，在“开始”选项卡下“字体”组中设置字体为黑体、字号为 49。选中副标题文本框，在“字体”组中设置字号为 22。

步骤 2：单击“插入”选项卡下“文本”组中的“页眉和页脚”按钮，弹出“页眉和页脚”对话框，勾选“页脚”复选框，在下方的文本框中输入“1”，单击“应用”按钮。

第 6 小题：

步骤 1：将光标定位在第 4 张幻灯片的下方，单击“开始”选项卡下“幻灯片”组中的“新建幻灯片”下拉按钮，选择“空白”版式。

步骤 2：单击“插入”选项卡下“插图”组中的“形状”下拉按钮，选择“星与旗帜”下的“卷形：垂直”，在第 5 张幻灯片中拖动鼠标绘制卷形。单击“绘图工具”|“形状格式”选项卡下“形状样式”组中的“形状效果”下拉按钮，选择“发光”，选择“发光变体”中的“发光：18 磅；橙色，主题色 2”。选中图形后单击鼠标右键，在弹出的快捷菜单中选择“大小和位置”，弹出“设置形状格式”任务窗格，切换到“大小”选项，设置“高度”为“8.6 厘米”、“宽度”为“3.1 厘米”。切换到“位置”选项，设置“水平位置”为“2.3 厘米”、“垂直位置”为“6 厘米”，均设置“从”为“左上角”，单击“关闭”按钮。

步骤 3：选中该形状，同时按住 Ctr1 键，用鼠标依次向右拖动 5 次，即完成插入共 6 个卷形。根据 SC.docx 文档，在从左向右的卷形中依次复制“烹调海带豆腐汤的建议”相关内容，关闭 SC.docx 文档。

步骤 4：在按住 Ctrl 键的同时选中幻灯片中的 6 个卷形，单击“动画”选项卡下“动画”组中的“其他”下拉按钮，选择“进入”中的“翻转式由远及近”。单击“高级动画”组中的“动画窗格”按钮，在幻灯片右侧弹出“动画窗格”，选中第 1 个动画，在“计时”组中设置“持续时间”为“2 秒（02.00）”；选中第 2 个动画，单击“计时”组中的“开始”下拉按钮，选择“上一动画之后”，将“持续时间”设置为“2 秒（02.00）”。按照同样的方法设置其余卷形的动画，之后关闭动画窗格。

步骤 5：单击“插入”选项卡下“文本”组中的“页眉和页脚”按钮，弹出“页眉和页脚”对话框，勾选“页脚”复选框，在下方文本框中输入“5”，然后单击“应用”按钮。

第 7 小题：

步骤 1：选中页脚分别为 1、3、5 的幻灯片，单击“切换”选项卡下“切换到此幻灯片”组中的“其他”下拉按钮，选择“动态内容”中的“传送带”。单击“效果选项”下拉按钮，选择“自左侧”。

步骤 2：按照类似的方法设置页脚为偶数的幻灯片的切换方式为“动态内容”中的“飞过”，单击“效果选项”下拉按钮，选择“弹跳切出”。

步骤 3：保存并关闭文件。

十四、基本操作 14

在考生文件夹下新建演示文稿 yswg.pptx，按照下列要求完成对此文稿的修饰并保存。

1. 新建 7 张幻灯片，除标题幻灯片外，在其他每张幻灯片中的页脚中插入“秋季养生”四个字，同时插入与其幻灯片编号相同的数字，如第 4 张幻灯片的编号为“4”；为整个演示文稿应用“平面”主题，设置放映方式为“观众自行浏览（窗口）”。

2. 设置第 1 张幻灯片的版式为“标题幻灯片”、标题为“秋季养生保健”、副标题为“社区卫生服务中心”；设置标题字体为黑体、字号为 88，设置副标题字体为微软雅黑、字号为 32。

3. 设置第 2 张幻灯片的版式为“标题和内容”、标题为“秋季养生”；将考生文件夹中的 SC.docx 文档中的相应文本插入到内容区，为内容文本设置动画“进入”中的“飞入”，方向为“自右下部”；为标题设置动画“进入”中的“劈裂”，方向为“中央向左右展开”；设置动画顺序为先标题后内容文本。

4. 设置第 3 张幻灯片的版式为“两栏内容”、标题为“养生特点”；将考生文件夹下的图片 PPT1.jpg 插入到第 3 张幻灯片右侧内容文本框中，设置图片样式为“金属椭圆”，图片效果为“发光：8 磅；金色，主题色 3”，设置图片动画为“强调”中的“陀螺旋”，方向为“逆时针”；将考生文件夹中的 SC.docx 文档的相应文本插入到左侧内容文本框中，为文本设置动画“进入”中的“棋盘”；设置动画顺序为先文本后图片。

5. 设置第 4 张幻灯片的版式为“标题和内容”、标题为“秋鱼推荐”，在内容文本框中插入一个 7 行 2 列的表格，设置表格样式为“中度样式 1– 强调 2”，设置第 1 列列宽为 3 厘米、第 2 列列宽为 20 厘米。在第 1 行第 1、2 列依次输入“鱼名”和“功效”，参考考生文件夹下的 SC.docx 文档的内容，按鲫鱼、带鱼、青鱼、鲤鱼、草鱼、泥鳅的顺序从上到下将适当内容填入表格其余 6 行中，将表格中的文字全部设置为“居中”和“垂直居中”对齐方式。

6. 设置第 5 张幻灯片的版式为“比较”、标题为“养生方法”，参考考生文件夹下的 SC.docx 文档的内容，将幻灯片其他文本部分填写完整。

7. 设置第 6 张幻灯片的版式为“标题和内容”、标题为“养肺为要”，将考生文件夹下的 SC.docx 文档中的相应文本插入到内容文本框中。

8. 设置第 7 张幻灯片版式为“空白”，在幻灯片中插入艺术字“祝身体安康”；将艺术字形状效果设置为“预设 1”，设置动画为“强调”中的“放大 / 缩小”；设置幻灯片的背景为“鱼类化石”纹理。

9. 将第 4 张幻灯片移动到第 7 张幻灯片的前面，设置编号为奇数的幻灯片的切换方式为“揭开”、效果选项为“从右下部”；设置编号为偶数的幻灯片的切换方式为“蜂巢”。

图 5-14-1 是按照上述操作要求制作的样稿。

图 5-14-1　样稿

第 1 小题：

步骤 1：在考生文件夹下单击鼠标右键，在弹出的快捷菜单中选择“新建”中的“Microsoft PowerPoint 演示文稿”，并将其重命名为“yswg.pptx”。

步骤 2：打开 yswg.pptx 文件，在“开始”选项卡下“幻灯片”组中单击 7 次“新建幻灯片”按钮。

步骤 3：选中任意一张幻灯片，单击“插入”选项卡下“文本”组中的“页眉和页脚”按钮，弹出“页眉和页脚”对话框，勾选“幻灯片编号”和“页脚”复选框，在下方的文本框中输入“秋季养生”，勾选“标题幻灯片中不显示”复选框，单击“全部应用”按钮。

步骤 4：单击“设计”选项卡下“主题”组中的“其他”下拉按钮，选择“平面”主题。

步骤 5：单击“幻灯片放映”选项卡下“设置”组中的“设置幻灯片放映”按钮，弹出“设置放映方式”对话框，选中“观众自行浏览（窗口）”单选框，单击“确定”按钮。

第 2 小题：

步骤 1：选中第 1 张幻灯片，单击“开始”选项卡下“幻灯片”组中的“版式”下拉按钮，选择“标题幻灯片”。

步骤 2：选中标题文本框，输入标题“秋季养生保健”，选中输入后的文字，单击“字体”组中的“字体”下拉按钮，选择“黑体”；单击“字号”下拉按钮，选择“88”，或者在“字号”文本框中输入“88”，按 Enter 键。

步骤 3：按照步骤 2 的方法设置副标题。

第 3 小题：

步骤 1：选中第 2 张幻灯片，单击“开始”选项卡下“幻灯片”组中的“版式”下拉按钮，选择“标题和内容”。

步骤 2：选中标题文本框，输入标题“秋季养生”。打开考生文件夹下的 SC.docx 文档，将标题“秋季养生”下的文本按 Ctrl+C 快捷键复制，定位到第 2 张幻灯片的内容文本框区域单击鼠标右键，选择“粘贴选项”中的“只保留文本”，删除多余的空格。

步骤 3：选中内容文本框，单击“动画”选项卡下“动画”组中的“其他”下拉按钮，选择“进入”中的“飞入”，单击“效果选项”下拉按钮，选择“自右下部”。选中标题文本框，单击“高级动画”组中的“添加动画”下拉按钮，选择“进入”中的“劈裂”，单击“效果选项”下拉按钮，选择“中央向左右展开”，单击“计时”组中的“向前移动”按钮，设置动画顺序为先标题后内容文本。

第 4 小题：

步骤 1：选中第 3 张幻灯片，单击“开始”选项卡下“幻灯片”组中的“版式”下拉按钮，选择“两栏内容”。

步骤 2：选中标题文本框，输入标题“养生特点”，单击幻灯片右侧内容文本框中的“图片”按钮，弹出“插入图片”对话框，选中考生文件夹下的图片 PPT1.jpg，单击“插入”按钮。选中该图片，单击“图片工具”|“图片格式”选项卡下“图片样式”

组中的“其他”下拉按钮，选择“金属椭圆”，单击“图片效果”下拉按钮，选择“发光”中的“发光变体”，选择“发光：8 磅；金色，主题色 3”。单击“动画”选项卡下“动画”组中的“其他”下拉按钮，选择“强调”中的“陀螺旋”，单击“效果选项”下拉按钮，选择“逆时针”。

步骤 3：将 SC.docx 文档中的标题“养生特点”下的文本按 Ctrl+C 快捷键进行复制，在幻灯片左侧的内容文本框中单击鼠标右键，选择“粘贴选项”中的“只保留文本”，删除多余的空格。

步骤 4：选中内容文本框，单击“动画”选项卡下“动画”组中的“其他”下拉按钮，选择“更多进入效果”，在“更改进入效果”对话框中选择“基本”中的“棋盘”，单击“确定”按钮。单击“计时”组中的“向前移动”按钮，设置动画顺序为先文本后图片。

第 5 小题：

步骤 1：选中第 4 张幻灯片，单击“开始”选项卡下“幻灯片”组中的“版式”下拉按钮，选择“标题和内容”。

步骤 2：选中标题文本框，输入标题“秋鱼推荐”。单击内容文本框中的“插入表格”按钮，弹出“插入表格”对话框，按照题目要求设置“行数”为“7”、“列数”为“2”，单击“确定”按钮。选中该表格，单击“表格工具”|“表设计”选项卡下“表格样式”组中的“其他”下拉按钮，选择“中度样式 1– 强调 2”。

步骤 3：选中表格的第 1 列，单击“表格工具”|“布局”选项卡下“单元格大小”组中的“宽度”文本框，设置为“3 厘米”。按照类似的方法设置表格第 2 列的宽度为 20 厘米。

步骤 4：在表格第 1 行的第 1、2 列分别输入“鱼名”和“功效”。打开 SC.docx 文档，按照鲫鱼、带鱼、青鱼、鲤鱼、草鱼、泥鳅的顺序从上到下将表格补充完整。

步骤 5：选中表格，单击“表格工具”|“布局”选项卡下“对齐方式”组中的“居中”按钮和“垂直居中”按钮。

第 6 小题：

步骤 1：选中第 5 张幻灯片，单击“开始”选项卡下“幻灯片”组中的“版式”下拉按钮，选择“比较”。

步骤 2：选中标题文本框，输入标题“养生方法”。打开 SC.docx 文档，将标题“养生方法”下的文本分别按 Ctrl+C 快捷键复制，在相应的内容文本框中单击鼠标右键，选择“粘贴选项”中的“只保留文本”，删除多余的空格（左侧是“起居养生”，右侧是“饮食养生”）。

第 7 小题：

步骤 1：选中第 6 张幻灯片，单击“开始”选项卡下“幻灯片”组中的“版式”下拉按钮，选择“标题和内容”。

步骤 2：选中标题文本框，输入标题“养肺为要”。打开 SC.docx 文档，将标题“养肺为要”下的文本按 Ctr1+C 快捷键进行复制，在幻灯片内容文本框中单击鼠标右键，选择“粘贴选项”中的“只保留文本”，删除多余的空格。

第 8 小题：

步骤 1：选中第 7 张幻灯片，单击“开始”选项卡下“幻灯片”组中的“版式”下拉按钮，选择“空白”。

步骤 2：单击“插入”选项卡下“文本”组中的“艺术字”下拉按钮，选择一种样式的艺术字，比如“填充：橙色，主题色 4；软棱台”，输入文字“祝身体安康”，选中艺术字文本框，单击“绘图工具”|“形状格式”选项卡下“形状样式”组中的“形状效果”下拉按钮，选择“预设”中的“预设 1”。

步骤 3：选中艺术字文本框，单击“动画”选项卡下“动画”组中的“其他”下拉按钮，选择“强调”中的“放大 / 缩小”。

步骤 4：在幻灯片中的任意空白位置单击鼠标右键，在弹出的快捷菜单中选择“设置背景格式”，弹出“设置背景格式”任务窗格，选中“填充”中的“图片或纹理填充”单选框，单击“纹理”下拉按钮，选择“鱼类化石”，单击“关闭”按钮。

第 9 小题：

步骤 1：选中第 4 张幻灯片，按住鼠标左键将其拖动到第 7 张幻灯片的上方，使之成为第 6 张幻灯片。

步骤 2：按住 Ctrl 键，同时选中幻灯片编号为奇数（1，3，5，7）的幻灯片，单击“切换”选项卡下“切换到此幻灯片”组中的“其他”下拉按钮，选择“细微”中的“揭开”，单击“效果选项”下拉按钮，选择“从右下部”。

步骤 3：按住 Ctr1 键，同时选中幻灯片编号为偶数（2，4，6）的幻灯片，单击“切换到此幻灯片”组中的“其他”下拉按钮，选择“华丽”中的“蜂巢”。

步骤 4：保存并关闭文件。

十五、基本操作 15

打开考生文件夹下的演示文稿 yswg.pptx，按照下列要求完成对此文稿的修饰并保存。

1. 在第 1 张幻灯片前插入 4 张新幻灯片，设置幻灯片大小为“全屏显示（16：9）”；为整个演示文稿应用“离子”主题，设置放映方式为“观众自行浏览（窗口）”；除标题幻灯片外，在其他每张幻灯片的页脚中插入“食品类”三个字，同时插入与其幻灯片编号相同的数字，如第 3 张幻灯片的编号为“3”。

2. 设置第 1 张幻灯片的版式为“标题幻灯片”、标题为“冰激凌的加工”、副标题为“培训教程”；设置标题字号为 60，设置副标题字体为黑体、字号为 32、文本右对齐。

3. 设置第 2 张幻灯片的版式为“空白”，并在指定位置（水平位置：5.2 厘米，从：左上角；垂直位置：4.5 厘米，从：左上角）插入艺术字“动手制作”，设置艺术字文字字号为 72、艺术字宽度为 15 厘米、高度为 3.5 厘米。设置艺术字文本效果为“转换”下“弯曲”中的“三角：倒”，设置艺术字动画为“进入”中的“劈裂”、效果选项为“中央向左右展开”；设置此幻灯片的背景样式为“样式 10”。

4. 设置第 3 张幻灯片的版式为“两栏内容”、标题为“冰激凌的定义”，将考生文件夹下的 SC.docx 文档中相应文本插入到左侧内容文本框中，将考生文件夹下的图片 PPT1.jpg 插入到右侧内容文本框中，设置图片样式为“剪去对角，白色”、图片效果为“棱台”中的“凸起”、图片动画为“强调”中的“陀螺旋”、方向为“逆时针”，图片动画开始为“上一动画之后”“延迟 1 秒”；为左侧的文本设置动画“进入”中的“轮子”、效果选项为“2 轮幅图案”；设置动画顺序为先文本后图片。

5. 设置第 4 张幻灯片的版式为“标题和内容”、标题为“冰激凌的种类”，将考生文件夹下的 SC.docx 文档中的相应文本插入到内容文本框中，为内容文本框设置动画“进入－飞入”、效果选项为“自左侧”；为标题设置动画“进入”中的“浮入”，设置效果选项为“下浮”，标题动画“开始”为“与上一动画同时”“延迟 1.25 秒”，设置动画顺序为先标题后内容文本。

6. 在第 5 张幻灯片后插入 3 张新幻灯片，设置第 6 张幻灯片的版式为“两栏内容”、标题为“原料及作用”，将第 5 张幻灯片右侧内容文本框内的文本移到第 6 张幻灯片左侧的文本区，将考生文件夹下的图片 PPT2.jpg 插入到图片区；设置图片样式为

“旋转，白色”、图片效果为“发光：8 磅；橙色，主题色 2”、图片动画为“退出”中的“旋转”、开始为“上一动画之后”“延迟 1 秒”。

7. 设置第 7 张幻灯片的版式为“图片与标题”、标题为“冰激凌的生产”，将考生文件夹下的 SC.docx 文档中的相应文本插入到内容区，将考生文件夹下的图片 PPT3.jpg 插入到图片区。在备注区域插入备注“虽然冰激凌原料有不同的选择，但标准的冰激凌组成大致在下列范围：脂肪 8% ~ 14%、全脂乳干物质 8% ~ 12%、蔗糖 13% ~ 15%、稳定剂 0.3% ~ 0.5%。”。

8. 设置第 8 张幻灯片的版式为“标题和内容”、标题为“冰激凌质量缺陷及原因”，在内容文本框中插入一个 5 行 3 列的表格，设置表格样式为“主题样式 1– 强调 1”、第 1 列列宽为 2.1 厘米、第 2 列列宽为 7.5 厘米、第 3 列列宽为 10.2 厘米。在第 1 行第 1、2、3 列单元格中分别输入“种类”“缺陷”和“原因”，参考考生文件夹下的 SC.docx 文档的内容，按风味、组织状态、质地、融化状态的顺序从上到下将适当内容填入表格其余 4 行，并且将这 4 行文字字体设置为黑体、字号为 12，表格文字全部设置为“居中”和“垂直居中”对齐方式。

9. 将第 2 张幻灯片移动到最后，成为最后一张幻灯片；设置页脚编号为奇数的幻灯片的切换方式为“缩放”、效果选项为“切出”；设置页脚编号为偶数的幻灯片的切换方式为“棋盘”、效果选项为“自顶部”。

图 5–15–1 所示为按照上述操作要求制作的样稿。

图 5–15–1 样稿

第 1 小题：

步骤 1：打开考生文件夹下的文件 yswg.pptx，将光标定位到第 1 张幻灯片的上方，在“开始”选项卡下单击“幻灯片”组中的“新建幻灯片”下拉按钮，选择任意版式，如“标题和内容”，按照相同的方法创建其他的幻灯片，使原来的第 1 张幻灯片成为第 5 张幻灯片。

步骤 2：在“设计”选项卡下单击“自定义”组中的“幻灯片大小”下拉按钮，选择“自定义幻灯片大小”，弹出“幻灯片大小”对话框，单击“幻灯片大小”下拉按钮，选择“全屏显示（16：9）”，单击“确定”按钮，单击“确保适合”按钮。

步骤 3：单击“设计”选项卡下“主题”组中的“其他”下拉按钮，选择“离子”主题。

步骤 4：单击“幻灯片放映”选项卡下“设置”组中的“设置幻灯片放映”按钮，弹出“设置放映方式”对话框，在“放映类型”中选中“观众自行浏览（窗口）”单选框，单击“确定”按钮。

步骤 5：单击“插入”选项卡下“文本”组中的“页眉和页脚”按钮，弹出“页眉和页脚”对话框，勾选“幻灯片编号”和“页脚”复选框，在下方文本框中输入文字“食品类”，勾选“标题幻灯片中不显示”复选框，单击“全部应用”按钮。

第 2 小题：

步骤 1：选中第 1 张幻灯片，单击“开始”选项卡下“幻灯片”组中的“版式”下拉按钮，选择“标题幻灯片”。

步骤 2：在标题文本框中输入“冰激凌的加工”，选中标题文本框，单击“开始”选项卡下“字体”组中的“字号”下拉按钮，选择“60”。

步骤 3：在副标题文本框中输入“培训教程”，选中副标题文本框，单击“字体”组中的“字体”下拉按钮，选择“黑体”，单击“字号”下拉按钮，选择“32”，单击“段落”组中的“右对齐”按钮。

第 3 小题：

步骤 1：选中第 2 张幻灯片，单击“开始”选项卡下“幻灯片”组中的“版式”下拉按钮，选择“空白”。

步骤 2：单击“插入”选项卡下“文本”组中的“艺术字”下拉按钮，选择一种样式的艺术字，如“填充：深红，主题色 1；阴影”，输入文字“动手制作”。选中艺术字文本框，在“开始”选项卡下“字体”组中设置其字号为72。选中艺术字文本框后单击鼠标右键，在弹出的快捷菜单中选择“设置形状格式”，在弹出的“设置形状格式”任务窗格中选择“形状选项”下的“大小与属性”选项卡，选择“位置”，设置“水平位置：5.2厘米，从：左上角；垂直位置：4.5厘米，从：左上角”；选择“大小”，设置“高度”为“3.5厘米”，“宽度”为“15厘米”，单击“关闭”按钮。

步骤3：选中艺术字文本框，单击“绘图工具”|“形状格式”选项卡下“艺术字样式”组中的“文本效果”下拉按钮，选择“转换”，再选择“弯曲”中的“三角：倒”。

步骤4：选中艺术字文本框，单击“动画”选项卡下“动画”组中的“其他”下拉按钮，选择“进入”中的“劈裂”。单击“效果选项”下拉按钮，选择“中央向左右展开”。

步骤5：单击“设计”选项卡下“变体”组中的“其他”下拉按钮，选择“背景样式”，在“样式10”上单击鼠标右键，选择“应用于所选幻灯片”。

第4小题：

步骤1：选中第3张幻灯片，单击“开始”选项卡下“幻灯片”组中的“版式”下拉按钮，选择“两栏内容”。

步骤2：选中标题文本框，输入“冰激凌的定义”，打开考生文件夹下的SC.docx文件，将标题“冰激凌的定义”下的文本按Ctrl+C快捷键进行复制、按Ctrl+V快捷键粘贴到幻灯片左侧内容文本框中（只保留文本），删除多余的空格。单击右侧内容文本框中的“图片”按钮，定位到考生文件夹下，选中图片PPT1.jpg，单击“插入”按钮。

步骤3：选中该图片，单击“图片工具”|“图片格式”选项卡下“图片样式”组中的“其他”下拉按钮，选择“剪去对角，白色”，单击“图片效果”下拉按钮，选择“棱台”中的“凸起”。单击“动画”选项卡下“动画”组中的“其他”下拉按钮，选择“强调”中的“陀螺旋”，单击“效果选项”下拉按钮，选择“逆时针”；单击“计时”组中的“开始”下拉按钮，选择“上一动画之后”，设置“延迟”为“1秒（01.00）”。

步骤4：选中左侧的内容文本框，单击“高级动画”组中的“添加动画”下拉按钮，选择“进入”中的“轮子”，单击“效果选项”下拉按钮，选择“2轮辐图案”，单击“计时”组中的“向前移动”按钮，设置动画顺序为先文本后图片。

第5小题：

步骤1：选中第4张幻灯片，单击“开始”选项卡下“幻灯片”组中的“版式”下拉按钮，选择“标题和内容”。

步骤2：选中标题文本框，输入“冰激凌的种类”，打开SC.docx文件，将标题

“冰激凌的种类”下的文本按 Ctrl+C 快捷键进行复制、按 Ctr1+V 快捷键粘贴到第 4 张幻灯片的内容文本框中（只保留文本），删除多余的空格。

步骤 3：选中内容文本框，单击“动画”选项卡下“动画”组中的“其他”下拉按钮，选择“进入”中的“飞入”，单击“效果选项”下拉按钮，选择“自左侧”。

步骤 4：选中标题文本框，单击“高级动画”组中的“添加动画”下拉按钮，选择“进入”中的“浮入”，单击“效果选项”下拉按钮，选择“下浮”，单击“计时”组中的“开始”下拉按钮，选择“与上一动画同时”，设置“延迟”为“1.25 秒（01.25）”，单击“向前移动”按钮，设置动画顺序为先标题后文本。若此时标题动画的“延迟”变为“0 秒（00.00）”，重新设置为“1.25 秒（01.25）”。单击“高级动画”组中的“动画窗格”按钮，在右侧弹出“动画窗格”，单击“展开内容”，同时按 Ctrl 键选中除标题外的动画。单击“计时”组中的“开始”下拉按钮，选择“上一动画之后”。单击“关闭”按钮。

第 6 小题：

步骤 1：将光标定位在第 5 张幻灯片的下方，单击“开始”选项卡下“幻灯片”组中的“新建幻灯片”按钮，选择任意版式，如“两栏内容”，按照相同的方法创建另外两张幻灯片。

步骤 2：选中第 6 张幻灯片，单击“幻灯片”组中的“版式”下拉按钮，选择“两栏内容”（前面步骤已将版式设置为“两栏内容”，这里可忽略）。

步骤 3：选中标题文本框，输入“原料及作用”。找到第 5 张幻灯片右侧内容文本框的文字“由于脂肪在……的组织和良好的质构。”，按 Ctr1+X 快捷键剪切、按 Ctrl+V 快捷键粘贴到第 6 张幻灯片左侧的内容文本框中（只保留文本），删除多余的空格。

步骤 4：单击右侧内容文本框中的“图片”按钮，弹出“插入图片”对话框，定位到考生文件夹下，选中图片 PPT2.jpg，单击“插入”按钮。

步骤 5：选中图片，单击“图片工具”|“图片格式”选项卡下“图片样式”组中的“其他”下拉按钮，选择“旋转，白色”，单击“图片效果”下拉按钮，选择“发光”中的“发光：8 磅；橙色，主题色 2”。单击“动画”选项卡下“动画”组中的“其他”下拉按钮，选择“退出”中的“旋转”，单击“计时”组中的“开始”下拉按钮，选择“上一动画之后”，设置“延迟”为“1 秒（01.00）”。

第 7 小题：

步骤 1：选中第 7 张幻灯片，单击“开始”选项卡下“幻灯片”组中的“版式”下拉按钮，选择“图片与标题”。

步骤 2：选中标题文本框，输入“冰激凌的生产”，打开 SC.docx 文件，将标题“冰激凌的生产”下的文字按 Ctr1+C 快捷键进行复制、按 Ctr1+V 快捷键粘贴到第 7 张幻灯片左侧的内容文本框中（只保留文本），删除多余的空格。

步骤 3：单击右侧图片文本框中的“图片”按钮，弹出“插入图片”对话框，选择考生文件夹下的图片 PPT3.jpg，单击“插入”按钮。

步骤 4：在幻灯片下方的备注区域输入“虽然冰激凌原料有不同的选择，但标准的冰激凌组成大致在下列范围：脂肪 8% ~ 14%、全脂乳干物质 8% ~ 12%、蔗糖 13% ~ 15%、稳定剂 0.3% ~ 0.5%。”。

第 8 小题：

步骤 1：选中第 8 张幻灯片，单击“开始”选项卡下“幻灯片”组中的“版式”下拉按钮，选择“标题和内容”。

步骤 2：选中标题文本框，输入“冰激凌质量缺陷及原因”。

步骤 3：单击内容文本框中的“插入表格”按钮，弹出“插入表格”对话框，设置“列数”为 3、“行数”为 5，单击“确定”按钮。选中该表格，单击“表格工具”|“表设计”选项卡下“表格样式”组中的“其他”下拉按钮，选择“主题样式 1– 强调 1”。

步骤 4：选中表格的第 1 列，在“表格工具”|“布局”选项卡下“单元格大小”组中设置表格“宽度”为“2.1 厘米”，按照相同的方法为其余两列设置列宽。

步骤 5：在表格第 1 行的 3 列中分别输入“种类”“缺陷”和“原因”。打开 SC.docx 文件，根据标题“冰激凌质量缺陷及原因”下的内容，按照风味、组织状态、质地、融化状态的顺序将幻灯片中的表格补充完整。

步骤 6：选中表格中的后 4 行，单击“开始”选项卡下“字体”组中的“字体”下拉按钮，选择“黑体”，单击“字号”下拉按钮，选择“12”。

步骤 7：选中整个表格，单击“表格工具”|“布局”选项卡下“对齐方式”组中的“居中”按钮和“垂直居中”按钮。

第 9 小题：

步骤 1：选中第 2 张幻灯片，按住鼠标左键将其拖动到最后一张幻灯片的下方，使之成为最后一张幻灯片。

步骤 2：选中页脚编号为奇数（1，3，5，7）的幻灯片，单击“切换”选项卡下“切换到此幻灯片”组中的“其他”下拉按钮，选择“华丽”中的“缩放”，单击“效果选项”下拉按钮，选择“切出”。

步骤 3：选中页脚编号为偶数（2，4，6，8）的幻灯片，单击“切换到此幻灯片”组中的“其他”下拉按钮，选择“华丽”中的“棋盘”，单击“效果选项”下拉按钮，选择“自顶部”。

步骤 4：保存并关闭文件。

十六、基本操作 16

打开考生文件夹下的演示文稿 yswg.pptx，按照下列要求完成对此文稿的修饰并保存。

1. 为整个演示文稿应用“积分”主题；设置全部幻灯片的切换方式为“溶解”，并设置每张幻灯片的自动换片时间为 5 秒；设置放映方式为“观众自行浏览（窗口）”；设置幻灯片的大小为“全屏显示（16∶9）”。

2. 在第 1 张幻灯片前插入一张版式为“空白”的新幻灯片，设置第 1 张幻灯片的背景填充为“新闻纸”纹理；插入文字为“坚果的好处”的艺术字，设置文字字号为 80，设置文本效果为“映像”中的“半映像：8 磅 偏移量”，并设置文本对齐方式为“水平居中”和“垂直居中”。

3. 在第 2 张幻灯片前插入一张版式为“标题和内容”的新幻灯片，在标题处输入文字“目录”，在文本框中按顺序输入第 3 张至第 8 张幻灯片的标题，并且添加相应幻灯片的超链接。

4. 将第 3 张幻灯片文本框中的文字字体设置为隶书、字体样式设置为加粗、字号设置为 28、文字颜色设置为标准色中的深蓝，将行距设置为 1.5 倍行距。

5. 将第 4 张幻灯片的版式改为“两栏内容”，将考生文件夹下的图片 ppt1.jpg 插入到右侧内容文本框中，设置图片样式为“复杂框架，黑色”，设置图片效果为“发光：11 磅；青色，主题色 6”，设置图片动画为“强调”中的“跷跷板”。

6. 将第 6 张幻灯片的版式改为“两栏内容”，将考生文件夹下的图片 ppt2.jpg 插入到右侧内容文本框中，设置图片动画为“强调”中的“陀螺旋”，设置文本动画为“退出”中的“飞出”，设置动画顺序为先文本后图片。

图 5-16-1 是按照上述操作要求制作的样稿。

第 1 小题：

步骤 1：打开考生文件夹下的文件 yswg.pptx，单击“设计”选项卡下“主题”组中的“其他”下拉按钮，选择“积分”主题。

图 5-16-1　样稿

步骤 2：单击“切换”选项卡下“切换到此幻灯片”组中的“其他”下拉按钮，选择“华丽”中的“溶解”，勾选“计时”组中的“设置自动换片时间”复选框，设置为“5 秒（00:05.00）”，单击“应用到全部”按钮。

步骤 3：单击“幻灯片放映”选项卡下“设置”组中的“设置幻灯片放映”按钮，弹出“设置放映方式”对话框，选中“放映类型”中的“观众自行浏览（窗口）”单选框，单击“确定”按钮。

步骤 4：单击“设计”选项卡下“自定义”组中的“幻灯片大小”下拉按钮，选择“自定义幻灯片大小”，在“幻灯片大小”下拉按钮中选择“全屏显示（16∶9）”，单击“确定”按钮，单击“确保适合”按钮。

第 2 小题：

步骤 1：将光标定位在第 1 张幻灯片的上方，单击“开始”选项卡下“幻灯片”组中的“新建幻灯片”下拉按钮，选择“空白”版式。在幻灯片空白位置单击鼠标右键，在弹出的快捷菜单中选择“设置背景格式”，在“设置背景格式”任务窗格中选中“填充”中的“图片或纹理填充”单选框，单击“纹理”下拉按钮，选择“新闻纸”，单击“关闭”按钮。

步骤 2：单击“插入”选项卡下“文本”组中的“艺术字”下拉按钮，选择一种样式的艺术字，如“填充：绿色，主题色 4；软棱台”，输入文字“坚果的好处”。

步骤 3：选中艺术字文本框，在“开始”选项卡下“字体”组中设置其字号为 80。单击“绘图工具”|“形状格式”选项卡下“艺术字样式”组中的“文本效果”下拉按钮，选择“映像”中的“半映像：8 磅 偏移量”，单击“排列”组中的“对齐”下拉按钮，选择“水平居中”，再次单击“对齐”下拉按钮，选择“垂直居中”。

第 3 小题：

步骤 1：将光标定位在第 2 张幻灯片的上方，单击“开始”选项卡下“幻灯片”组中的“新建幻灯片”下拉按钮，选择“标题和内容”。

步骤 2：选中标题文本框，输入“目录”。选中第 3 张幻灯片，选择标题文字“清除自由基”并复制。定位到第 2 张幻灯片的内容文本框后单击鼠标右键，选择“粘贴选项”中的“只保留文本”，按 Enter 键。按照相同的方法将第 4 ~ 8 张幻灯片的标题粘贴到第 2 张幻灯片的内容文本框中。

步骤 3：选中第 2 张幻灯片内容文本框中的文字“清除自由基”，单击“插入”选项卡下“链接”组中的“链接”按钮，弹出“插入超链接”对话框，选择“本文档中的位置”，在“请选择文档中的位置”下方选择“3. 清除自由基”，单击“确定”按钮。按照相同的方法为其他文本添加超链接。

第 4 小题：

步骤：选中第 3 张幻灯片中的内容文本框，单击“开始”选项卡下“字体”组中的“字体”下拉按钮，选择“隶书”；单击“字号”下拉按钮，选择“28”；单击“加粗”按钮；单击“字体颜色”下拉按钮，选择“标准色”中的“深蓝”。单击“段落”组中的扩展按钮，在弹出的“段落”对话框中单击“行距”下拉按钮，选择“1.5 倍行距”，单击“确定”按钮。

第 5 小题：

步骤 1：选中第 4 张幻灯片，单击“开始”选项卡下“幻灯片”组中的“版式”下拉按钮，选择“两栏内容”。

步骤 2：单击幻灯片右侧内容文本框中的“图片”按钮，弹出“插入图片”对话框，选中考生文件夹下的图片 ppt1.jpg，单击“插入”按钮。

步骤 3：选中该图片，单击“图片工具”|“图片格式”选项卡下“图片样式”组中的“其他”下拉按钮，选择“复杂框架，黑色”，单击“图片效果”下拉按钮，选择“发光”，再选择“发光变体”下的“发光：11 磅；青色，主题色 6”。

步骤 4：选中该图片，单击“动画”选项卡下“动画”组中的“其他”下拉按钮，选择“强调”中的“跷跷板”。

第 6 小题：

步骤 1：选中第 6 张幻灯片，单击“开始”选项卡下“幻灯片”组中的“版式”下拉按钮，选择“两栏内容”。

步骤 2：单击右侧内容文本框中的“图片”按钮，弹出“插入图片”对话框，选中考生文件夹下的图片 ppt2.jpg，单击“插入”按钮。

步骤 3：选中该图片，单击“动画”选项卡下“动画”组中的“其他”下拉按钮，选择“强调”中的“陀螺旋”。

步骤 4：选择左侧的内容文本框，单击“动画”组中的“其他”下拉按钮，选择“退出”中的“飞出”，单击“计时”组中的“向前移动”按钮，设置动画顺序为先文本后图片。

步骤 5：保存并关闭文件。

全国技工院校计算机类专业教材（中／高级技能层级）

计算机应用维修模块

计算机系统故障诊断与维修（第二版）
计算机系统故障诊断与维修（第二版）习题册
常用办公自动化设备使用与维护（第二版）
常用办公自动化设备使用与维护（第二版）习题册
微型计算机外围设备（第四版）

网络应用模块

HTML5+CSS3网页设计与制作
HTML5+CSS3网页设计与制作实训题集
Web页面布局
Web页面布局实训题集
小型局域网组建与管理（第二版）
小型局域网组建与管理（第二版）习题册
网络设备互联（第二版）
网络设备互联（第二版）习题册
计算机网络综合布线实施
网络服务器安装与调试

程序设计模块

C语言（第三版）
C语言（第三版）实训与习题集
Visual Basic程序设计（第二版）

操作指导模块

计算机操作指导
计算机理论习题及答案解析

责任编辑／盛秀芳
邵人池
责任校对／张　苏
责任设计／王利民

ISBN 978-7-5167-6008-6

定价：45.00元